Bernd Waldmüller

Sozio-ökonomische Entwicklung und Ökologie

Planungs- und Bewertungsprobleme bei Infrastrukturprojekten

PETER LANG
Europäischer Verlag der Wissenschaften

Die Deutsche Bibliothek - CIP-Einheitsaufnahme

Waldmüller, Bernd:

Sozio-ökonomische Entwicklung und Ökologie : Planungs- und Bewertungsprobleme bei Infrastrukturprojekten / Bernd Waldmüller. - Frankfurt am Main ; Berlin ; Bern ; Bruxelles ; New York ; Oxford ; Wien : Lang, 2000
(Europäische Hochschulschriften : Reihe 5, Volks- und Betriebswirtschaft ; Bd. 2596)
Zugl.: Erlangen, Nürnberg, Univ., Diss., 1999
ISBN 3-631-35122-4

D 29 (n 2)
ISSN 0531-7339
ISBN 3-631-35122-4

Vorwort

Die vorliegende Schrift entstand als Dissertation am Lehrstuhl für Volkswirtschaftslehre und Sozialpolitik der Universität Erlangen-Nürnberg. Vielen Personen bin ich hierfür zu Dank verpflichtet. Dank schulde ich meinem akademischen Lehrer Herrn Professor Dr. Joachim Klaus, der diese Dissertation als Erstreferent betreute und jederzeit als verständnisvoller Ansprechpartner zur Verfügung stand, um all die großen und kleinen Probleme zu bewältigen. Herrn Professor Dr. Siegfried Maaß danke ich für die bereitwillige und unkomplizierte Übernahme des Korreferats.

Auch meine Kollegen Herr PD Dr. Klaus Georg Binder und Herr Diplom-Volkswirt Thomas Kienle haben durch kritische und konstruktive Hinweise ihren Beitrag geleistet. Hervorheben möchte ich hierbei Herrn Dr. Michael Rothgang, durch dessen Anmerkungen die vorliegende Arbeit nicht unwesentlich beeinflußt wurde. Viele weitere hilfreiche Kolleginnen und Kollegen, denen ich zu Dank verpflichtet bin, können an dieser Stelle nicht namentlich genannt werden, da dies den Umfang eines Vorworts sprengen würde.

Last but not least seien an dieser Stelle meine Eltern genannt, ohne die diese Dissertation mit Sicherheit nicht möglich gewesen wäre, und die mir in Krisenzeiten immer wieder den Rücken stärkten. Ihnen sei dieses Buch gewidmet.

Nürnberg, im Dezember 1999

Bernd Waldmüller

Inhaltsverzeichnis

Einleitung und Übersicht über die Konzeption der Arbeit 17

Kapitel 1: Beziehungen zwischen Ökonomie und Ökologie 25

I. Ökonomische Zielvorstellungen und Charakteristika
von Ökosystemen 25

1. Zielvorstellungen in der Ökonomie 25
1.1. Zielvorstellungen auf individueller Ebene 25
1.2. Übergeordnete Zielvorstellungen 28
2. Charakteristika von Ökosystemen 33
2.1 Definition und Untersuchungsgegenstände der Ökologie 33
2.2 Eigenschaften von Ökosystemen 34
2.2.1 Stabilität 35
2.2.1.1 Typen von Stabilitätseigenschaften 35
2.2.1.2 Typen von Instabilitätseigenschaften 38
2.2.1.3 Möglichkeiten und Grenzen der Stabilitätsbeurteilung 41
2.2.1.4 Gleichgewicht von Ökosystemen 41
2.3 Funktionen von Ökosystemen 42
2.4 Ökosystemare Selbstorganisation 43
2.5 Unterschiede zwischen alten und jungen Ökosystemen 47

II. Beziehungen zwischen Naturschutz und Ökologie 47

1. Abgrenzung des Naturschutz von der Ökologie 47
2. Kriterien des Naturschutzes 50
2.1 Vielfalt (Diversität) 51
2.2 Natürlichkeit 52
2.3 Vollkommenheit 53
2.4 Seltenheit 53
2.5 Wiederherstellbarkeit (Ersetzbarkeit) 53

III. Ökologie und Nutzung von Naturgütern 54

1. Theoretische Betrachtungen 54
2. Ethische und ökonomische Begründungen für den Naturerhalt 56
3. Die Nutzung von Umweltgütern aus ökonomischer Sicht 58
3.1 Naturbewertung durch den Markt 58
3.2 Neoklassische Wirtschaftstheorie und Umwelt 59
3.3 Ökologische Ökonomie 63
4. Umwelt im Rahmen des Konzepts der nachhaltigen Entwicklung 67

Kapitel 2: Berücksichtigung ökologischer Belange in Raumordnung und regionalen Entwicklungskonzepten 72

I. Ökologie in Raumordnung und Raumplanung 72

1. Rechtliche Grundlagen des Naturschutzes in der Raumordnung und Raumplanung 72
   1.1 Das Bundesraumordnungsgesetz und das Bundesraumordnungsprogramm 72
   1.2 Raumwirksame Umweltvorschriften 74
      1.2.1 Das Bundesnaturschutzgesetz (BNatSchG) 74
      1.2.2 Das Gesetz über die Umweltverträglichkeitsprüfung (UVP-Gesetz) 78
2. Institutioneller Aufbau der Raumplanung 80
3. Integration ökologischer Belange in die räumliche Planung - Die Landschaftsplanung 82
   3.1 Aufgaben und Aufbau der Landschaftsplanung 82
   3.2 Räumliche Einheiten in der Landschaftsplanung 87
      3.2.1 Abgrenzung und Verbund räumlicher ökologischer Einheiten 87
      3.2.2 Das Modell der räumlich differenzierten Landnutzung 91
   3.3 Vorgeschlagene Mindestgrößen 93

II. Ökologie und regionalpolitische Entwicklungskonzeptionen 94

1. Verträglichkeit regionalpolitischer Entwicklungskonzeptionen mit ökologischen Belangen 94
   1.1 Leitbilder einer räumlichen Ordnung 94
   1.2 Potentialorientierung in der Regionalökonomie 96
2. Ansatzpunkte und Instrumente für eine regionale Entwicklung des Neuen Fränkischen Seenlands 98
   2.1 Entwicklung der Siedlungsstruktur 98
   2.2 Entwicklung der Sektorstruktur 100
   2.3 Entwicklung der Infrastruktur 101
      2.3.1 Eigenschaften von Infrastruktur 101
      2.3.2 Wirkungen von Infrastruktur 102
      2.3.3 Bewertung von Infrastruktur 104
      2.3.4 Infrastrukturpolitik 105
3. Tourismus als Instrument der regionalen Entwicklung 106
   3.1 Das Begriffsystem Fremdenverkehr/Tourismus 106
   3.2 Wirtschaftliche Bedeutung des Tourismus 107
   3.3 Belastungen durch den Tourismus und Berücksichtigung in der Landschaftsplanung 108

3.4 Sanfter Tourismus 114

Kapitel 3: Erfordernisse und Möglichkeiten einer Bewertung
ökologischer Aspekte 116

I. Wertekategorien und Bewertungsverfahren 116

1. Möglichkeiten und Ansatzpunkte
2. einer Bewertung von Ökosystemen 116
1.1 Ziele und Inhalte einer Bewertung 116
1.2 Besonderheiten der Bewertung von Natur 117
1.3 Vorgehensweise bei der Umweltbewertung 119
2. Ansatzpunkte einer Umweltbewertung 124
3. Instrumentelle Werte und intrinsische Werte der Umwelt 125
3.1 Instrumentelle Werte 126
3.1.1 Der Funktionswert 126
3.1.2 Der Erlebniswert 126
3.1.3 Der Konsumnutzen 127
3.1.4 Der Produktionsnutzen 127
3.2 Intrinsische Werte 127
3.2.1 Der Existenzwert und Vermächtniswert 127
3.2.2 Der Optionswert 128
3.2.3 Der Quasi-Optionswert 129
4. Verfahren zur Monetarisierung instrumenteller und
intrinsischer Werte 130
4.1 Das Konzept der Zahlungsbereitschaft 130
4.2 Indirekte und direkte Methoden zur
monetären Bewertung von Umweltgütern 132
4.2.1 Indirekte Erfassungsmethoden 132
4.2.1.1 Vermeidungskostenansatz 132
4.2.1.2 Produktions- und Einkommensausfälle 132
4.2.1.3 Marktpreismethode - Hedonisches Preissystem 133
4.2.1.4 Reisekostenmethode 133
4.3.1 Direkte Erfassungsmethoden 134
4.3.1.1. Befragungsmethode 134
4.3.1.2 Marktsimulation 134

5. Ökonomische Verfahren zur Ermittlung von Projektwirkungen ... 135
5.1 Die Nutzen-Kosten-Analyse (NKA) ... 135
5.1.1 Aufbau und Vorgehensweise der Nutzen-Kosten-Analyse ... 135
5.1.2 Mängel der Nutzen-Kosten-Analyse ... 137
5.2 Die Nutzwertanalyse (NWA) ... 139
5.2.1 Aufbau der Nutzwertanalyse ... 139
5.2.2 Mängel der Nutzwertanalyse ... 140

6. Ökologische Analysen zur Bestimmung der Auswirkungen von Eingriffen ... 141
6.1 Die ökologische Eignungsbewertung ... 141
6.2 Die ökologische Wirkungsanalyse ... 142
6.3 Die Interferenz- und Belastungsanalyse ... 144
6.4 Die ökologische Risikoanalyse ... 145
7. Naturschutzfachliche Bewertung von Ökosystemen ... 149
7.1 Bewertung von Landschaftskomplexen ... 149
7.2 Bewertung der Gefährdung von Arten ... 151
7.3 Bewertung der Regenerationsfähigkeit und Ersetzbarkeit ... 152
7.4 Bewertung von Gebietseigenschaften ... 153
7.5 Bewertung von Landschaftskomplexen ... 154
7.6 Probleme der Anwendung von Forschungsergebnissen ... 154

II. Institutionelle Änderungserfordernisse ... 156

1. Mängel der institutionellen Regelungen im Hinblick auf die Nutzung der Umwelt ... 156
2. Integration der Betroffenen in den Entscheidungsprozeß ... 157
3. Mediation als Instrument innovativer Entscheidungsvorbereitung ... 159
3.1 Grundlagen der Mediation ... 159
3.2 Ablauf eines Mediationsverfahrens ... 161
3.3 Anforderungen und Voraussetzungen einer Mediation ... 162
3.4 Mediationsverfahren und Zweckverbände ... 165

III. Umfassende Ansätze: Konzepte zur Integration von Planung, Bewertung und Beteiligung ... 165

1. Das Multiple Objective Plannings (MOP) - ein integrativer Ansatz ... 165
1.1 Ursprung und Vorgehensweise des MOP ... 165
1.2 Aufbau und Inhalte des Vier-Konten-Systems ... 168
1.3 Vorteile des MOP ... 174
1.4 Probleme des MOP ... 174
1.5 Gesamtbeurteilung des MOP ... 176

2. Die Positional Analysis 176
2.1 Ausgangspunkte der Entwicklung der Positional Analysis 176
2.2 Grundlagen und Vorgehensweise der Positional Analysis 177
2.3 Kritik an der Positional Analysis 181
3. Integration von Bewertungsverfahren und institutionellen Elementen 181

Kapitel 4: Das Neue Fränkische Seenland - Eine empirische Analyse 183

I. Strukturelle Gegebenheiten des Untersuchungsgebiets und Entwicklung des Überleitungsprojekts 183

1. Strukturelle Gegebenheiten der Planungsregionen (7) und (8) 183
2. Chronologische Entwicklung und Funktionen des Überleitungsprojekts 186

II. Auswirkungen des Überleitungsprojekts 191

1. Gutachten zum Neuen Fränkischen Seenland 191
1.1 Ergebnisse des Gutachtens von 1971 191
1.2 Ergebnisse des Marketinggutachtens von 1983 194
2. Empirische Analyse der Projektwirkungen 195
2.1 Effizienzwirkungen des Überleitungsprojekts 196
2.1.1 Direkte Kosten des Überleitungsprojekts 196
2.1.2 Wirkungen auf der Nutzenseite 197
2.1.2.1 Hochwasserschutz Altmühl 197
2.1.2.2 Ökonomische Wertigkeit von Grundstücken und Gebäuden 198
2.1.2.3 Wertschöpfungspotential der Wasserflächen 198
2.1.2.4 Entwicklung der Steuerkraftmeßzahl 199
2.2 Wirkungen auf die regionale und örtliche Entwicklung 200
2.2.1 Auswirkungen auf die Landwirtschaft im Brombachgebiet 200
2.2.2 Entwicklung von Langzeiturlaub und Naherholung 203
2.2.3 Entwicklung der sozialversicherungspflichtig Beschäftigten 206
2.3 Gesellschaftliche Auswirkungen des Überleitungsprojekts 207
2.3.1 Kumulierte Wanderungsgewinne 207
2.3.2 Befragungsergebnisse 208

2.4 Ökologische Auswirkungen des Überleitungsprojekts 210
2.4.1 Allgemeine Auswirkungen von Talsperren 210
2.4.2 Der Landschaftspflegerische Begleitplan Großer Brombachsee 211
2.4.2.1 Überblick über die Zielsetzungen und Abgrenzung des Untersuchungsgebiets 211
2.4.2.2 Naturräumliche Grundlagen 216
2.4.2.3 Naturschutzfachliche Bewertung 217
2.4.2.4 Zusammenfassende Bewertung 221
2.4.3 Beurteilung des Landschaftseingriffs 223
2.4.4 Ökologische Verhältnisse im Untersuchungsgebiet nach Realisierung der Überleitung 225
2.4.4.1 Das Wiesenbrütergebiet Wiesmet 227
2.4.4.2 Die Vogelinsel im Altmühlsee 228
2.4.4.2.1 Bauliche Entwicklungsphasen 228
2.4.4.2.2 Entwicklung der Vegetation der Inselzone 234
2.4.4.2.3 Entwicklung der Vogelbestände 235
2.4.4.2.4 Bewertung nach Rote-Liste-Arten 236
2.4.4.2.5 Bewertung nach Bezzel 237
2.5 Wirkungen der Überleitung auf die Altmühl 237

III. Institutionelle Einrichtungen zur Umsetzung des Neuen Fränkischen Seenlands 238

1. Das Talsperren-Neubauamt (TNA) 239
2. Aufgaben und Stellung der Zweckverbände 239

Zusammenfassung wesentlicher Ergebnisse 243

Literaturverzeichnis 248

Abbildungs- und Tabellenverzeichnis

Abbildungen

Abb. 1.1: Arrow-Paradoxon ... 27
Abb. 1.2: Zielsystem der Raumordnungspolitik in der Bundesrepublik ... 30
Abb. 1.3: Typen von Stabilitäts- und Instabilitätseigenschaften ... 37
Abb. 1.4: Eigenschaften selbstorganisierender Systeme ... 44
Abb. 1.5: Das Holling-Modell ... 45
Abb. 1.6: Eigenschaften von jüngeren und entwickelten Ökosystemen ... 47
Abb. 1.7: Differenzierungsmerkmale von wissenschaftlicher Ökologie, Naturschutz und ökologischer Naturschutzforschung ... 49
Abb. 1.8: Vielfach verwendete Kriterien ökologischer Untersuchungen ... 51
Abb. 1.9: Natürlichkeitsgrad von Ökosystemen ... 52
Abb. 1.10: Beziehungen zwischen ökologischem und sozio-ökonomischem System ... 55
Abb. 1.11: Beziehung zwischen Umweltqualität und Sozialprodukt ... 60
Abb. 1.12: Vergleich der Systemansätze von Ökonomie, Ökologie und Ökologischer Ökonomie ... 66

Abb. 2.1: Ablauf einer Umweltverträglichkeitsprüfung ... 79
Abb. 2.2: Verhältnis der Raumplanung zu den Fachplanungen ... 81
Abb. 2.3: Beziehung der Landschaftsplanung zu anderen raumwirksamen Planungen ... 83
Abb. 2.4: Vorgehensweise der Landschaftsplanung ... 84
Abb. 2.5: Schematische Darstellung der Wirkungsketten zur Ermittlung der landschaftsökologischen Auswirkungen ... 86
Abb. 2.6: Minimalareale und maximale Abstände von Ökosystemtypen sowie kritische Populationsgrößen von Organismen ... 91
Abb. 2.7: Zusammenhang zwischen Raumstruktur und Funktionsstruktur ... 96
Abb. 2.8: Potentiale einer Region ... 97
Abb. 2.9: Ansatzpunkte regionalpolitischer Maßnahmen ... 99
Abb. 2.10: Belastungen durch Freizeit und Erholung ... 109
Abb. 2.11: Notwendige Fluchtdistanzen der Wasservögel im Jahresverlauf ... 111
Abb. 2.12: Vielschichtigkeit des sanften Tourismus ... 115
Abb. 3.1: Vorgehensweise einer Umweltbewertung ... 121
Abb. 3.2: Die Klokesche Tüte ... 123

Abb. 3.3: Kategorien einer sozio-ökonomischen Bewertung der Umwelt ... 126
Abb. 3.4: Beziehungen zwischen Entschädigungskonzepten ... 130
Abb. 3.5: Das Konzept der Zahlungsbereitschaft ... 131
Abb. 3.6: Direkte und indirekte Methoden zur Ermittlung des monetären Werts der Umwelt ... 132
Abb. 3.7: Verflechtungsmatrix Verursacher - Auswirkungen auf Standort - Betroffener ... 143
Abb. 3.8: Ablauf einer ökologischen Risikoanalyse ... 146
Abb. 3.9: Gliederung der Landschaft in bewertbare Einheiten ... 150
Abb. 3.10: Definition der Gefährdungsgrade ... 151
Abb. 3.11: Gewichtungsvorschlag für Rote-Liste-Arten ... 151
Abb. 3.12: Ablauf eines Mediationsverfahrens ... 162
Abb. 3.13: Theoretische Anwendungmöglichkeiten einer Mediation ... 163
Abb. 3.14: Vorgehensweise des MOP ... 167
Abb. 3.15: Die Bestandteile des 4-Konten-System ... 169
Abb. 3.16: Darstellung der zusammengefaßten Bewertungen und trade-offs im Rahmen des SAM ... 173
Abb. 3.17: Ansätze zur Umweltbewertung ... 177
Abb. 3.18: Räumliche Ausdehnung des erfaßten Systems ... 179
Abb. 3.19: Systematik der Erfassung in der Positional Analysis ... 180
Abb. 3.20: Integration von Bewertung und institutionellen Gegebenheiten ... 182
Abb. 4.1: Lage des Untersuchungsgebiets ... 185
Abb. 4.2: Funktionsweise des Überleitungssystems ... 188
Abb. 4.3: Übersicht über die Größe der Seen ... 190
Abb. 4.4: Topologie der Projekteffekte auf der Nutzenseite ... 196
Abb. 4.5: Entwicklung der Steuereinnahmekraft im Vergleich ... 200
Abb. 4.6: Herkunft der Urlaubsgäste nach Bundesländern 1996 ... 204
Abb. 4.7: Strukturelle Entwicklung der sozialversicherungspflichtig Beschäftigten im Bereich der Gemeinden der Zweckverbände Brombachsee und Altmühlsee ... 207
Abb. 4.8: Kumulierte Wanderungsgewinne im Bereich des Zweckverbands Brombachsee ... 207
Abb. 4.9: Beurteilung der durch das Neue Fränkische Seenland bewirkten regionalen Bedingungen aus Sicht der Unternehmen ... 208
Abb. 4.10: Wirtschaftliche Nutzung des Brombachgebiets im Jahre 1970 ... 213
Abb. 4.11: Lage der Schutzgebiete im Untersuchungsgebiet ... 215
Abb. 4.12: Natürlichkeitsgrad von Biotoptypen bzw. Pflanzengesellschaften ... 217
Abb. 4.13: Natürlichkeitsgrad der Biotoptypen im Eingriffsraum ... 218

Abb. 4.14: Klassifizierung der Biotoptypen nach ihrer Ersetzbarkeit................219
Abb. 4.15: Klassifizierung von Biotoptypen nach Seltenheit und Bedrohung der Pflanzenarten...219
Abb. 4.16: Klassifizierung von Biotoptypen nach Seltenheit und Bedrohung der Pflanzengesellschaften..............220
Abb. 4.17: Bewertungsregeln für die Gesamtbewertung.................................221
Abb. 4.18: Gesamtbewertung der Biotoptypen im Eingriffsraum....................222
Abb. 4.19: Flächenbilanz der verlorengegangenen Biotoptypen.......................224
Abb. 4.20: Bilanz der linear ausgebildeten verlorengegangenen Biotoptypen...224
Abb. 4.21: Gegenüberstellung Biotopverlust - Ausgleich (A) - Ersatz (E)...225
Abb. 4.22: Bauliche Entwicklungsphasen der Vogelinsel 230
Abb. 4.23: Übersicht über die Entscheidungszusammenhänge bei der Umsetzung des Neuen Fränkischen Seenlands........................241

Tabellen

Tab. 4.1: Fläche und Bevölkerung der Planungsregionen (7) und (8)..183
Tab. 4.2: Struktur der Beschäftigten gegliedert nach Wirtschaftssektoren..184
Tab. 4.3: Bruttowertschöpfung gegliedert nach Wirtschaftssektoren (1994)..184
Tab. 4.4: Gegenüberstellung von prognostizierten Nutzen und Kosten..193
Tab. 4.5: Einzelkosten der einzelnen Systemteile..197
Tab. 4.6: Entwicklung der Baulandpreise in DM je Quadratmeter.................198
Tab. 4.7: Entwicklung der Übernachtungszahlen im Vergleich.....................205
Tab. 4.8: Entwicklung der Besucherzahlen im gesamten Neuen Fränkischen Seenland..205
Tab. 4.9: Benotung der Angebote durch die Gäste..209
Tab. 4.10: Nachgewiesene Tierarten im Eingriffsraum vor dem Bau des Sees..216
Tab. 4.11: Kosten der Zweckverbände (in Mio. DM)..240

Abkürzungsverzeichnis

ANL:	Bayerische Akademie für Naturschutz und Landespflege
ARL:	Akademie für Raumforschung und Landesplanung
BGB:	Bürgerliches Gesetzbuch
BHO:	Bundeshaushaltsordnung
BNatSchG:	Bundesnaturschutzgesetz
BROG:	Bundesraumordnungsgesetz
BROP:	Bundesraumordnungsprogramm
DVWK:	Deutscher Verband für Wasserwirtschaft und Kulturbau e.V.
FAG:	Finanzausgleichsgesetz
LAA:	Landesarbeitsamt-Bezirk
NKA:	Nutzen-Kosten-Analyse
NWA:	Nutzwertanalyse
UVP:	Umweltverträglichkeitsprüfung
UVPG:	Umweltverträglichkeitsprüfungsgesetz
WISU:	Das Wirtschaftsstudium
ZAU:	Zeitschrift für angewandte Umweltforschung
ZfU:	Zeitschrift für Umweltpolitik und Umweltrecht

Einleitung und Übersicht

Durch Infrastrukturmaßnahmen sollen wirtschaftlich unterentwickelte Gebiete gefördert und eine sich selbst tragende wirtschaftliche Entwicklung eingeleitet werden. Damit soll eine passive Sanierung, d.h. eine Abwanderung der dort lebenden Bevölkerung, speziell der arbeitsfähigen jüngeren Altersgruppen, vermieden werden. Diese Strategie ist jedoch keinesfalls eine hinreichende Bedingung für einen Erfolg solcher Maßnahmen, auch wenn diese Vorgehensweise von Seiten der Theorie nahezu einmütig empfohlen wird.[1]

Infrastrukturmaßnahmen, insbesondere wasserwirtschaftliche Großprojekte, führen häufig zu massiven Eingriffen in den Naturhaushalt, wodurch die Lebensverhältnisse des betreffenden Raumes nachhaltig beeinträchtigt werden können. In der ehemaligen Sowjetunion wurden vielfach Flüsse umgeleitet, um Produktionssteigerungen in der Landwirtschaft und der Industrie zu erzielen. Ökologische Auswirkungen wurden hierbei überhaupt nicht oder nur unzureichend berücksichtigt. Eines der gravierendsten Beispiele stellt die Verlandung des Aralsees dar, was auf Flußumleitungen zurückzuführen ist. Dies hatte die Versteppung eines großen Teils der Seefläche zur Folge, und viele dort lebende Menschen wurden ihrer Existenzgrundlage (z.B. Fischerei) beraubt.

Im Jahre 1969 wurde in Bayern auf Veranlassung der Obersten Baubehörde das Projekt „Überleitung von Altmühl- und Donauwasser in das Regnitz-Main-Gebiet" in Auftrag gegeben, um die unterschiedlichen wasserwirtschaftlichen Verhältnisse in Nord- und Südbayern auszugleichen, wobei besonderes Augenmerk darauf gelegt wurde, solche negativen Auswirkungen von vornherein zu vermeiden. Neben dieser rein wasserwirtschaftlichen Zielsetzung einer Verbesserung der Abflußverhältnisse im Regnitz-Main-Gebiet gewann auch eine Nutzung der Seen als Erholungsgebiet zunehmend an Bedeutung. Beide Aspekte führen tendenziell zu einer Belastung des Naturhaushalts. So wurde für die Seen einschließlich der zugehörigen Anlagen eine Fläche von ca. 2.700 ha benötigt, wodurch eine völlig neue Landschaft entstanden ist, die mit der vorherigen nicht mehr viel gemein hat. Zudem bringt die Nutzung der Seen als Erholungsgebiet ebenfalls Belastungen für den Naturhaushalt mit sich, z.B. durch Freizeiteinrichtungen oder durch zunehmende Verkehrsbelastungen. Anhand der Umsetzung des Überleitungsprojekts läßt sich jedoch zeigen, daß Ökonomie und Ökologie nicht unbedingt in einem Konfliktverhältnis stehen, sondern daß durchaus Möglichkeiten existieren, ökologische Erfordernisse mit ökonomischer Entwicklung zu vereinbaren.

---

[1] vgl. Fürst, D.; Klemmer, P.; Zimmermann, K., S.13

Die Arbeit ist in vier Kapitel gegliedert. Die ersten drei Kapitel sind eher theoretisch gehalten, während das letzte Kapitel eine empirische Analyse der Auswirkungen des Neuen Fränkischen Seenlands beinhaltet, wobei Bezug auf die vorherigen theoretischen Ausführungen genommen wird. Kapitel 1 beginnt mit einer Darstellung der ökonomischen Verhaltensweisen von Haushalten und Unternehmen, welche eine Übernutzung der Umwelt und ihrer Ökosysteme zur Folge hätten. Dies läßt sich darauf zurückführen, daß die Umwelt entweder als freies Gut oder als öffentliches Gut betrachtet wird, da sich für die meisten Umweltgüter keine Eigentumsrechte definieren lassen. Um dieser Entwicklung entgegenzuwirken, erweist es sich als notwendig, daß der Erhalt der Umwelt und ihrer Ökosysteme durch eine übergeordnete Instanz, den Staat, sichergestellt wird. Mittlerweile ist die Verpflichtung zum Erhalt der natürlichen Umwelt auch im Grundgesetz der Bundesrepublik verankert.

Da die vorliegende Arbeit nach Möglichkeiten einer Integration sozio-ökonomischer und ökologischer Belange in den Bewertungs- und Entscheidungsprozeß sucht, wird im I. Abschnitt dieses Kapitels zunächst aufgezeigt, in welchen Bereichen diese Ziele gleichzeitig zu verfolgen sind. Von wesentlicher Bedeutung ist hierbei die Raumordnungspolitik. Deren Hauptaufgabe besteht darin, eine Gleichwertigkeit der Lebensverhältnisse in allen Teilgebieten herzustellen. Dies wird häufig mit dem Abbau von regionalen Einkommens- und Vermögensdisparitäten gleichgesetzt, was jedoch eine unzulässige Vereinfachung darstellt. Gleichwertigkeit der Lebensverhältnisse beinhaltet auch eine Vielzahl anderer Zielvorstellungen, wie z.B. die Sicherstellung der Umweltqualität. Auch die regionale Wirtschaftspolitik, die man als die wirtschaftliche Dimension der Raumordnungspolitik bezeichnen kann, ist diesem Ziel verpflichtet.

Sowohl Raumordnungspolitik als auch regionale Wirtschaftspolitik sind anthropozentrisch geprägt, d.h., sie orientieren sich an den Bedürfnissen des Menschen. Dementsprechend werden auch die Natur und die Ökosysteme als deren Bestandteile unter diesem Aspekt betrachtet. So beschränkt sich die Sicht von Natur und Ökosystemen aus ökonomischer Sicht auf solche Leistungen, die für den Menschen von Nutzen sind. Da diese Leistungen nicht adäquat durch den Marktmechanismus widergespiegelt werden, ist eine ständige Verschlechterung der Umweltqualität im derzeitigen System unter gegebenen Bedingungen eine konsequente Folge. Will man einen effektiven Schutz der Umwelt und ihrer Ökosysteme erreichen, erweist es sich als notwendig, die Funktionsweise von Ökosystemen zu berücksichtigen. Die Ökosysteme selbst werden - abgesehen von der Ökologie - in den anderen Fachdisziplinen als eine Art "black box" betrachtet. Sie stellen zwar eine Vielzahl von Leistungen zur Verfügung, ihre Funktionsweise hingegen ist jedoch nur von geringem Interesse. Es erweist sich als unabdingbar, Eigenschaften von Ökosystemen zu identifizieren, die für ihren Selbsterhalt von Bedeutung sind, da nur auf diese Weise auch in Zukunft ihre Leistungen weiterhin in Anspruch genommen werden können. Deswegen sind an dieser Stelle Kriterien, die für den Erhalt von Ökosystemen von Bedeutung sind, erläutert werden.

Das zunehmende Verschwinden einzelner Tier- und Pflanzenarten führte zum Entstehen des Naturschutzes. Die Begriffe Naturschutz und Ökologie werden oft synonym verwendet, was jedoch unzutreffend ist, was Gegenstand des II. Abschnitts dieses Kapitels bildet. Die Ökologie ist eine wertneutrale Wissenschaft, welche die Funktionsweise von Ökosystemen zu beschreiben und zu erklären versucht. Der Naturschutz hingegen bezieht anhand bestimmter Kriterien, wie z.B. der Artenvielfalt oder der Seltenheit, konkret Stellung.

Der III. Abschnitt des Kapitels befaßt sich mit den Beziehungen zwischen dem ökologischem System und dem sozio-ökonomischem System. Das sozio-ökonomische System steht in einem Abhängigkeitsverhältnis zum ökologischen System, was in der traditionellen neoklassischen Wirtschaftstheorie nicht berücksichtigt wird. Diese befaßt sich mit der effizienten Nutzung von Umweltgütern im Sinne der Maximierung des Periodengewinns oder des Kapitalwerts einer Ressource. Sie setzt hierbei unter anderem voraus, daß eine unbegrenzte Substituierbarkeit zwischen anthropogenem Kapital (= vom Menschen geschaffenes Kapital) und dem natürlichen Kapital (= der Umwelt und ihrer Ökosysteme) besteht. Die Frage der unbegrenzten Substituierbarkeit zwischen diesen Kapitalarten stellt einen zentralen Aspekt in der Ökologischen Ökonomie dar. Insofern kann man hier eine Fortentwicklung der neoklassischen Theorie feststellen. Die Ökologische Ökonomie weist in Form der schwachen und der starken Nachhaltigkeit zwei Ausprägungen auf. Während bei der schwachen Nachhaltigkeit eine hohe Substituierbarkeit unterstellt wird, steht bei der schwachen Nachhaltigkeit zwar ebenfalls die Nutzung der Ökosysteme durch den Menschen im Mittelpunkt der Betrachtungen, jedoch innerhalb bestimmter Grenzen. Für den Schutz und den Erhalt von Ökosystemen existieren neben diesen anthropozentrischen Begründungen auch ethische Begründungen. Diese weisen der Natur einen Eigenwert zu, der unabhängig von den Nutzwerten der Natur für den Menschen vorhanden ist.

Das Ziel einer Erhöhung der gesellschaftlichen Wohlfahrt läßt sich nicht durch eine einzige Größe ausdrücken. Wohlfahrt umfaßt eben nicht nur ökonomische Zielgrößen, sondern andere gesellschaftliche Belange. Mittlerweile läßt sich hier ein Umdenken weg vom bloßen Wirtschaftswachstum hin zur Wirtschaftsentwicklung feststellen, was in der Diskussion um eine nachhaltige Entwicklung (= Sustainable Development) zum Ausdruck kommt. Dieser Begriff ist wesentlich weiter gefaßt und berücksichtigt neben Verteilungsfragen auch gesellschaftliche und ökologische Belange. Am Schluß dieses Abschnitts soll das Konzept der nachhaltigen Entwicklung und seine Aussagen im Hinblick auf die Nutzung und den Schutz der Ökosysteme kurz diskutiert werden.

Ökosysteme können auch als abgegrenzte räumliche Einheiten betrachtet werden und bilden somit einen Untersuchungsgegenstand in Raumordnung und Raumplanung. Das Kapitel 2 untersucht Möglichkeiten der Integration ökologischer Belange in die Raumordnung und die räumliche Entwicklung. Hierfür existiert eine Reihe von Vorschriften, wie das Bundesraumordnungsgesetz (1965) und das Bundesraumordnungsprogramm (1975), in denen sehr allgemein der Schutz der natürlichen Lebensgrundlagen ("gesunde Lebens- und Arbeitsbedingungen") gefordert wird. Konkretisiert wird diese Vorgabe durch das Bundesnaturschutzgesetz (BNatSchG), welches das Rahmengesetz für die Naturschutzgesetze der Bundesländer bildet, sowie das Gesetz zur Umweltverträglichkeitsprüfung (UVPG), wonach die Auswirkungen einzelner Projekte auf den Naturhaushalt zu untersuchen sind. Dabei läßt sich feststellen, daß die vorhandenen gesetzlichen Normen zum Schutz von Ökosystemen zwar grundsätzlich ausreichend wären, jedoch häufig nicht konsequent angewandt werden.

Nach einem kurzen Überblick über den institutionellen Aufbau der Raumplanung und ihrem Verhältnis zu den einzelnen Fachplanungen wird auf die Landschaftsplanung eingegangen, welche als die am stärksten ökologisch ausgerichtete Fachplanung bezeichnet werden kann. In der Landschaftsplanung wird konkret über die Nutzung der Natur und ihrer Ökosysteme entschieden, da sie die konkrete Verteilung der menschlichen Aktivitäten im Raum bestimmt. Ihre wichtigste Aufgabe liegt in der Optimierung der Nutzung der Umwelt, wobei die Selbstregulationsfähigkeit der Ökosysteme erhalten werden soll. Hierfür sollen Ansätze vorgestellt werden, wie Nutzgebiete und Schutzzonen verteilt sein sollten, und welche Größenordnungen diese Schutzgebiete aufweisen sollen.

Im II. Abschnitt soll die Verträglichkeit praktizierter Konzepte einer regionalen Entwicklung mit ökologischen Belangen untersucht werden. Von besonderer Bedeutung ist hierbei die Förderung von Regionen durch Infrastrukturmaßnahmen, welche als Grundvoraussetzung für privatwirtschaftliche Aktivitäten gesehen werden können. Infrastrukturmaßnahmen sind ein sehr vielseitiges Instrument und können sowohl unternehmensorientiert als auch haushaltsorientiert sein. Dies zeigt sich auch beim Projekt "Überleitung von Altmühl- und Donauwasser in das Regnitz-Main-Gebiet. Hierbei werden wasserwirtschaftliche Erfordernisse mit der Schaffung von Erholungsmöglichkeiten für Naherholer und Langzeiturlauber miteinander verbunden. In der Förderung des Fremdenverkehrs in einem Gebiet hoher landschaftlicher Attraktivität wird eine Möglichkeit gesehen, die strukturschwachen Gebiete der Planungsregionen (7) und (8) der Bayerischen Landesentwicklungsplanung an das Niveau der besser entwickelten Gebiete heranzuführen. Eine solche Vorgehensweise kann jedoch auch merkliche Umweltbelastungen mit sich bringen, wie sich an einer Vielzahl von Urlaubsregionen zeigt, wo zugunsten des Tourismus die Bautätigkeit zu einer zunehmenden Versiegelung von Flächen und Zerstörung von Landschaften und Landschaftsbildern geführt hat. Deshalb sollen Möglichkeiten aufgezeigt werden, wie derartige Entwicklungen zumindest abgemildert werden können, was in der Konzeption eines "sanften Tourismus" im Mittelpunkt steht, bei dem noch weitere gesellschaftliche Aspekte (z.B. Überfremdung) berücksichtigt werden.

In Kapitel 3 wird aufgezeigt, daß Planungs- und Bewertungsprobleme nicht als voneinander isolierte Problemkreise betrachtet werden können, sondern daß für ein optimales Ergebnis ein Zusammenspiel von Bewertung und institutioneller Ausgestaltung, sowie eine Beteiligung der Betroffenen am Entscheidungsprozeß notwendig sind.

Im I. Abschnitt dieses Kapitels werden Möglichkeiten einer Bewertung der Umwelt und ihrer Ökosysteme, sowie Möglichkeiten zur Integration ökologischer Belange in ökonomische Bewertungsverfahren aufgezeigt. Ökosysteme sind aufgrund ihrer hohen Komplexität einer Bewertung nur sehr schwer zugänglich. Deshalb werden zunächst einmal verschiedene Wertekategorien erläutert, die man den Ökosystemen zuweisen kann. Man unterscheidet hierbei zwischen instrumentellen Werten, welche einen direkten Nutzen für den Menschen beinhalten, und intrinsischen Werten, welche man als Eigenwerte der Natur definieren könnte. Dies korrespondiert zu den anthropozentrischen und ecozentrischen Sichtweisen der Natur. Die Ökonomen streben danach, den Wert von Umweltgütern möglichst in monetären Größen zu quantifizieren. Obwohl Ökosysteme und deren Leistungen nur sehr begrenzt einer monetären Bewertung zugänglich sind, versucht man, den monetären Wert von Umwelt über die Ermittlung der Zahlungsbereitschaft zu bestimmen. Hierbei kann man zwischen indirekten und direkten Verfahren unterscheiden. Die wichtigsten dieser Verfahren sollen in diesem Abschnitt erläutert und ihre Eignung zur Quantifizierung instrumenteller und intrinsischer Werte untersucht werden.

Diese Verfahren stellen lediglich auf die Ermittlung einer einzigen zusammengefaßten Wertgröße ab. Bei Maßnahmen im öffentlichen Bereich sind jedoch in der Regel mehrere Zielvorgaben und Zielwirkungen zu berücksichtigen. Am häufigsten wird hierfür die Nutzen-Kosten-Analyse verwendet. Die Nutzen-Kosten-Analyse ist für die Berücksichtigung ökologischer Belange jedoch nur sehr bedingt geeignet, da sie grundsätzlich nur monetär bewertbare Wirkungen in ihr Entscheidungskalkül einbezieht. Umweltwirkungen sind hingegen zumeist nicht monetär bewertbar, also intangibel. Zudem beschränkt sich die Nutzen-Kosten-Analyse darauf, lediglich allokative Wirkungen zu berücksichtigen, wohingegen andere bedeutsame Ziele, wie z.B. die Verteilungsfrage, allenfalls am Rande berücksichtigt werden (z.B. in Form der erweiterten Nutzen-Kosten-Analyse). Daneben soll noch auf die Nutzwertanalyse eingegangen werden, da bei dieser auch eine Berücksichtigung intangibler Größen möglich ist.

Auch von Seite der Ökologie existieren verschiedene Ansätze, die Wirkungen menschlicher Eingriffe auf die Ökosysteme zu prognostizieren. Hierbei wird eine Unterscheidung zwischen biologischen Analysen und naturschutzfachlichen Bewertungen vorgenommen, da es eine ökologische Bewertung als solches nicht gibt. Hinsichtlich der biologischen Analysen kann man kann hierbei zwischen der Eignungsbewertung, der Wirkungsanalyse, der Interferenzanalyse sowie der Risikoanalyse unterscheiden.[2] Wesentliches Element dieser Ansätze ist die Identifizierung von Ursache-Wirkungsbeziehungen. Die Quantifizierung dieser Wirkungen ist jedoch noch nicht sonderlich weit entwickelt, sondern beschränkt sich zumeist auf qualitative Beschreibungen der Wirkungszusammenhänge. Die naturschutzfachliche Bewertung hingegen orientiert sich an Eigenheiten von Ökosystemen, wie z.B. dem Natürlichkeitsgrad, dem Artenreichtum, der Fläche etc., aus denen auf eine Wertigkeit geschlossen wird. Dies liegt darin begründet, daß diese Merkmale wesentlich leichter faßbar sind. Dem komplexen Wesen von Ökosystemen wird diese Vorgehensweise jedoch nur unzureichend gerecht.

Der II. Abschnitt dieses Kapitels befaßt sich mit den Möglichkeiten einer stärkeren Beteiligung von Betroffenen raumwirksamer Maßnahmen am Entscheidungsprozeß. So ist in der Gesellschaft eine Veränderung der Einstellung gegenüber flächenintensiven Infrastrukturmaßnahmen zu beobachten, was sich an der Zahl der Widersprüche und Klagen gegen solche Projekte zeigt. Diese Problematik liegt vor allem in der Struktur des Entscheidungsprozesses begründet. Die Interessen der von einem Projekt negativ Betroffenen werden häufig nur unzureichend berücksichtigt, da die zuständigen Behörden ("die da oben") auf formellem oder informellem Weg die Entscheidung bereits vorstrukturiert haben.

Um dieser Entwicklung entgegenzutreten, wird über Möglichkeiten einer aktiven Bürgerbeteiligung an solchen Entscheidungen diskutiert. In diesem Abschnitt soll insbesondere die Eignung von Mediationsverfahren für diese Zwecke untersucht werden. Hierdurch sollen mögliche Konfliktfelder bereits im Vorfeld aufgedeckt und Lösungsmöglichkeiten erarbeitet werden. Unter bestimmten Voraussetzungen ist es möglich, eine Lösung zu erreichen, die bei mehr Betroffenen Zustimmung findet.

---

2 In der Literatur finden sich hierzu unterschiedliche Einteilungen und Terminologien. Ausführlich vgl. hierzu Bastian, O., Schreiber, K.-F. und Buchwald, K. (S.26-59).

Im III. Abschnitt werden mit dem Multiple Objective Planning (MOP) und der Positional Analysis zwei Ansätze erläutert, welche eine Integration von Bewertung, Institutionen und die Beteiligung der Betroffenen beinhalten. Das MOP, welches ökonomische und ökologische Belange zumindest formell als gleichberechtigt betrachtet und die Beteiligung der betroffenen Öffentlichkeit vorsieht, existiert in den USA bereits seit den siebziger Jahren, als für wasserwirtschaftliche Projekte die "Principles & Standards" erarbeitet wurden. In diesem Abschnitt sollen zunächst der Ablauf des Verfahrens und der Aufbau des Vier-Konten-System erläutert werden, welches die ökonomischen, ökologischen und gesellschaftlichen Zielvorstellungen näher konkretisiert. Die Verwendung eines mehrdimensionalen Bewertungsansatzes erweist sich als unabdingbar, um eine quantitative und qualitative Folgeabschätzung im sozio-ökonomischen und ökologischen Bereich vornehmen zu können. Durch den Verzicht auf eine Aggregation zu einer Gesamtgröße wird für den politischen Entscheidungsträger leichter erkennbar, daß er eine Vielzahl von Projektwirkungen zu berücksichtigen hat. Gleichzeitig wird er gezwungen, seine eigenen Präferenzen zu offenbaren, so daß sich die Transparenz der Entscheidung merklich erhöht.

In die gleiche Richtung zielt der Ansatz der Positional Analysis von Söderbaum, der die Scheingenauigkeit der Nutzen-Kosten-Analyse im Umgang mit Umweltgütern zum Anlaß nimmt, über alternative Vorgehensweisen nachzudenken. Seiner Meinung nach wird durch die bloße Monetarisierung von Sachverhalten eine Entscheidung nicht richtiger. Auch Söderbaum schlägt Veränderungen im institutionellen Bereich vor, welche auf eine verstärkte Beteiligung der Betroffenen abzielen.

Nach den theoretischen Ausführungen sollen in Kapitel 4 am Beispiel des Neuen Fränkischen Seenlands in einem empirischen Teil die Auswirkungen des Projekts "Überleitung von Altmühl- und Donauwasser in das Regnitz-Main-Gebiet" mit einem auf die Zwecke der Untersuchung zugeschnittenen System, welches den Grundgedanken der Vier-Konten-Systematik folgt, analysiert werden. Dieses Projekt hat die Struktur der hiervon betroffenen Planungsregionen (7) und (8) des Bayerischen Landesentwicklungsprogramms in ökonomischer und ökologischer Hinsicht grundlegend verändert. Neben der wasserwirtschaftlichen Zielsetzung wird durch das Projekt eine Modernisierung der sektoralen Wirtschaftsstruktur in diesem Gebiet angestrebt, welches immer noch stark durch die Landwirtschaft geprägt ist. So sollen durch die neu entstandenen Seen Langzeiturlauber gewonnen werden, wodurch vor allem im Bereich des Fremdenverkehrs Arbeitsplätze entstehen sollen. Inwieweit dies gelungen ist, und welche regionalen und gesellschaftlichen Auswirkungen zu beobachten sind, soll im ersten Teil dieses Kapitels untersucht werden.

Von besonderer Bedeutung in der vorliegenden Arbeit sind die ökologischen Auswirkungen des Überleitungsprojekts sowie deren Beurteilung. Die Untersuchung bezieht sich beispielhaft auf die Auswirkungen des Teilsystems Altmühlüberleitung, da hier in Form des Großen Brombachsees und des Altmühlsees die umfangreichsten Eingriffe in Natur und Landschaft erfolgt sind. Das Teilsystem Kanalüberleitung brachte sowohl in ökonomischer als auch in ökologischer Hinsicht wesentlich geringere Auswirkungen mit sich.

Die exemplarische Grundlage für die Beurteilung der ökologischen Auswirkungen bildet der Landschaftspflegerische Begleitplan Großer Brombachsee, der auf die ehemalige Nutzungsstruktur des Brombachtals Bezug nimmt. Die naturschutzfachliche Bewertung umfaßt die Kriterien Natürlichkeitsgrad, Ersetzbarkeit sowie die Seltenheit von einzelnen Pflanzenarten und ganzen Pflanzengesellschaften. Daneben wird auf das Wiesenbrütergebiet Wiesmet sowie auf die Entwicklung der Vegetation und der Vogelbestände der Vogelinsel im Altmühlsee eingegangen. Dies liegt zum einen darin begründet, daß für Ausgleichsmaßnahmen im Brombachgebiet nicht ausreichend Flächen zur Verfügung standen, so daß ökologische Verluste, welche zweifellos zu verzeichnen sind, an anderer Stelle kompensiert werden mußten. Zum anderen ist dies als eine Umsetzung des Konzepts einer Vernetzung von Lebensräumen zu sehen.

Von entscheidender Bedeutung für die Umsetzung dieses Großprojekts sind das Talsperren-Neubauamt sowie die Zweckverbände, welche speziell für die Realisierung dieses Projekts eingerichtet wurden und sowohl die Funktion einer Institution als auch die eines Mediators erfüllten, da sie zur Annäherung der teilweise erheblich unterschiedlichen Meinungen über konkrete Maßnahmen beitragen und vielfach einvernehmliche Lösungen zwischen den Beteiligten erreichen konnten.

Am Ende der Arbeit werden die wesentlichen Ergebnisse noch einmal kurz zusammengefaßt.

Kapitel 1
Beziehungen zwischen Ökonomie und Ökologie

Jede Bewertung setzt ein Zielsystem voraus, welches man anhand von ausgewählten Kriterien zu operationalisieren versucht, um einen Zielerreichungsgrad bestimmen zu können. Dies gilt ebenso für die Bewertung der Auswirkungen von Eingriffen in die Natur. Will man eine Bewertung dieser Auswirkungen vornehmen, sind zunächst einmal die unterschiedlichen Zielvorstellungen der beteiligten Akteure von Interesse.

In ökonomischer Betrachtungsweise geht man von der Existenz eines Marktes aus, auf dem Angebot und Nachfrage zusammentreffen. Hierbei kann man die Natur als Anbieter von Leistungen sehen und das sozio-ökonomische System als Nachfrager nach denselben. Bei Funktionieren des Preismechanismus werden diese Komponenten über den Marktpreis zum Ausgleich gebracht, so daß sich Angebot und Nachfrage entsprechen. In Bezug auf die Nutzung der Natur führt eine Koordination allein über den Markt jedoch zu einer Übernutzung der Umwelt und ihrer Bestandteile, den Ökosystemen. Diese auf die Möglichkeiten der Nutzung gerichtete Sichtweise läßt wesentliche Eigenschaften von Ökosystemen außer Acht, die für deren Fortbestehen von Bedeutung sind, woraus eine Gefährdung ihrer Existenz resultiert.

In diesem Kapitel sollen zunächst einmal die Ziele der Nachfrager nach Umweltleistungen, sowie die wichtigsten Funktionen von Ökosystemen, welche für deren eigenen Erhalt wichtig sind, erläutert werden. Im Anschluß daran soll gezeigt werden, daß zwischen dem sozio-ökonomischen System und den Ökosystemen ein Abhängigkeitsverhältnis besteht, und wie dies in der ökonomischen Theorie berücksichtigt wird. Hierbei soll insbesondere auf die neoklassische Wirtschaftstheorie und die Ökologische Ökonomie näher eingegangen werden.

I. Ökonomische Zielvorstellungen und Charakteristika von Ökosystemen

1. Zielvorstellungen in der Ökonomie
1.1. Zielvorstellungen auf individueller Ebene

In der Theorie unterscheidet die Volkswirtschaftslehre auf mikroökonomischer Ebene zwischen den privaten Haushalten sowie den Unternehmen. Für beide Gruppen wird in der Regel unterstellt, daß sich ihr gesamtes Zielspektrum letztlich jeweils auf ein Oberziel zurückführen läßt. Für die privaten Haushalte, bzw. für die Individuen wird angenommen, daß sie versuchen, ihren Nutzen zu maximieren. Der Nutzen kann definiert werden als ein Maß für die Bedürfnisbefriedigung durch den Konsum von Gütern und kann durch eine sogenannte Nutzenfunktion formalisiert werden, welche prinzipiell unendlich viele Funktionsparameter enthalten kann.[1] Eine wesentliche Voraussetzung dieses Ansatzes besteht darin, daß sich die Individuen rational verhalten. Dies bedeutet, daß sie über eine Präferenzordnung verfügen, die vollständig (alle relevanten Handlungsalternativen sind bekannt) und widerspruchsfrei ist (man kann eine konsistente Reihenfolge bezüglich ihrer Vorteilhaftigkeit aufstellen). Zudem ist letztlich lediglich der Konsum von Gütern nutzenstiftend, während allen Tätigkeiten, die zum Konsum von Gütern notwendig sind, kein eigenständiger Wert beigemessen wird.[2] Ähnliches gilt für die Unternehmen. Für diese wird unterstellt, daß sie in kurzfristiger Betrachtung versuchen, den Periodengewinn zu maximieren, bzw. in langfristiger Betrachtung ihren Kapitalwert.

Sowohl für die privaten Haushalte als auch für die Unternehmen wird in rein ökonomischer Betrachtungsweise unterstellt, daß sie sich egoistisch verhalten, also nur auf ihren eigenen Vorteil bedacht sind. Es werden lediglich unter dem Aspekt eines altruistischen Verhaltens die Interessen zukünftiger Generationen in die Überlegungen mit einbezogen.[3] Das egoistische Verhalten der einzelnen Akteure kann nun zu Entwicklungen führen, die in dieser Form von der Gesellschaft nicht unbedingt beabsichtigt sind, wie z.B. eine ungleiche Verteilung von Einkommen und Vermögen oder eine Verschlechterung der Umweltqualität. Diese Ziele werden vom privaten Sektor nicht verfolgt, da die Individuen aufgrund des Rationalverhaltens keine Aufwendungen tätigen werden, wenn sie hierfür nicht ausreichend kompensiert werden. Somit kommt es zu einem Auseinanderfallen zwischen den gesellschaftlichen Zielvorstellungen und den tatsächlichen Entwicklungen.

Die individuellen Zielvorstellungen stehen häufig in Konflikt mit den gesellschaftlichen Zielvorstellungen, was jedoch nicht bedeutet, daß die einzelnen Individuen diese Vorstellungen ablehnen. So ist es für die meisten Individuen einleuchtend, daß die Versorgung mit öffentlichen Gütern, welche in der Regel nicht von privater Seite zur Verfügung gestellt werden, jedoch das Grundgerüst für eine Vielzahl von Aktivitäten bilden, unbedingt notwendig ist. Bei öffentlichen Gütern ist keine Bewertung durch den Marktpreis möglich, da Marktversagen vorliegt. Das öffentliche Gut unterscheidet sich vom privaten Gut in zweierlei Hinsicht. Aus der Eigenschaft der Unteilbarkeit resultieren die Nichtrivalität im Konsum und daß das Ausschlußprinzip über den Preismechanismus aus technischen, ökonomischen oder sozialen Gründen nicht angewandt wird.[4] Da jeder das Gut nutzen kann, ohne dadurch andere oder sich selbst negativ zu beeinträchtigen, würde sich für ein öffentliches Gut im Falle der vollständigen

[1] vgl. Gablers Wirtschaftslexikon, S.635
[2] vgl. Maußner, A.; Klaus, J., S.58
[3] vgl. Neumann, M., (Zukunftsperspektiven), S.58
[4] vgl. Recktenwald, H.C., S.431

Konkurrenz ein Marktpreis von 0 ergeben, da die Grenzkosten 0 betragen. Auch die Umwelt weist die Eigenschaften eines öffentlichen Guts auf, so daß eine Übernutzung ihrer Leistungen wahrscheinlich ist.

Anhand des Unmöglichkeitstheorem von Arrow (= Arrow-Paradoxon) läßt sich zeigen, daß sich aus individuellen Präferenzordnungen nicht automatisch eine gesellschaftliche Präferenzordnung ableiten läßt, auch wenn die einzelnen Präferenzordnungen vollständig und widerspruchsfrei sind und somit ein rationales Verhalten der einzelnen Individuen zur Folge haben. Die Nutzenfunktionen der einzelnen Individuen sind nämlich nicht beliebig aggregierbar, wie man mit Hilfe von Abbildung 1.1 verdeutlichen kann:

Abb. 1.1: Arrow Paradoxon

Individuum	**Rangfolge der Alternativen**
Individuum X	A > B > C
Individuum Y	B > C > A
Individuum Z	C > A > B

Quelle: Zimmermann, H.; Henke, K.-D., S.63

Ein jedes Individuum hat für sich eine widerspruchsfreie Präferenzordnung und bildet eine eindeutige Rangfolge der Alternativen A, B und C. Würde man jedoch diese einzelnen Rangfolgen zu einer gesellschaftlichen Präferenzordnung aggregieren wollen, würde sich bei einem Vergleich der Rangfolgen der Alternativen folgendes ergeben:

- Vergleich A-B: A gewinnt 2:1
- Vergleich B-C: B gewinnt 2:1
- Vergleich A-C: C gewinnt 2:1

Jede Alternative wird somit jeweils einer anderen in gleicher Stärke vorgezogen. Eine eindeutige Entscheidung ist somit nicht möglich. Zudem gibt es auch gesellschaftliche Zielvorstellungen, die von den Individuen nicht verfolgt werden, wie z.B. eine gerechte Verteilung von Einkommen und Vermögen oder den Erhalt der Umwelt und ihrer Ökosysteme, was jedoch die Zustimmung der meisten Individuen findet. Um ein Auseinanderfallen zwischen tatsächlichen Entwicklungen und den gesellschaftlichen Zielvorstellungen zu verhindern, soll der Staat die Gewährleistung solcher übergeordneten Zielvorstellungen sicherstellen.[5]

[5] vgl. Eckey, H.-F., S.32

2. Übergeordnete Zielvorstellungen

Gesellschaftliche Zielvorstellungen können zunächst in übergeordnete Ziele der Staats- und Gesellschaftspolitik untergliedert werden.[6] Das oberste Ziel stellt hierbei das Gemeinwohl dar, welches letztlich hinter der „sozialen Nutzenfunktion" der Ökonomen steht. Dieses läßt sich in Zielvorstellungen wie Freiheit, Gerechtigkeit, Sicherheit und Friede untergliedern. Diese Zielvorstellungen gelten als nicht operationalisierbar, was bedeutet, daß es hierfür keine allseits akzeptierten Kriterien gibt und dementsprechend auch keine allseits akzeptierten Indikatoren, anhand derer ein Zielerreichungsgrad gemessen werden kann. Dies liegt darin begründet, daß es sich hierbei um normative Ziele handelt, die auf Werturteilen beruhen. Da Werturteile individuell verschieden sind, ist es auch nicht möglich, eine von allen Individuen akzeptierte Auslegung zu erzielen.

Diese Zielvorstellungen können auch in räumlicher Hinsicht konkretisiert werden. Unter räumlicher Ordnung versteht man den jeweiligen tatsächlichen Zustand eines bestimmten Raumes, ohne Rücksicht darauf, inwieweit dieser Zustand einem bestimmten Leitbild entspricht.[7] Da sich aber aus den gesellschaftlichen Zielvorstellungen ein Leitbild ergibt, ist der Raum dementsprechend darauf auszurichten, was im Rahmen der Raumordnung erfolgt. Raumordnung beabsichtigt eine „zielgerichtete, ordnende, gestaltende und entwickelnde, letztlich politisch zu verantwortende Tätigkeit, die auf ein optimales Verhältnis zwischen Wirtschaft, Gesellschaft und Raum hinwirkt, das sich nicht von selbst ergeben kann."[8]

Für die Raumordnung existieren verschiedene Grundsätze. Dabei handelt es sich um überwiegend durch Gesetz vorgegebene, raumordnungspolitische Leitvorstellungen, die von den öffentlichen Planungsträgern bei raumbedeutsamen Planungen und Maßnahmen gegeneinander und untereinander abzuwägen sind.[9] Der Begriff Raumordnungspolitik kann folgendermaßen definiert werden:

„Raumordnungspolitik besteht in der bewußten Handhabung geeigneter Instrumente durch den Staat oder dem Staat nahestehender Institutionen, um eine zielbezogene Gestaltung, Entwicklung und Nutzung von Räumen oder Regionen zu erreichen."[10]

Diese Definition stellt lediglich eine Leerformel dar, da sie keinerlei konkretisierte Zielvorstellungen enthält und somit einen weiten Interpretationsspielraum offenläßt. Dies ist allerdings zu einem gewissen Grade auch notwendig. So ver-

---

[6] Eine ausführliche Diskussion dieser Zielvorstellungen findet sich in Tuchtfeldt, E., S.188ff.

[7] vgl. Schönhofer, J.: Begriffe ..., A I. (1)

[8] Gabler-Wirtschaftslexikon, S.1154

[9] vgl. Schönhofer, J.: Begriffe ..., A I. (1)

[10] Brösse, U., S.6f.

deutlicht der Leerformelcharakter die Komplexität der Problematik. Zudem haben leerformelhafte Ziele eine Interessenausgleichs- und Koordinationsfunktion, da sich viele Individuen mit ihnen identifizieren können.[11] Hinzu kommt noch, daß die Auslegungen von Zielvorstellungen einer Gesellschaft einem ständigen Wandel unterliegen und deshalb nicht so streng fixiert sein können und sollen. Gleichwohl ist ein Zielkatalog notwendig, um überhaupt Vorgaben zu haben, was denn konkret angestrebt werden soll. Die verschiedenen Ziele der Raumordnungspolitik in der Bundesrepublik zeigt Abb. 1.2.

Im Rahmen dieser Arbeit sind vor allem die Zielvorstellungen von Bedeutung, die mit der Umwelt und ihren Ökosystemen in Zusammenhang stehen, und aus diesem Grund hervorgehoben sind. Aus dieser Übersicht wird deutlich, daß Raumordnungspolitik eine Vielzahl von sehr heterogenen Zielvorstellungen zu berücksichtigen hat, welche unmöglich alle gleichzeitig und in gleichem Maße erfüllt werden können. Erschwert wird dies noch zusätzlich, daß es für viele dieser Unterziele keine konkrete Operationalisierung gibt, anhand derer man einen Zielerreichungsgrad messen könnte. Die Regionalpolitik könnte man als die wirtschaftliche Dimension der Raumordnung bezeichnen. Unter Regionalpolitik versteht man allgemein Pläne und Maßnahmen der Wirtschaftspolitik, regionale Unterschiede in der ökonomischen Leistungsfähigkeit abzubauen.[12] Die Begriffe Raumordnungspolitik und Regionalpolitik beschreiben einerseits unterschiedliche Sachverhalte, andererseits werden sie synonym verwendet. Dies liegt darin begründet, ob man den Begriff Regionalpolitik im engeren Sinne oder in einem umfassenderen Sinne versteht.[13] Regionalpolitik im engeren Sinne ist gleichbedeutend mit dem Begriff der regionalen Wirtschaftspolitik. Der Begriff der Regionalpolitik im umfassenderen Sinn wird synonym mit dem Begriff der Raumordnungspolitik verwendet.

Von Bedeutung sind in dieser Arbeit die von der Raumordnungspolitik und Regionalpolitik verfolgten räumlichen Strukturziele unter besonderer Berücksichtigung der Umwelt. Bei den Strukturzielen kann in die räumliche Allokation, die räumliche Distribution, sowie unter dem Begriff Lebensqualität subsumierte Vorstellungen unterschieden werden.[14] Diese Ziele stehen gleichberechtigt nebeneinander und weisen einen Instrumentalcharakter für das Oberziel, der Maximierung der gesamtwirtschaftlichen Wohlfahrt, auf.

[11] vgl. Brösse, U., S.28f.
[12] vgl. Gabler Wirtschaftslexikon, S.1204
[13] vgl. Brösse, U. S.6
[14] vgl. Klaus, J.; Schleicher, H., S.6

Abb. 1.2: Zielsystem der Raumordnungspolitik in der Bundesrepublik

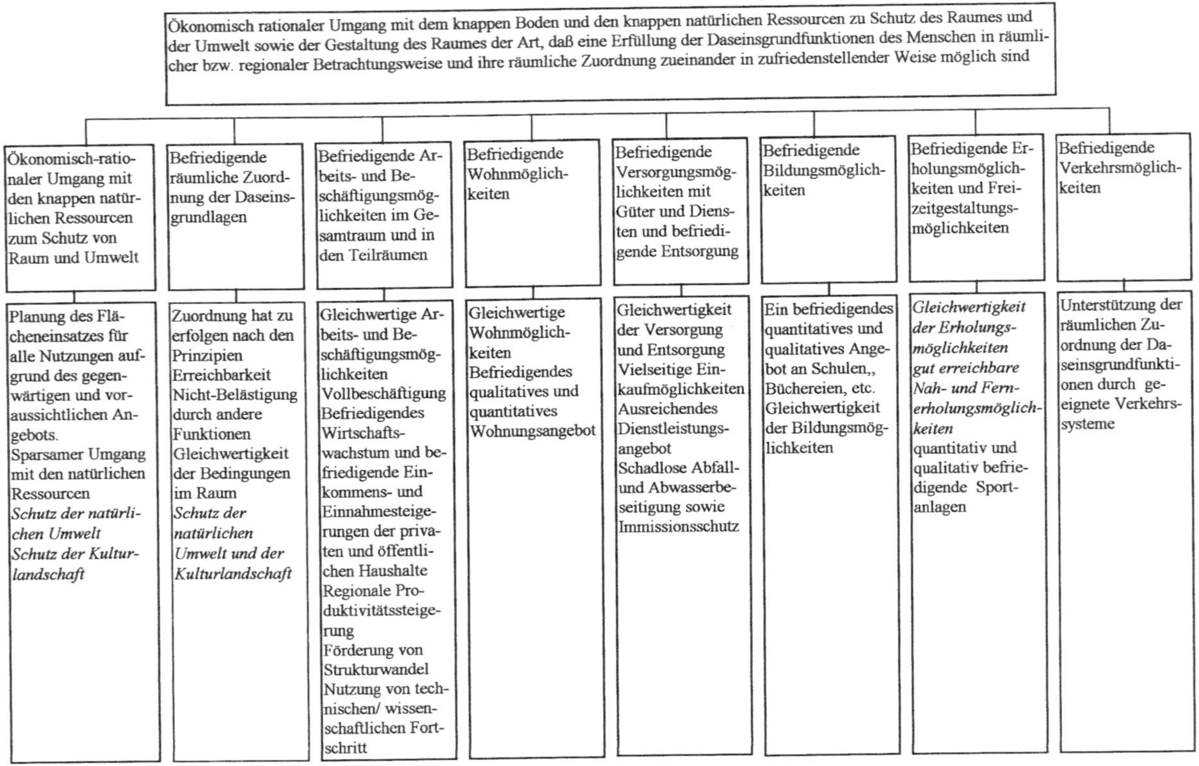

Quelle: Vereinfachte Darstellung nach Brösse, U., S.40/41 (Hervorhebungen durch den Verfasser)

Die allokative Begründung für eine Regionalpolitik beruht zum einen darauf, daß die Mobilität der Produktionsfaktoren Kapital und Arbeit als nicht ausreichend erachtet wird, um deren optimale Allokation zu gewährleisten. So sollen sich gemäß der neoklassischen Theorie die Faktoren dorthin bewegen, wo sie die höchste Grenzproduktivität erbringen.[15] Dies ist für den Faktor Kapital wahrscheinlicher als für den Faktor Arbeit, der im allgemeinen durch hohe Immobilität gekennzeichnet ist, was zumeist durch familiäre Bindungen oder Wohnungseigentum bedingt ist. Eine weitere Begründung liegt in einem mangelnden Entwicklungspotential einer Region. Hierfür wird hauptsächlich das Fehlen von Infrastruktureinrichtungen jeglicher Art verantwortlich gemacht (vgl. Kapitel 2).

Ein wichtiger Aspekt im Rahmen dieser Arbeit liegt im Auftreten von externen Effekten. Externe Effekte sind „positive oder negative Wirkungen, die vom privaten, öffentlichen und ausländischen Konsum oder Produktion auf dritte ausgehen, ohne daß diese als Empfänger der Vorteile etwas dafür bezahlen oder als Träger der Kosten dafür entschädigt werden."[16] Auch Belastungen der Umwelt stellen solche Externalitäten dar. Diese treten deshalb auf, da die privaten Kosten der Umweltnutzung niedriger liegen als die gesellschaftlichen, was im Abschnitt über die Aussagen der neoklassischen Theorie zur Nutzung von Umweltgütern näher erläutert wird.

Bei der distributiven Begründung steht das Postulat der Schaffung gleichwertiger Lebensverhältnisse in allen Teilgebieten im Vordergrund. Dies wird zumeist mit dem Angleich der Pro-Kopf-Einkommen zwischen verschiedenen Regionen gleichgesetzt. Die Einkommensdisparitäten in den einzelnen Teilgebieten werden als zu hoch erachtet, so daß durch regionalpolitische Maßnahmen eine Einkommensumverteilung erfolgen soll. Bei der Einkommensverteilung läßt sich zwischen einer funktionalen und einer personellen Struktur unterscheiden. Die funktionale Struktur bezieht sich auf die Verteilung des Einkommens auf die Produktionsfaktoren Kapital und Arbeit, gemessen durch die Lohnquote bzw. die Profitquote. Unter der personellen Struktur wird die Verteilung des Einkommens auf verschiedene Einkommensgruppen, bzw. -klassen verstanden. Beide Verteilungen werden in der Diskussion um eine „gerechte Verteilung" von verschiedenen Interessengruppen immer wieder herangezogen. Hierbei wäre zunächst zu überlegen, welchen Maßstab man zugrunde legen soll, um eine Umverteilung zu rechtfertigen. Hier liegt die wesentliche Schwäche für die Begründung von Umverteilungspolitik, da diese Kriterien auf Werturteilen beruhen und - objektiv betrachtet - keine Theorie zur Verfügung steht, mit deren Hilfe man die „gerechte Verteilung" bestimmen kann. Unter allokativen Gesichts-

---

[15] vgl. Eckey, H. F., S.69f.

[16] Recktenwald, H.C., S.147

punkten sind solche Eingriffe strikt abzulehnen, da bei korrekter Funktion des Marktmechanismus die Faktoren automatisch in die jeweils effizienteste Verwendung geführt werden und ein Pareto-Optimum erreicht wird. Ein Pareto-Optimum liegt dann vor, wenn es nicht mehr möglich ist, ein Individuum besser zu stellen, ohne damit gleichzeitig ein anderes schlechter stellen zu müssen.[17] Damit ergibt sich auch eine bestimmte Verteilung, die von den Befürwortern der Marktlösung auch als die gesellschaftlich erwünschte angesehen wird. Würde die Grenzproduktivität in den schlechter entwickelten Gebieten höher sein als anderswo, könnte man auf eine Regionalpolitik von vornherein verzichten, da sich eine Angleichung der Einkommen von selbst einstellen würde, was in praxi jedoch nicht der Fall ist.

Gemeinhin besteht ein Konsens darüber, daß eine Umverteilung zugunsten von schlechter situierten Individuen oder gesellschaftlichen Gruppen angestrebt werden soll. Die wichtigste Begründung hierfür dürfte in der Aufrechterhaltung des sozialen Friedens liegen. Die Verteilungsproblematik gewinnt vor allem dann an Bedeutung, wenn die Wachstumsraten in einer Volkswirtschaft zurückgehen. Wenn Produktivitätszuwächse zu verzeichnen sind, können diese an alle gesellschaftlichen Gruppen weitergegeben werden, so daß keine Gruppe in absoluter Betrachtung schlechter gestellt ist, als vorher. Insofern kann man Wachstumspolitik zur Verbesserung der Allokation als ein Substitut für Verteilungspolitik betrachten.

Eine zunehmend an Bedeutung gewinnende Reihe von Aspekten kann man unter dem Begriff der Lebensqualität subsumieren. Hierzu gehören z.B. der Wohnwert und der Erholungswert eines Gebiets, welcher hauptsächlich von der Qualität der Umwelt determiniert wird. Auch in der Standortdiskussion hat der „weiche Standortfaktor“ Umwelt an Bedeutung gewonnen. Eine hohe Umweltqualität ist sowohl für die Unternehmen als auch für die privaten Haushalte von Bedeutung.[18] Für die Unternehmen stellt die Umwelt in erster Linie einen Produktionsfaktor dar, für die Haushalte dient die Umwelt als Siedlungsraum und für Erholungszwecke. Vor allem die freiraumbezogene Erholung in Form von Tagesausflügen oder von Langzeiturlaub gewinnt immer mehr an Bedeutung. Dies ist auch für die Untersuchung der Auswirkungen des Überleitungsprojekts von Bedeutung, da hierdurch in Form des Neuen Fränkischen Seenlands ein bedeutendes Erholungsgebiet entstanden ist.

Diese Zusammenhänge sollten im Hinblick auf die Nutzung der Umwelt und ihrer Bestandteile, der sogenannten Ökosysteme, betrachtet werden. In ökonomischer Sicht bleibt jedoch weitgehend unberücksichtigt, wie Ökosysteme

---

[17] vgl. Neumann, M. (Band 2), S.165
[18] vgl. Klaus, J., (Umweltszenarien), S.69

funktionieren, und ob es Ziele gibt, die aus der Sicht der Ökologie verfolgt werden sollten, und für die Ökosysteme selbst von Bedeutung sind. Ein Überblick hierüber soll im nächsten Abschnitt gegeben werden.

2. Charakteristika von Ökosystemen

2.1. Definition und Untersuchungsgegenstände der Ökologie

Die Wurzeln des Begriffs Ökologie liegen im Griechischen ("oikos" = das Haus; "logos" = die Lehre) und man könnte ihn mit "Haushaltslehre" übersetzen. Eine der ersten Definitionen, welche der heutigen Auffassung von Ökologie nahekommt, wurde im 19. Jahrhundert durch den Zoologen Haeckel geprägt:
"Ökologie ist die gesamte Wissenschaft von den Beziehungen des Organismus zur umgebenden Außenwelt, wohin wir im weitesten Sinne alle Existenzbedingungen rechnen können."[19] Rein abiotische Teilkomplexe (z.B. Hochgebirge) hingegen gehören nicht zu ihren Untersuchungsgegenständen. Ökologie ist somit stets an biotisches Leben gebunden.[20]

Ursprünglich war die Ökologie keine eigenständige Wissenschaft, sondern sie wurde weitgehend als eine Subdisziplin der Biologie angesehen. Mit dem Beginn der Ökosystemforschung entwickelte die Ökologie immer mehr einen interdisziplinären Charakter. Dies bezog sich zunächst auf die Naturwissenschaften, später auch auf die Gesellschaftswissenschaften. Für die Erforschung von Stoffkreisläufen und Energieflüssen innerhalb von Ökosystemen sind auch Geowissenschaften wie z.B. die Bodenkunde oder die Hydrologie von Bedeutung, so daß sich die Ökologie von naturwissenschaftlicher Seite her von der Dominanz der Biologie zu lösen begann. Heute sind es die verschiedensten Fachrichtungen, die sich mit ökologischen Fragestellungen auseinandersetzen.[21]

Den wichtigsten Untersuchungsgegenstand der Ökologie bilden die sogenannten Ökosysteme. Der Begriff des Ökosystems, so wie er heute verstanden wird, wurde zum ersten Mal vom englischen Botaniker George Tansley gebraucht.[22] Eine modernere Definition des Begriffs Ökosystem gibt Klötzli:

---

[19] Haeckel, E., S. 286

[20] vgl. Finke, L., S.8

[21] vgl. hierfür ausführlich Tobias, K., S.6 fff.

[22] "But the more fundamental conception is, as it seems to me, the whole system (in the sense of physics), including not only the organism-complex, but also the whole complex of physical factors forming what we call the environment of the biome - the habitat factors in the widest sense. It is the system so formed which, from the point of view of the ecologist are the basic units of nature on the face of the earth. These ecosystems, as we may call them, are of the most various kinds and sizes. They form one category of the multitudinous physical systems of the universe, as a whole down to the atom." (Tansley, S.299)

"Ein Ökosystem ist ein Wirkungsgefüge von Lebewesen und deren anorganischer Umwelt, das offen, und bis zu einem gewissen Grad zur Selbstregulation befähigt ist."[23]

Ökosysteme sind sogenannte autopoietische Systeme, das heißt, sie bilden ein Netzwerk von miteinander in Beziehung stehenden Komponenten, welche im Verlauf selbst hergestellt, bzw. reproduziert werden können. Der Begriff des Ökosystems kann in zweifacher Hinsicht charakterisiert werden. Zum einen kann man es als eine abgeleitete Modellvorstellung, zum anderen als einen abgegrenzten Ausschnitt aus der Biosphäre betrachten, was auch eine Berücksichtigung in Raumordnung und Raumplanung erforderlich macht.[24]

Für raumbezogene Analysen stellen neben "der Ökologie" die Geoökologie und die Landschaftsökologie die wichtigsten Teilbereiche dar. Vor allem die Landschaftsökologie ist hierbei von Bedeutung. Im Gegensatz zur Geoökologie umfaßt sie Geosystem, Biosystem und Anthroposystem als ihre Hauptsysteme. Das Anthroposystem, welches sich mit der Rolle und den Auswirkungen des Menschen befaßt, ist in die Geoökologie nicht integriert.[25] Da jedoch speziell die Eingriffe des Menschen zu massiven Veränderungen von Ökosystemen führen, müssen landschaftsökologische Gesichtspunkte in der Landschaftsplanung, welche einen Teilbereich der Raumordnung und Raumplanung bildet, berücksichtigt werden, um konkurrierende Nutzungsansprüche aufeinander abzustimmen und eine Übernutzung zu vermeiden.

2.2 Eigenschaften von Ökosystemen

Die Ökologie stellt den Idealtypus einer Wissenschaft dar, da sie völlig wertfrei ist. Gleichwohl kann sie sich einer Werturteilsdiskussion nicht entziehen, da von Fachplanungen, wie z.B. dem Verkehrs- oder Siedlungswesen, Informationen erwartet werden, wie sich menschliche Eingriffe auf Ökosysteme auswirken. Solche Aussagen sind auf Grund der Komplexität der Systemzusammenhänge praktisch unmöglich, da man die Ökosysteme nicht einfach als Summe ihrer Einzelteile sehen kann, sondern das Ganze mehr ist als die Summe seiner Einzelteile. Hier zeigt sich der holistische Grundgedanke, welcher für Ökosysteme kennzeichnend ist.[26]

Diese Zusammenhänge lassen sich jedoch nur unzureichend darstellen. Dies liegt zum einen darin begründet, daß man sie zum Teil noch nicht erforscht hat und sie somit als eine Art "black box" betrachtet, zum anderen sind diese Zu-

---

23 Klötzli, F., S. 288

24 vgl. Breckling, B.; Müller, F., S.7

25 vgl. Leser, H., S.7

26 vgl. Klötzli, F., S.289

sammenhänge häufig nicht-linearer Natur, so daß Extrapolationen bezüglich der Wirkungen von Eingriffen nicht ohne weiteres möglich sind. Aus diesen Gründen legen ökologische Analysen ihren Schwerpunkt eher auf die verbal-qualitative Argumentation und bewerten bestimmte Eigenschaften, bzw. als relevant erachtete Merkmale, obwohl dies methodisch eigentlich nicht angebracht ist. Bei einer Bewertung durch „naturschutzfachliche Bewertungsverfahren", auf die später noch einzugehen sein wird, werden diese zunächst für sich bewerteten Teile wieder zu größeren Teilen aggregiert. Dieser Schritt von der Mikroökologie zur Makroökologie ist allerdings mit erheblichen Bewertungsunsicherheiten verbunden.[27] Im folgenden sollen zunächst kennzeichnende Merkmale von Ökosystemen erläutert werden.

2.2.1 Stabilität

2.2.1.1 Typen von Stabilitätseigenschaften

Auf dem Gebiet der ökologischen Stabilität herrscht eine nahezu babylonische Sprachverwirrung, was in der unterschiedlichen Verwendung des Begriffs für bestimmte Systemzustände begründet liegt.[28] In der Physik versteht man darunter ein Verhalten, bei dem ein Körper durch einen Anstoß von außen vorübergehend von einem Gleichgewichtszustand abweicht, jedoch später wieder in die Ausgangslage zurückkehrt. Umgangssprachlich hingegen impliziert der Stabilitätsbegriff mehr oder weniger ein unverändertes Bestehenbleiben, wie z.B. die Konstanz des Preisniveaus oder der Bevölkerung. Zwischen diesen beiden entgegengesetzten Auslegungen findet auch die Diskussion um die Stabilität von Ökosystemen statt.

Eine Stabilität als solches existiert im Grunde nicht. Stabilität könnte man jedoch indirekt über sogenannte Stabilitätseigenschaften definieren, welche entweder ein „im wesentlichen unverändertes Bestehenbleiben", ein „Nichtbestehenbleiben" oder ein „nach Auslenkung Zurückkehren in die Ausgangslage" bezeichnen.[29] Vielfach ist es auch schwierig zu entscheiden, ob ein Ökosystem eine bestimmte Stabilitätseigenschaft aufweist oder nicht. Deshalb erscheint es angebracht, auch Instabilitätseigenschaften festzulegen. Diese könnte man dann analog als „gerichtete oder unregelmäßige Veränderungen" und „nach einer Auslenkung nicht in die Ausgangslage zurückkehrend definieren. Es lassen sich noch natürliche und anthropogene Stabilitäts- und Instabilitätseigenschaften unterscheiden. Dabei sind natürliche Stabilitätseigenschaften solche, die ohne Zutun des Menschen auftreten, anthropogene Stabilitätseigenschaften sind solche, die für menschliche Eingriffe unerläßlich sind.

---

[27] vgl. Bastian, O.; Schreiber, K.-F., S.35
[28] vgl. Gigon, A.; Grimm, V., S.3
[29] vgl. Gigon, A.; Grimm, V., S.3f.

Zu berücksichtigen ist noch, ob möglicherweise Störfaktoren vorhanden sind. Der Begriff des Störfaktors wird anstelle des Begriffs Störung verwendet, da es unsicher ist, ob aus einem Störfaktor zwangsläufig Störungen resultieren. Zudem kann ein solcher Störfaktor nach einer gewissen Zeit auch einen Bestandteil des Ökosystems verkörpern, so z.B. wenn aus einer Magerwiese durch Düngung eine Düngewiese entsteht. Dann ist die Düngung ein notwendiger Bestandteil und keine Störgröße mehr.

Je nachdem welche Stabilitätstypen vorliegen, und ob ein Störfaktor vorhanden ist oder nicht, lassen sich unterschiedliche Klassifizierungen bilden. Die verschiedenen Stabilitätstypen und Instabilitätstypen werden in Abb. 1.3 dargestellt. Anzumerken wäre noch, daß zwischen den einzelnen Typen fließende Übergänge bestehen und auch mehrere Eigenschaften gleichzeitig vorliegen können. Eine "Ökologische Stabilität" als eine allgemeine Eigenschaft von Ökosystemen gibt es nicht. Man kann man allenfalls Eigenschaften wie "Konstanz", "Zyklizität, "Resistenz" und "Resilienz" unterscheiden.[30]

Die Eigenschaft Konstanz beinhaltet das im wesentlichen Unverändertbleiben eines Systems ohne einen Störfaktor. Diese Eigenschaft dürfte vor allem bei reiferen Ökosystemen von Bedeutung sein, da hier die Sukzession nicht mehr in dem Maß erfolgt, wie bei jüngeren Systemen. Sukzession bedeutet die "zeitliche Aufeinanderfolge von Arten oder Lebensgemeinschaften eines Biotops, die von einem Pionierstadium zu einem sich selbst erhaltenden Stadium (= Klimax) des dynamischen Gleichgewichts führt."[31]

Unter Zyklizität sind regelmäßige Schwankungen um einen Mittelwert zu verstehen, die ohne Einwirkungen eines Störfaktors auftreten. Ein bekanntes Beispiel hierfür stellen die Lemming-Zyklen dar. So erfolgt zunächst eine explosionsartige Vermehrung und im folgenden ein massenhaftes Sterben. Dieses Phänomen wiederholt sich immer wieder im Ablauf von mehreren Jahren. Der Begriff Resistenz bezeichnet das im wesentlichen Unverändertbleiben eines Systems, obwohl ein Störfaktor auf dieses einwirkt. Als Beispiel hierfür könnte man die Ansiedlung von fremden, eingewanderten Pflanzenarten sehen, welche sich in einem Ökosystem ansiedeln, jedoch nach einer Zeit aufgrund nicht geeigneter Bedingungen wieder von selbst verschwinden.

Resilienz bezeichnet die Fähigkeit, nach einer Störung wieder in die Ausgangssituation zurückzukehren. Synonym wird hierfür zuweilen der Begriff "Elastizität" verwendet. Resilienz ist jedoch ethymologisch besser als Elastizität, da dies eigentlich nur Auslenkung heißt, jedoch nicht unbedingt auf

---

30 vgl. Gigon, A.; Grimm, V., S.4, sowie Haber, W. (Ökologische Stabilität), S.272
31 Bastian, O.; Schreiber; K.-F., S.455

Rückkehr in die Ausgangssituation schließen läßt. Resilienz könnte man hingegen mit "Zurückschnellen" übersetzen. Ein Beispiel für Resilienz bildet die Selbstreinigung von Gewässern, wenn die eingebrachten Stoffe dieses System nicht zerstören. Umweltschutzmaßnahmen könnte man demnach als Versuch interpretieren, künstliche Resilienz zu schaffen. Im Hinblick auf die Resilienz sind drei Aspekte von Bedeutung:[32]

Abb. 1.3: Typen von Stabilitäts- und Instabilitätseigenschaften

Dynamisches Verhalten der betrachteten ökologischen Kenngrößen bzw. des Systems innerhalb des festgelegten Rahmens	**Störfaktor nicht vorhanden**	**Störfaktor vorhanden**
Stabilitätstypen		
Veränderungen, bzw. Schwankungen klein oder keine	*Konstanz*	*Resistenz* *Ökologisches System läßt sich nicht verändern (auch regelmäßige Schwankungen werden nicht verändert)*
Schwankungen groß und regelmäßig, bzw. resilient (= "zurückschnellend")	*Zyklizität (= zyklische Sukzession)*	*Resilienz (= Elastizität)* *Ökologisches System wird von Störfaktoren verändert und kehrt dann in die Ausgangssituation zurück*
Instabilitätstypen		
Gerichtete Veränderungen	*Endogener Trend, bzw. autogene Sukzession*	*Exogener Trend, bzw. allogene Sukzession*
Unregelmäßige Schwankungen	*Endogene, unregelmäßige Fluktuation*	*Exogene, unregelmäßige Fluktuation*

Quelle: Gigon, A.; Grimm, V., S.4

1. Nimmt die Kenngröße wieder ihren alten Wert an?
2. Wie lange braucht das System, um die Kenngröße zurückkehren zu lassen?
3. Wie weit darf eine Auslenkung erfolgen, damit eine Rückkehr erfolgen kann?

Eine weitere wesentliche Stabilitätseigenschaft, welche nicht in der Abbildung aufgeführt ist, ist die Persistenz. Der Begriff Persistenz bezeichnet das Fortbestehen eines ökologischen Systems als eine identifizierbare Einheit. Im

[32] vgl. Gigon, A.; Grimm, V., S.12

Unterschied zu den vorherigen Konzepten werden Kenngrößen hier lediglich *qualitativ* betrachtet. Bei der Betrachtung einer Population kommt es also lediglich darauf an, ob sie erhalten bleibt oder nicht. Ihre Individuenzahl ist nicht entscheidend. Für die Ökosystemforschung ist Persistenz aus folgenden Gründen von Interesse:[33]

- Man wird bei der Beurteilung von Persistenz zu einer Systemdefinition gezwungen (welche Kenngrößen werden verwendet und wo liegen deren Grenzen?).
- Man fragt nach den Mechanismen, die ein Fortbestehen eines Ökosystems ermöglichen. So folgt aus den Eigenschaften Konstanz und Resilienz die Persistenz eines Systems, nicht jedoch umgekehrt.
- In der Persistenz werden von vornherein Zufallseinflüsse berücksichtigt. Damit können jedoch nur Wahrscheinlichkeiten angegeben werden, wann ein System an seine Grenzen stößt

2.2.1.2 Typen von Instabilitätseigenschaften

Instabilitätstypen beschreiben gerichtete Veränderungen von Ökosystemen oder unregelmäßige Schwankungen. Wichtig ist auch hier wieder, ob ein Störfaktor vorliegt oder nicht. Ist ein Störfaktor vorhanden, liegt ein exogener Trend bzw. eine allogene Sukzession, oder eine exogene, unregelmäßige Fluktuation vor. Liegt kein Störfaktor vor, unterscheidet man zwischen einem endogenen Trend bzw. einer autogenen Sukzession, oder einer endogenen, unregelmäßigen Fluktuation (vgl. Abb. 1.3).

Ein exogener Trend bedeutet die gerichtete Veränderung infolge der Einwirkung eines Störfaktors.[34] Hierunter fällt die Dezimierung bzw. Ausrottung vieler Tier- und Pflanzenarten durch die Eingriffe des Menschen. Von einer allogenen Sukzession spricht man, wenn sich das gesamte Ökosystem infolge eines Eingriffs verändert. Beispiele für solche Veränderungen wären das Waldsterben oder eine Grundwasserabsenkung infolge der Entwässerung der Moore zur Torfgewinnung. Exogene, unregelmäßige Fluktuationen bezeichnen das unregelmäßige Schwanken infolge der Einwirkung eines Störfaktors. Ein Beispiel hierfür wären Veränderungen von Auensystemen mit Erosion, Anlandung oder Überschwemmungen.

Ein endogener Trend ist eine natürliche, gerichtete Veränderung ohne Einwirken eines Störfaktors.[35] Eine autogene Sukzession liegt vor, wenn eine natürliche, gerichtete Veränderung eines gesamten Ökosystems ohne Einwirkung eines Störfaktors erfolgt. Eine solche Sukzession ist progressiv, wenn sich das Ökosy-

[33] vgl. Gigon, A.; Grimm, V., S.7
[34] vgl. Gigon, A.; Grimm, V., S.9
[35] vgl. Gigon, A.; Grimm, V., S.7

stem entwickelt, und regressiv, wenn es zusammenbricht. Eine endogene, unregelmäßige Fluktuation bezeichnet ein unregelmäßiges Schwanken ohne Einwirkung eines Störfaktors. Diese ist in der Praxis allerdings nur sehr schwer nachweisbar.

Die Dynamik von Ökosystemen kann jedoch nicht allein durch Stabilitäts- oder Instabilitätseigenschaften ausgedrückt werden. So kann man noch zwischen einem resistenten Trend (= resistente Sukzession) und einem resilienten Trend unterscheiden. Der resistente Trend bezeichnet eine Entwicklung, bei der eine Sukzession trotz Einwirkung eines Störfaktors einfach weiterläuft, während es bei dem resilienten Trend zu einer Beeinflussung der Sukzession kommt, daß sich der Trend ändert.

Im Bereich des Naturschutzes spielt die Stabilisierung von Ökosystemen eine wichtige Rolle. Hierbei kann man zwischen einer endogenen und einer exogenen Stabilisierung unterscheiden. Die endogene Stabilisierung wird durch Prozesse erreicht, welche im Ökosystem selbst ablaufen. Bei der exogenen Stabilisierung sind vor allem die Eingriffe des Menschen in die Ökosysteme von Bedeutung. Dies geschieht vor allem in landwirtschaftlich genutzten Gebieten durch den Einsatz von Düngemitteln oder Pflanzenschutzmitteln.

Für die Erhaltung von Stabilität ist es notwendig, Stabilitätskonzepte zu entwickeln. Ein Stabilitätskonzept ist die Gesamtheit aus einer Eigenschaft, ihrem Namen und ihren Maßen. Wenn Aussagen zu Stabilitätseigenschaften gemacht werden, sind diese in der Regel auf ganze Systeme bezogen, so daß nicht deutlich wird, auf welche konkrete Größe sie sich eigentlich beziehen. Auch bleiben räumliche und zeitliche Dimensionen zumeist unberücksichtigt. Deshalb sollten Aussagen zur Stabilität immer zwei Teile enthalten, nämlich die Beurteilung der Stabilitätseigenschaft und die Charakterisierung der „ökologischen Situation“.[36] Unter der ökologischen Situation sind die Merkmale zu verstehen, die den Gültigkeitsbereich einer Aussage festlegen. Dies ist deshalb von Bedeutung, da ökologische Auswirkungen einer bestimmten Maßnahmen nicht ohne weiteres verallgemeinert werden können, sondern immer auf eine genau definierte Situation anzuwenden sind.

Nach diesen theoretischen Erläuterungen ist von Interesse, wie die vorher diskutierten Eigenschaften quantifiziert werden können:[37] Die Konstanz von Kenngrößen ließe sich durch die Standardabweichung oder die Varianz (= quadrierte Standardabweichung) von einzelnen Größen, wie z.B. der Populationsdichte ermitteln. Bei komplexeren Gefügen ist dies hingegen nicht so einfach. Ein häufig

---

[36] vgl. Gigon, A.; Grimm, V., S.10
[37] vgl. Gigon, A.; Grimm, V., S.11f.

verwendetes Maß für Aussagen über die Artenvielfalt eines Ökosystems stellt der Shannon-Weaver Index dar.[38] Dieser ist definiert als

$$H' = -K\sum_{i=1}^{n} p_i \log p_i \text{, wobei}$$

-K = Normierungskonstante
n = Artenzahl
$p_i = n_i/N$ = Anteil der einzelnen Arten

Der Index nimmt den Wert 0 an, wenn es sich um eine Monokultur handelt, also nur eine Art vorhanden ist. Seinen maximalen Wert erhält er, wenn alle Arten gleich stark vertreten sind.[39] Eine Konstanz der Artenvielfalt würde somit dann vorliegen, wenn sich der Wert des Index im Zeitablauf nicht verändern würde.

Bei der Zyklität dienen die Amplitude und Frequenz der Schwankungen als Referenzwerte, die ihrerseits auf Konstanz bzw. Variabilität untersucht werden können. Die Persistenz kann durch die Zeit gemessen werden, die ein System als Ganzes überdauert. Erschwert wird dies dadurch, daß die Untersuchungszeiträume viel zu kurz sind. Zudem ist diese von zufälligen Einflüssen von außen abhängig und das Verschwinden von Arten soll im Rahmen des Naturschutzes auch verhindert werden. Deshalb kann die Persistenz in der Regel nur indirekt ermittelt werden. In der Regel ist davon auszugehen, daß eine Population eine höhere Persistenz aufweist, wenn sie eine größere Populationsdichte erreicht als eine andere. Die Resistenz eines Systems ist einer Quantifizierung nur schwer zugänglich. Ein Maß für die Resistenz bildet die Sensitivität, welche als Verhältnis der relativen Änderung der Kenngröße zur relativen Änderung der Störgröße definiert ist.

Ebenso schwierig ist die Quantifizierung der Resilienz, da bei dieser drei Aspekte gleichzeitig zu berücksichtigen sind (s.o.). So stellt sich die Frage, ob ein System wieder den exakt gleichen Wert erreichen muß, wie vor dem Einfluß eines Störfaktors, oder ob es ausreichend ist, diesem Wert einigermaßen wieder nahe zu kommen. Hier spielt vor allem die subjektive Einschätzung des Analysten eine Rolle. Die Frage nach der Dauer der Rückkehr in den Ausgangszustand kann durch den hierfür notwendigen Zeitrahmen gemessen werden. Der dritte Aspekt, wie weit eine Auslenkung erfolgen darf, damit eine Rückkehr in die Ausgangssituation erreicht werden kann, soll durch die Größe "Bereich der Anziehung" abgebildet werden. Wie groß dieser sein soll, ist auch hier stark vom Einzelfall und der subjektiven Einschätzung abhängig. Besonders exakt

[38] vgl. Haeupler, H., S.102
[39] vgl. Usher, M. B., S.25

scheint eine solche Vorgehensweise nicht zu sein. Deshalb sind auch keine empirischen Anwendungen dieser Größe bekannt.[40]

Bei der quantitativen Erfassung von Stabilitätseigenschaften sind weniger die Maße als vielmehr die unzureichenden Informationen das Problem, da viel mehr erfaßt werden müßte, um zu einem exakten Ergebnis zu gelangen. Einzelstudien liefern hierfür bei weitem nicht genügend Informationen. Zudem kommt besonders bei der Bewertung von Stabilität eine subjektive Komponente hinzu. (Vermutlich) aus psychischen Gründen bewertet der Mensch Stabilität eher positiv, Instabilität hingegen eher negativ.

2.2.1.3 Möglichkeiten und Grenzen der Stabilitätsbeurteilung

Stabilitätseigenschaften ökologischer Systeme zu beurteilen ist kein Selbstzweck, sondern dient den drei Zielen Beschreiben, Verstehen und Schützen von ökologischen Systemen.[41] Für das Beschreiben von Ökosystemen ist die Ermittlung der Konstanz bzw. Zyklität ein wichtiger Schritt. Resilienz und Resistenz tragen dazu bei, die Funktionsweise von Ökosystemen zu verstehen. Für den Schutz von Ökosystemen steht die Persistenz im Vordergrund, da sich dieser Begriff auf den Erhalt eines Ökosystems als Ganzes bezieht. Für praktische Zwecke ist zu beachten, daß dieses Konzept nur Aussagen über wahrscheinliche Entwicklungen in der Zukunft treffen kann. Deshalb sollten immer Sicherheitszuschläge vorgenommen werden, damit eine Art auch erfolgreich geschützt werden kann. Diese Erwägungen spielen auch in der Ökologischen Ökonomie eine Rolle, die in Abschnitt III dieses Kapitels näher erläutert wird.

2.2.1.4 Gleichgewicht von Ökosystemen

Unter Gleichgewicht versteht man im allgemeinen einen Zustand, bei dem ein System bei gegebenen äußeren Bedingungen keinen Anreiz hat, aus diesem abzuweichen. Es lassen sich hierbei ein stabiles, ein labiles und ein indifferentes Gleichgewicht unterscheiden. Ein ökologisches Gleichgewicht ließe sich definieren als „innerhalb einer bestimmten Zeitspanne konstanter Zustand des Ausgleichs zwischen den verschiedenen physikalischen, chemischen und biologischen Wechselbeziehungen sowie Energie-, Stoff-, und Informationsflüssen in einem Ökosystem oder einer Landschaft".[42] Gemäß Gigon kann das Konzept des ökologischen Gleichgewichts als Teilbereich des Stabilitätskonzepts dargestellt werden.[43] Wesentliche Aspekte bilden das Fließgleichgewicht, das sogenannte Art-zu-Art-Gleichgewicht und ausgewogene Beziehungen innerhalb des ökologischen Systems.

---

[40] vgl. Gigon, A.; Grimm, V., S.12
[41] vgl. Gigon, A.; Grimm, V., S.17
[42] ANL 1994, S.86
[43] vgl. Gigon, A.; Grimm, V., S.3

Stabile Gleichgewichte sind in der Ökologie nicht immer der Fall. Dies liegt darin begründet, daß Ökosysteme sich nie in einem stationären Zustand befinden, sondern sich im Zeitablauf über Sukzessionszyklen weiterentwickeln[44], wodurch sich zwangsläufig eine neue Konstellation einstellen muß. Von Bedeutung ist das sogenannte biologische Gleichgewicht, das zwischen den Produzenten und Konsumenten von Biomasse in einem Ökosystem herrscht. Ein stabiler Zustand stellt sich wie bei jedem Kreislauf dann ein, wenn die Produktion von Biomasse ihrem Verbrauch entspricht. Kommt es zu einem Verbrauch, der die Produktion auf Dauer übersteigt, wird sich auch die Zusammensetzung der Ökosysteme in Bezug auf Fauna und Flora auf längere Sicht verändern. Solche Veränderungen werden vor allem durch Eingriffe des Menschen verursacht, um eine Erhöhung bestimmter Ökosystemleistungen zu erreichen.

2.3 Funktionen von Ökosystemen

Ohne die Selbstregulierungsfähigkeit der Ökosysteme wäre ein Leben, wie wir es kennen, überhaupt nicht denkbar. Im Gegensatz zu technischen Systemen weisen Ökosysteme eine natürliche Selbstregulierungsfähigkeit auf, die um so höher liegt, je natürlicher ihr Zustand ist. Von Bedeutung sind hier insbesondere der Schutz vor Strahlungen durch die Ozonschicht oder die Regulierung der Klimaverhältnisse durch die Regenwälder. Dies gilt jedoch nicht nur auf globaler Ebene, sondern auch für niedrigere Ebenen.

Grundsätzlich unterscheidet man zwischen primären und sekundären Ökosystemfunktionen. Die primären Ökosystemfunktionen, welche auch als Regulierungsfunktionen bezeichnet werden, sind für die Weiterentwicklung (= Sukzession), bzw. die Selbstorganisationsfähigkeit der Ökosysteme von Bedeutung. Hierzu gehören beispielsweise sämtliche genetische Ressourcen. Die sekundären Funktionen lassen sich untergliedern in [45]

- Produktionsfunktionen,
- Trägerfunktionen und
- Informationsfunktionen.

Die Produktionsfunktionen umfassen die Ressourcen, welche Ökosysteme zur Verfügung stellen, z.B. in Form von Nahrungsmitteln. Die Produktivität von Ökosystemen spielt vor allem für die Landwirtschaft eine große Rolle. Vielfach wurden natürliche Ökosysteme umgestaltet, um Ertragssteigerungen zu erreichen. Dies läßt sich anschaulich an den Monokulturen zeigen, welche angelegt wurden, um Größenvorteile zu realisieren. In dieser Hinsicht sind die natürlichen oder naturnahen Ökosysteme den naturfernen (= vom Menschen beein-

---

[44] vgl. Jochimsen, M. E., S.418f.
[45] vgl. de Groot, R., S.15

flußten) Ökosystemen unterlegen. Allerdings sind diese Monokulturen auch anfälliger gegen Schädlingsbefall, so daß man heute wieder naturnähere Ökosysteme anstrebt, z.B. durch die Neuanpflanzung von Hecken, was u.a. im Rahmen der Flurbereinigung praktiziert wird.

Neben dieser monetär bewertbaren Produktivität sind auch die Leistungen von Ökosystemen zu berücksichtigen, welche sich einer Bewertung durch den Markt entziehen, jedoch Vorleistungen für das sozio-ökonomische System erbringen (vgl. Abschnitt III). Die Trägerfunktionen dienen der Erhaltung des Raums und bilden die Grundlage für die Nutzung als Siedlung, für die Landwirtschaft sowie für Freizeitaktivitäten. Diese verschiedenen Nutzungsarten schließen sich häufig gegeneinander aus. Die Informationsfunktionen bestehen in der künstlerischen Inspiration, der Forschung sowie der Erziehung.

2.4 Ökosystemare Selbstorganisation

Ökosysteme sind durch eine außerordentlich hohes Maß an Komplexität gekennzeichnet, was eine Prognose der Auswirkungen von Eingriffen schwierig macht, da Ergebnisse aus Einzeluntersuchungen nicht ohne weiteres auf andere Fälle übertragen werden können. Ökosysteme sind sogenannte selbstorganisierende Systeme. Diese Systeme weisen eine Reihe von speziellen Eigenschaften auf, was Abb. 1.4 zeigt.

Ein wichtiges Element im Rahmen der Selbstorganisation von Ökosystemen bildet die Populationsdynamik. Hierbei wird vor allem auf die Problematik eines unbegrenzten exponentiellen Wachstums aufmerksam gemacht, mit der sich auch Ökonomen wie Thomas Malthus und David Ricardo befaßten. Für Malthus lag im übermäßigen Wachstum der Bevölkerung eine Ursache für Krisen, da die Nahrungsmittelproduktion nicht Schritt halten konnte. Ricardo hingegen sah in der natürlichen Begrenzung des Bodens eine Grenze für den Wachstumsprozeß.[46] In diesen Thesen wurden jedoch die Wirkungen des technischen Fortschritts nicht berücksichtigt, so daß diese Prognosen nicht eintraten.

In ökologischen Theorien werden Wachstumsansätze durch die Einarbeitung von Kapazitätsbeschränkungen bzw. unterschiedlichen Wachstumsverläufen, sowie durch das Einführen von Nichtlinearitäten modifiziert, um zu einer wirklichkeitsgetreueren Abbildung der Vorgänge zu gelangen.[47] Ein unbegrenztes Wachstum über die durch die Ökosysteme gesetzten Grenzen hinaus erscheint jedoch langfristig als unmöglich.

---

[46] vgl. Neumann, M. (Band 3), S.76
[47] vgl. Müller, F.; Breckling B., S.8

Abb. 1.4: Eigenschaften selbstorganisierender Systeme

Offenheit des Systems	Austausch von Energie, Stoffen und Informationen des Systems mit seiner Umwelt
Import hochwertiger Energie	Energie muß umwandelbar sein, d.h., es muß sich um möglichst ungebundene Energieformen handeln (geringe Entropie)
Interne Energietransformation	Produktion von Stärke und Sauerstoff im Rahmen der Photosynthese
Nichtlinearität	Veränderungen eines Parameters können zu überproportionalen Veränderungen im Ökosystem führen (Bsp.: "Umkippen" eines Gewässers bei zu hohem Schadtsoffeintrag)
Verstärkung	Im Übergangsbereich treten (u.a. bedingt durch die Nichtlinearitäten) hohe Schwankungen auf
Innere Bedingtheit und Kooperativität	Selbstorganisationsprozesse entfalten sich im Rahmen der Außenbedingungen selbst-referentiell und von innen heraus
Stabilität gegenüber kleinen Störungen	Konstanz oder Zyklizität von Ökosystemen
Ordnungsparameter und Hierarchisierung	Zusammenwirken von Teilsystemen auf unterschiedlichen Skalenniveaus.
Stabilität gegenüber kleinen Störungen	Resistenz und Resilienz von Ökosystemen

Quelle: Modifizierte Darstellung in Anlehnung an Müller, F.; Breckling B., S.7

Selbstorganisation ist auf der Ebene von Ökosystemen wesentlich schwieriger festzulegen als auf dem Niveau von einzelnen Populationen. Allerdings dürfte auf dieser Ebene dann auch ein leichterer "Ausgleich" möglich sein. Man versucht hierbei zu erkennen, wie die Struktureinheiten der Systeme mit den ökologischen Prozessen gekoppelt sind und welchen Gesetzmäßigkeiten die Funktion und Dynamik der Ökosysteme unterliegt. Ganzheitliche empirische Untersuchungen existieren bisher nahezu nicht. Es gibt jedoch zumindest theoretische Ansätze, um die Inhalte des Begriffs Selbstorganisation zu verdeutlichen.

Einen ersten Ansatz bildet die Theorie der Sukzession. Ursprünglich ging man davon aus, daß die Sukzession in einer Region vorhersehbar auf ein Endstadium (= Klimax) zustrebt und sich nicht mehr verändert.[48] Hierbei wurde die biotische und abiotische Umwelt der Ökosysteme als gegeben betrachtet und nur als Rahmen verstanden, nicht jedoch als Teil der Systeme selbst. Das Sukzessions-Konzept ist eher als ein lokaler Ansatz einzuordnen, so daß er nur auf rela

[48] vgl. Müller, F.; Breckling B., S.10

tiv kleine Flächen angewandt werden kann. Aussagen über die Entwicklung von großen Ökosystemkomplexen sind hingegen damit kaum möglich.

Eine Erweiterung der Theorie der Sukzession stellt die Mosaik-Zyklus-Theorie von Remmert dar.[49] Der Unterschied zwischen den beiden Theorien besteht darin, daß auf lokaler Ebene in der Mosaik-Zyklus-Theorie die Klimax überaltert und ein Zusammenbruch erfolgen muß. Da die verschiedenen Zyklen lokal nicht unbedingt synchron ablaufen müssen, entsteht regional ein komplexes Ökosystem, das aus einem Mosaik von Sukzessionszyklen in verschiedenen Phasen besteht. Somit kann sich ein regional unverändert fortbestehendes Gleichgewicht von Zyklen in unterschiedlichen Phasen einstellen. Das Mosaik-Zyklus-Konzept bildet auch die Grundlage für das Konzept der Metapopulationen (siehe Kapitel 2).[50]

Ein Modell, welches verschiedene Phasen eines solchen Sukzessionszyklus modelliert, stellt das 4-Box-Modell von Holling dar.

Abb. 1.5: Das Holling-Modell

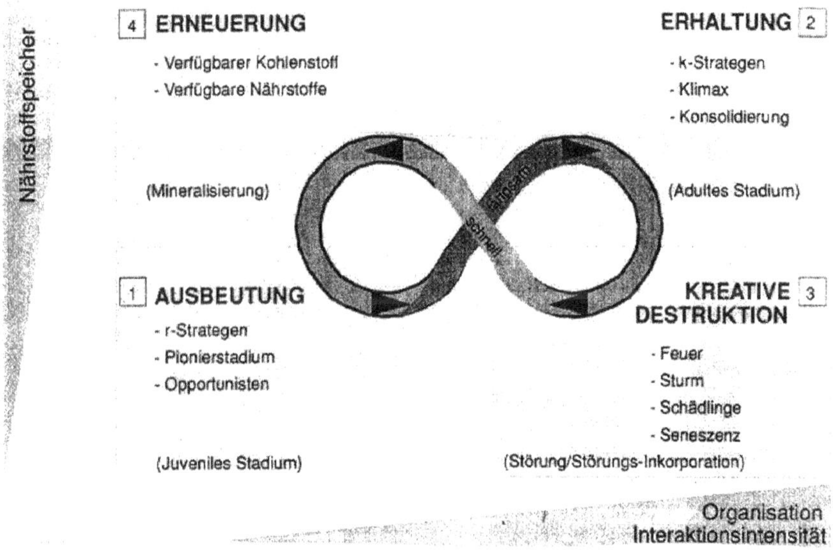

Quelle: Holling, C.S., S.307

[49] vgl. hierfür ausführlich Remmert, H., S.1-21

[50] vgl. Kaule, G., S.377

Holling unterscheidet zwischen einer Ausbeutungsphase, einer Erhaltungsphase, einer Zerstörungs- bzw. Freisetzungsphase und der Phase der Reorganisation. In der Ausbeutungsphase befindet sich ein Ökosystem im sogenannten Pionierstadium. Hier werden freie Räume und Ressourcen von sogenannten r-Strategen (r = Reproduktionsrate)[51] benutzt, die ein exponentielles Wachstum aufweisen. Daraus jedoch zu schließen, daß auf Grund einer explosionsartigen Vermehrung Eingriffe in die ökosystemare Entwicklung notwendig sind, ist jedoch nicht angebracht. Wenn es nämlich zu einer zu starken Vermehrung einer Art kommt, entzieht sie sich auf Dauer selbst ihre Existenzgrundlage, sei es mangels Raum oder mangels Nahrung. Die Populationsdichte verringert sich wieder und das Ökosystem pendelt sich wieder auf sein altes Gleichgewicht ein.

In ausgereifteren Systemen sind hingegen k-Strategen (k = Kapazität des Lebensraums) vorherrschend, die durch ein logistisches Wachstum gekennzeichnet sind. Diese weisen eine zunächst zunehmende Wachstumsrate, dann eine konstante und schließlich eine abnehmende Wachstumsrate auf, bis ein gleichgewichtiger Zustand erreicht wird. Um dieses Gleichgewicht schwankt in der Folgezeit die natürliche Populationsdichte, sofern keine externen Störwirkungen eintreten.[52] In der Erhaltungsphase kommt es zu einer Konsolidierung des Systems und es werden die k-Strategen dominant, was im Rahmen von Sukzessionszyklen erfolgt. In der Zerstörungsphase bricht durch Feuer, Sturm, Schädlinge oder im Rahmen einer natürlichen Veralterung (= Seneszenz) die momentane Pflanzen- und Tiergesellschaft komplett zusammen. In der Phase der Reorganisation werden wieder Ressourcen freigesetzt (z.B. durch Mikroorganismen) und es wird eine neue Entwicklungsphase mit r-Strategen eingeleitet. Der Übergang von der Ausbeutungsphase in die Erhaltungsphase vollzieht sich ziemlich langsam, während der Übergang von der Zerstörungsphase zur Phase der Reorganisation relativ rasch erfolgt.

Kompatibel mit dieser Sichtweise ist auch das Konzept der selbstorganisierten Kritizität, was sich gut am Beispiel von Waldbränden in den amerikanischen Nationalparks zeigen läßt.[53] Diese Waldbrände führen zu einer großflächigen Vernichtung von Waldbeständen und von Tieren und werden mit einem großen Aufwand bekämpft. Das Auftreten von solchen Bränden ist jedoch eine Notwendigkeit für das gesamte Ökosystem Wald. Im Laufe der Zeit hat sich nämlich eine große Menge an altem Material angesammelt, das auf diese Weise beseitigt wird, so daß eine neue Entwicklungsphase eingeleitet wird. Dieses Konzept würde somit dafür sprechen, Ökosysteme sich selbst zu überlassen und auf Eingriffe zu verzichten. Anthropogene Störfaktoren minimieren somit die Frei-

[51] vgl. Joger, U., S.22
[52] vgl. Neumann, M. (Band 3), S.84
[53] vgl. Müller, F.; Breckling B., S.12

heitsgrade der selbstregulierten ökosystemaren Entwicklung, sei es bewußt oder unbewußt.

2.5 Unterschiede zwischen alten und jüngeren Ökosystemen

Da Ökosysteme keine statischen sondern dynamische Systeme sind, die sich im Rahmen der Sukzession weiter entwickeln, ist bei einer biologischen Analyse bzw. einer naturschutzfachlichen Bewertung auch das Alter des betreffenden Systems von Bedeutung. Das Alter sollte bei einer Analyse eigentlich den Ausgangspunkt einer jeglichen Bewertung darstellen. Die Unterschiede zwischen ausgereiften und jüngeren Ökosystemen zeigt Abb. 1.6, in der sich die vorher erläuterten Merkmale wiederfinden.

Abb.1.6: Eigenschaften von jüngeren und entwickelten Ökosystemen

Juveniles Stadium	Matures Stadium
Eigenschaften der dominanten Arten	
schnelles Wachstum	langsames Wachstum
r-Selektion	k-Selektion
quantitatives Wachstum	qualitative Entwicklung
hohe Fruchtbarkeit	geringe Fruchtbarkeit
kleine Organismen	große Organismen
kurze Lebensspannen	lange Lebensspannen
breite Nischen	enge Nischen
Produktionscharakteristika	
geringe Biomasse	hohe Biomasse
hoher Produktion/Biomasse-Quotient	hoher Produktion/Biomasse-Quotient
geringe Respiration	hohe Respiration
geringe Bruttoproduktion	mittlere Bruttoproduktion
Eigenschaften der Biozönose	
geringe Diversität	hohe Diversität
geringe Rückkopplungs-Kontrolle	entwickelte Rückkopplungs-Kontrolle
geringe räumliche Musterbildung	augeprägte räumliche Musterbildung

Quelle: vereinfachte Darstellung nach Müller, F.; Breckling B. et al., S.10

II. Beziehungen zwischen Naturschutz und Ökologie

1. Abgrenzung des Naturschutz von der Ökologie

Im Gegensatz zur Ökologie könnte man den Naturschutz als eine bewertende Disziplin ökologischer Eingriffe bezeichnen. Naturschutz läßt sich definieren als "die Gesamtheit der Maßnahmen zur Erhaltung und Förderung der natürlichen Lebensgrundlagen aller Lebewesen, insbesondere von Pflanzen und Tieren wild lebender Arten und ihrer Lebensgemeinschaften, sowie zur Sicherung von Landschaften und Landschaftsteilen in ihrer Vielfalt und Eigenart."[54]

Eine weitere Ausprägung bildet die sogenannte ökologische Naturschutzforschung, welche man auch als „angewandte Naturschutz-Ökologie" bezeichnen kann. Dies steht auch hinter dem Begriff einer „ökologischen Bewertung", wobei der Unterschied zwischen Ökologie und Naturschutz in der öffentlichen Diskussion häufig nicht gesehen wird. Daß man nicht von „ökologischer Bewertung" sprechen sollte, sondern besser von „biologischer Analyse" und „naturschutzfachlicher Bewertung", soll in Kapitel 3 ausführlich erläutert werden. Die unterschiedlichen Differenzierungsmerkmale dieser einzelnen Richtungen zeigt Abb. 1.7.

Naturschutz und Landschaftspflege werden im Englischen synonym durch den Begriff „natural conservation" bezeichnet, was auf einen Erhalt eines bestimmten Standards zielt. Im Gegensatz zur Ökologie stehen hier die Auswirkungen von Eingriffen in die Ökosysteme zu deren Schutz im Mittelpunkt. Es sollen insbesondere „ökologisch wertvolle" Arten oder Lebensräume geschützt und für die gegenwärtige und zukünftige Generation erhalten werden. Damit ist der Naturschutz nicht mehr wertneutral, da hier konkrete Interessen vertreten werden. Der Naturschutz ist nicht mit Umweltschutz gleichzusetzen, da es sich hierbei in erster Linie um überwiegend technische Maßnahmen zur Sicherung der natürlichen Lebensgrundlagen und der Gesundheit des Menschen handelt.

Naturschutz erscheint aus ökonomischer Perspektive zunächst einmal als irrationales Verhalten, da hier private finanzielle und zeitliche Aufwendungen für den Erhalt eines öffentlichen Guts getätigt werden. So können sich Individuen als Trittbrettfahrer (free-rider) verhalten, da sie nicht gezwungen sind, ihre Präferenzen und somit ihre tatsächliche Zahlungsbereitschaft zu offenbaren. Somit können sie die Leistungen der Umwelt kostenlos oder zumindest mit einem geringeren individuellen Aufwand nutzen. Es lassen sich jedoch ökonomische und außerökonomische Werte der Umwelt identifizieren, durch welche derartige Aufwendungen erklärbar sind (siehe Kapitel 3). Entsprechend könnte man Naturschutz sowohl aus einer anthropozentrischen als auch einer biozentrischen Sichtweise rechtfertigen. Bei ersterer würde der Erhalt von Naturgütern zugunsten zukünftiger Generationen im Mittelpunkt stehen, bei letzterer würde ein Eigenwert von Fauna und Flora anerkannt.[55]

---

[54] ANL (Hrsg.) 4/94, S.8
[55] vgl. Rothgang, M., S.26.

Abb. 1.7: Differenzierungsmerkmale von wissenschaftlicher Ökologie, Naturschutz und ökologischer Naturschutzforschung

Differenzierungsmerkmale	**Wissenschaftliche Ökologie**	**Naturschutz**	**ökologische Naturschutzforschung**
Zielsetzung	Ermittlung der objektiven Realität in Form wahrer (begründbarer) Aussagen	Erhaltung, Pflege und Entwicklung von Natur und Landschaft unter ökologischen Gesichtspunkten und nach gesellschaftlichen Bedürfnissen	Wissenschaftliche Lösung von Problemen des Naturschutzes (objektivierte Erkenntnis und Lösung von Problemen sowie subjektiv aktualisierte Erkenntnisse für gedankliche und gegenständliche Tätigkeiten)
Aufgaben	Gewinnung, Verarbeitung und Vermittlung von Erkenntnissen über Fakten und gesetzmäßige Zusammenhänge der objektiven Realität	Vermeidung und Steuerung von die Toleranz (Belastbarkeit) von Ökosystemen überschreitenden Nutzungen und technischen Eingriffen	Ermittlung und Bewertung von Störungen in Ökosystemen und von ökologischen Methoden ihrer Vermeidung und Steuerung
Grundlagen (Anlaß)	Aus wissenschaftlichen Zusammenhängen sich ergebende Erkenntnisdefizite	Probleme in den Wechselbeziehungen zwischen Natur (Umwelt) und Gesellschaft	Problemstellungen des Naturschutzes (gesellschaftlicher Anforderungen an die Natur)
Motiv	Wissenschaftliche Neugier	Kulturelle und ökonomische Bedürfnisse der Gesellschaft gegenüber der Natur	Rationale Lösungen gesellschaftlicher Bedürfnisse gegenüber der Natur
Basiselemente	Fakten	Werte, Normen	Normierte Fakten
Strukturen	(wert-)freie Erkenntnissysteme	Wertbezogene Handlungssysteme	Handlungsorientierte Erkenntnis- und Erfahrungssysteme
Basismethodik	Hypothesen- und Theorienbildung und deren experimentelle Überprüfung	Aufstellung gesellschaftlicher Normen und gesellschaftliche Willensbildung	Bereitstellung wertbezogener (sozialbezogener) Hypothesen und Theorie
Handlungsformen	Abstrahieren	Realisieren	Konkretisieren, Generalisieren

Quelle: Erz, W., S.135

Der Naturschutz zielte in seinen Anfangsphasen vor allem auf den Erhalt von einzelnen Arten oder von als besonders schutzwürdig erachteten Landschaftsteilen.[56] Naturschutz sollte jedoch in erster Linie Prozeßschutz sein, d.h., er muß für Fauna und Flora die Möglichkeit der freien Sukzession sicherstellen. Wenn man sich die Aktivitäten vieler Naturschützer, bzw. deren Organisationen näher betrachtet, kann man feststellen, daß vielfach eine Art konservierender Naturschutz verfolgt wird, was dem Wesen der Ökosysteme in keiner Weise entspricht.

Abgesehen davon, daß man bezüglich früherer Zustände oft nur über unzureichende Kenntnisse verfügt, ist einer solchen Vorgehensweise generell entgegenzuhalten, daß ein konservierender Naturschutz die Schaffung einer Art von "natürlichem Freilichtmuseum" implizieren würde. Ein auf reine Erhaltung oder Wiederherstellung eines früheren Zustands ausgerichteter Naturschutz wäre unter Berücksichtigung der Sukzession, bzw. des Mosaik-Zyklus-Konzepts, abzulehnen.[57] Entsprechend wären Landschaften, aus denen sich die Landwirtschaft zurückgezogen hat, sich selbst zu überlassen. Würde man andererseits eine völlig unkontrollierte Sukzession zulassen, wäre als Ergebnis eine Verbuschung und eine Verwaldung festzustellen.[58] Dann wären auch die Lebensmöglichkeiten des Menschen stark eingeschränkt.

Während seiner Entwicklung hat sich der Naturschutz jedoch an die Ökologie angenähert, so daß er heute ebenso Systemzusammenhänge berücksichtigt. Nicht das einzelne Teil ist als solches allein entscheidend, sondern die Funktion, die es im Systemzusammenhang übernimmt.

2. Kriterien des Naturschutzes

Um überhaupt eine naturschutzfachliche Bewertung von Ökosystemen durchführen zu können, ist es zunächst einmal notwendig, relevante Merkmale und Eigenschaften zu identifizieren. Bei Untersuchungen werden verschiedene Merkmale verwendet. Dies ist zum einen notwendig, um einer konkret vorgegebenen Situation gerecht zu werden, zum anderen erscheint eine solche Vorgehensweise jedoch eher willkürlich, da je nach Art der gewählten Merkmale das Untersuchungsergebnis unterschiedlich ausfallen kann. Einen Überblick über die mit am häufigsten verwendeten Merkmale in ökologischen Studien gibt Abb. 1.8. Auch daran zeigt sich wieder die Schwierigkeit, diese Merkmale voneinander isoliert zu beschreiben und ökologische Forschungsergebnisse zu verallgemeinern, was durch die Komplexität der Ökosysteme bedingt ist. Die am häufigsten benutzten Kriterien sollen in diesem Abschnitt näher erläutert werden.

---

[56] vgl. Jessel, B. (Instrumente), S.497f.
[57] vgl. Bastian, O.; Schreiber, K.-F., S.381
[58] vgl. Bastian, O.; Schreiber, K.-F., S.383

Abb. 1.8: Vielfach verwendete Kriterien ökologischer Untersuchungen

Kriterien	**Häufigkeit der Verwendung des Kriteriums in 9 untersuchten Studien**
Vielfalt (Habitate und/oder Arten)	16
Natürlichkeit, Seltenheit (Habitate und/oder Arten)	13
Fläche	11
Gefährdung durch den Einfluß des Menschen	8
ästhetischer Wert, Bedeutung für Bildung und Erziehung, Repräsentanz	7
Wissenschaftliche Bedeutung	6
Vorliegen historischer Aufzeichnungen	4
Größe von Populationen, typische Ausprägung	3
Ökologische Empfindlichkeit, Lage in einer ökologischen/räumlichen Einheit, potentieller Wert, Einzigartigkeit	2
Archäologische Bedeutung, Verfügbarkeit, Bedeutung für ziehende Wasservögel, Bewirtschaftungseinflüsse, Ersetzbarkeit, forstliche Genbank, Sukessionsstadium, Potential als Artenreservoir	1

Quelle: Usher, M. B., S.24

2.1 Vielfalt (Diversität)

Der Begriff der Vielfalt bezieht sich sowohl auf die Vielfalt an einzelnen Biotopen, als auch auf die einzelnen Arten sowie deren unterschiedliche Zusammensetzung. Ein Synonym für diesen Begriff wäre die Diversität. Bei der Diversität lassen sich eine α-Diversität (= Artendiversität), eine β-Diversität (= Strukturvielfalt) sowie eine χ-Diversität (= Raum-Diversität des Mosaiks) unterscheiden.[59] Man kann auch in Abhängigkeit vom Entwicklungsstand einer Kulturlandschaft mehrere Formen der Diversität unterscheiden, nämlich eine natürliche biozönotische Diversität, eine anthropogene Diversität sowie eine optimale biotische Diversität, welcher konkrete Vorstellungen über eine bestimmte Nutzung zugrunde liegen.

Früher ging man davon aus, daß Ökosysteme, die eine hohe Artenvielfalt aufweisen, auf externe Einflüsse weniger empfindlich reagieren, so daß ihre Stabilität erhalten bleibt. Dieser Zusammenhang ist als die Diversitäts-Stabilitäts-Hypothese bekannt, welche über lange Zeit unumstritten war. Diese Hypothese wurde letztendlich nur aus einzelnen Beobachtungen abgeleitet und gilt heute

[59] vgl. Bastian, O.; Schreiber, K.-F., S.282f.

als weitgehend widerlegt, da auch artenarme Ökosysteme sehr stabil sein können.[60] Von entscheidender Bedeutung scheint hierbei der Reifegrad (= das Alter) eines Ökosystems zu sein. Je älter ein Ökosystem ist, desto höher ist in der Regel seine Stabilität. Durch Eingriffe des Menschen besteht die Gefahr, daß Mindestbestände, die zum Überleben einer Art notwendig sind, unterschritten werden, so daß diese auf lange Sicht verschwinden wird. Hinsichtlich der Bestände ist aber nicht nur die absolute Zahl der Individuen zu berücksichtigen. Von mindestens ebenso großer Bedeutung ist die Altersstruktur des Bestands. Wenn der Bestand vor allem aus älteren Tieren und relativ wenig Jungtieren besteht, wird die Bruthäufigkeit und auch der Bruterfolg sinken, da die Reproduktionsfähigkeit zurückgeht und somit der Bestand überaltert.[61] Alleine aus der Zahl der einzelnen Exemplare kann man jedenfalls noch nicht auf eine dauerhafte Stabilität einer Population schließen.

2.2 Natürlichkeit

Als weiteres Merkmal könnte man den Grad der Naturnähe von Struktur und Funktion von einzelnen Faktoren heranziehen. Hierfür werden fünf verschiedene Klassen gebildet, in welche man Ökosysteme einordnen kann, wie Abb. 1.9 zeigt:

Abb.1.9: Natürlichkeitsgrad von Ökosystemen

Stufe 5	**natürlich**	Die Bewertungsmerkmale entsprechen *vollständig* einer vom Menschen nicht beeinflußten Ausprägung
Stufe 4	**naturnah**	Die Bewertungsmerkmale entsprechen *weitgehend* einer vom Menschen nicht beeinflußten Ausprägung
Stufe 3	**bedingt naturnah**	Die Bewertungsmerkmale entsprechen nur *teilweise* einer vom Menschen nicht beeinflußten Ausprägung
Stufe 2	**naturfern**	Die Bewertungsmerkmale liegen in einer vom Menschen *weitgehend* veränderten Ausprägung vor
Stufe 1	**naturfremd**	Die Bewertungsmerkmale liegen in einer vom Menschen *vollständig* veränderten Ausprägung vor

Quelle: Bauer, J., S.107

Die Ökologen orientieren sich zunächst einmal an der „Natürlichkeit“ eines Ökosystems, welche den Referenzzustand für einen späteren Soll-Ist-Vergleich darstellt. Unter Natürlichkeit kann man die unbelastete und voll funktionsfähige Natur verstehen, wie sie ohne menschliche Eingriffe existieren würde. Solche Ökosysteme existieren auch auf globaler Ebene nur noch in sehr geringer Zahl. Beispiele hierfür bilden die tropischen Regenwälder oder Hochmoore, welche sich im Laufe der Jahrtausende entwickelt haben. In engem Zusammenhang mit

[60] Zur Beschreibung der Entstehung dieser Fehlinterpretation vgl. Haeupler, H., S.99f.
[61] vgl. Tomiuk, J. et al., S.356

der Natürlichkeit steht der Begriff der Ersetzbarkeit. Natürliche Ökosysteme haben im Lauf der Zeit einen so hohen Reifegrad erreicht, daß eine Veränderung durch den Menschen Auswirkungen zeigt, welche nicht mehr rückgängig gemacht werden können, also irreversibel sind. Aufgrund des geringen Vorkommens natürlicher Ökosysteme bildet in der Praxis die Naturnähe (= Stufe 4) den Referenzzustand für eine naturschutzfachliche Bewertung

2.3 Vollkommenheit

Die Vollkommenheit ist ein rein qualitatives Kriterium[62], welches sich auf die optimale Zusammensetzung von biotischen und abiotischen Faktoren bezieht, um die Funktionsfähigkeit eines Ökosystems zu gewährleisten. Eng verbunden mit diesem Begriff sind die Reife, die Intaktheit oder die charakteristische Ausprägung. Diese sind allerdings ebenso unbestimmt. Vollkommenheit ist ebenso wenig eine statische Eigenschaft wie die Eigenschaften Vielfalt und Stabilität, da sich Ökosysteme im Laufe der Zeit weiterentwickeln. So können sowohl junge Ökosysteme als auch über sehr lange Zeit gewachsene Ökosysteme Vollkommenheit aufweisen. Einer konkreten Operationalisierung dürfte dieser Begriff infolgedessen kaum zugänglich sein.

2.4 Seltenheit

Ob es richtig ist, sich nur auf den Schutz einer Art zu beschränken, ist auch unter den Ökologen heftig umstritten. Der Begriff der Seltenheit ist jedenfalls dahingehend näher zu konkretisieren, ob eine Art absolut selten ist, oder ob sie lediglich in einer bestimmten Region selten ist. Ist eine Art absolut selten, so erscheint diese als eher schützenswert. Speziell eine relative Seltenheit hingegen führt zu Konflikten bezüglich der Nutzung von Naturgütern. Dies gilt besonders dann, wenn sich eine Art erst zu einem späteren Zeitpunkt in einem bestimmten Gebiet angesiedelt hat. Ein Beispiel hierfür stellt die Ansiedlung des Kormorans an den Fischweihern von Teichwirten dar, weshalb es häufig zu Auseinandersetzungen zwischen den Teichwirten und den Naturschützern kommt. Die Teichwirte befürchten einen wirtschaftlichen Verlust durch die Kormorane und fordern deshalb seine Freigabe zum Abschuß, was von den Naturschützern zu verhindern versucht wird. Dies zeigt sich auch im Neuen Fränkischen Seenland, wo die Teichwirte den Abschuß des Kormorans erreicht haben.

2.5 Wiederherstellbarkeit (Ersetzbarkeit)

Die Regenerationszeit von Ökosystemen reicht von einigen Jahrzehnten bis zu einigen Jahrtausenden (z.B. Moore). Insbesondere Systeme mit einer sehr langen Regenerationszeit und ihrer faktischen Untersetzbarkeit sind für die Aufrechterhaltung der Funktionsfähigkeit des Naturhaushalts wichtig.[63] Eine spezi-

---

[62] vgl. Bauer, J., S.109
[63] vgl. Bauer, J., S.115

elle Eigenschaft, die natürliche Ökosysteme von künstlich geschaffenen Systemen unterscheidet, ist die Wiederherstellbarkeit. Man könnte auch von Irreversibiltiät sprechen. So lassen sich manche Ökosysteme nach einem Eingriff nicht mehr in ihren ursprünglichen Zustand zurückversetzen, wie dies z.B. für die mittlerweile äußerst selten gewordenen Hochmoore der Fall ist, die bis zu einigen tausend Jahren alt sind und durch die Entwässerung zum Torfabbau größtenteils unwiederbringlich verloren sind.

III. Ökologie und Nutzung von Naturgütern

1. Theoretische Betrachtungen

Grundsätzlich kann man unterscheiden, ob Systeme voneinander unabhängig sind, also keine Beziehung untereinander aufweisen, oder ob ein Abhängigkeitsverhältnis vorliegt. Dabei können die einzelnen Systeme gleichberechtigt nebeneinander oder in einem Über-Unterordnungsverhältnis zueinander stehen. Im Verhältnis zwischen Ökonomie zu Ökologie ist festzustellen, daß eine Abhängigkeit des sozio-ökonomischen Systems vom ökologischen System gegeben ist, was Abb. 1.10 verdeutlichen soll. Das sozio-ökonomische System umfaßt hierbei alle gesellschaftlichen Teilsysteme, von denen im Rahmen dieser Arbeit vor allem das Teilsystem Wirtschaft von Bedeutung ist.

Das sozio-ökonomische System ist in das ökologische System eingebettet und von diesem vollständig abhängig. Es nutzt die Leistungen der Ökosysteme und gibt an diese unerwünschte Nebenprodukte wie Abfälle und Schadstoffe sowie Abwärme zurück. Die Ökosysteme selbst sind letztlich nur von der Sonnenenergie abhängig, welche sie für die Primärproduktion benötigen, und von der letztlich alles Leben abhängig ist.[64] Unter der Primärproduktion versteht man die Produktion von Biomasse mit Hilfe von Sonnenenergie. Hierbei werden durch Pflanzen im Rahmen der Photosynthese Wasser und Kohlendioxid mit Hilfe von Sonnenenergie in Stärke und Sauerstoff verwandelt.[65] Dieser hier sehr stark vereinfacht dargestellte Prozeß ist in der Realität durch eine äußerst hohe Komplexität gekennzeichnet. Die Aufrechterhaltung dieser Primärproduktion erscheint als eine der wichtigsten Aufgaben, welche der Mensch bei Eingriffen in Ökosysteme zu beachten hat.

Gemäß Ellenberg lassen sich folgende Einflüsse des Menschen auf ein Ökosystem unterscheiden:[66]
1. Entnahme von organischem und anorganischem Material
2. Zufuhr von organischem und anorganischem Material (z.B. Dünger)

---
[64] vgl. Jörgensen, S. E., S.3
[65] vgl. Jensen, M.; Feige, G. B., S.344
[66] zitiert in Vester, F., S.123

3. Vergiftung von Arten und Lebewesen durch Stoffzufuhr
4. Veränderungen des Artengefüges durch das Einführen von fremden Arten (dies kommt in der Realität häufiger vor als Behinderung oder Ausrottung).

Abb. 1.10: Beziehungen zwischen ökologischem und sozio-ökonomischem System

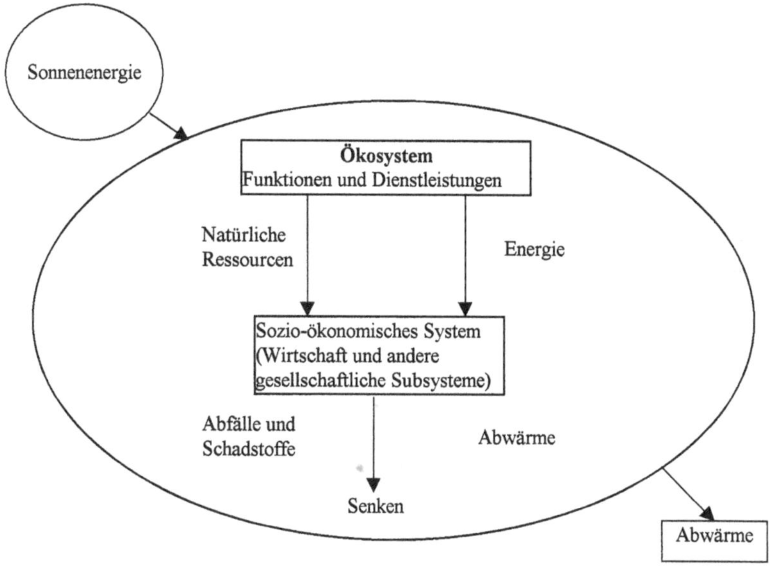

Quelle: Modifizierte Darstellung in Anlehnung an Meadows, D. et al., S.69

Hinzu kommt noch die Nutzung der Umwelt als Lebensraum für den Menschen, was häufig mit einer Zurückdrängung von Tier- und Pflanzenarten verbunden ist, da deren Lebensräume entweder komplett zerstört oder so stark zerschnitten werden, daß sie dort nicht mehr überleben können. Dieser Aspekt ist besonders in der Raumordnung zu beachten, was in Kapitel 2 ausführlich diskutiert wird.

Ursprünglich ordnete die Gesellschaft ihre eigene Existenz in die Natur ein und somit war letztlich alles von dieser abhängig. Durch die Entwicklung von einer geschichteten zu einer nach Funktionen differenzierten Gesellschaft entstanden gesellschaftliche Subsysteme, wie z.B. Recht, Politik und Wissenschaft. Diese Subsysteme entwickelten im Laufe der Zeit jeweils ihre eigenen Zielvorstellungen und betrachteten die anderen Disziplinen allenfalls in Form von

Randbedingungen, welche die eigenen Handlungsmöglichkeiten begrenzten. Zusätzlich entwickelten diese Subsysteme eine eigene Selbstreferenz, das heißt, daß sie sich an sich selbst ausrichteten und sich selbst ausbauten (z.B. Entwicklung des Verfahrensrechts im Rechtssystem).[67]

In systemtheoretischer Betrachtung könnte man von einem linearen Modell sprechen, welches vor allem den Durchfluß von Materie betont. Die Ökosysteme stellen ihre Leistungen für das ökonomische System als Input zur Verfügung. Innerhalb des ökonomischen Systems werden diese Leistungen im Rahmen von Produktions- und Konsumtionsprozessen transformiert und die unerwünschten Nebenprodukte an die Ökosysteme zurückgegeben. Dort werden diese entweder abgebaut (organische Substanzen) oder in den sogenannten Senken deponiert (anorganische Substanzen). Die merklich zunehmende Belastung der Umwelt durch wirtschaftliche Aktivität und die immer mehr spürbaren Auswirkungen auf nahezu jeder Ebene, führten zum Denken in Kreisläufen. Dies zeigt sich an dem von Boulding geprägten Begriff des „Raumschiffs Erde“, in welchem die Begrenztheit der natürlichen Ressourcen sowie die Abhängigkeit der Menschheit von den natürlichen Funktionen zum Ausdruck kommt. Verstärkt wurde diese Entwicklung durch die Meadows-Studien sowie durch den Brundtland-Bericht, in welchem der Begriff der nachhaltigen Entwicklung propagiert wird. Dieses Denken in Kreisläufen ist auch aus ökonomischer Perspektive realistischer, da eine Verschlechterung der Umweltqualität auch zu einer Verschlechterung der für die Produktion notwendigen Inputfaktoren führt und somit auch das ökonomische System beeinträchtigt.

Wurden diese neo-malthusianischen oder „doomsday“-Vorstellungen einer Verknappung der natürlichen Ressourcen in der ökonomischen Theorie zunächst als irrelevant erachtet, haben sich auch in diesem Bereich Ansätze herausgebildet, wie z.B. die Ökologische Ökonomie, welche diese Abhängigkeiten von den Ökosystemfunktionen berücksichtigen. Zudem existieren auch ethisch-moralische Begründungen für einen Naturerhalt, was im folgenden erläutert werden soll.

2. Ethische und ökonomische Begründungen für den Naturerhalt

Gemäß Turner lassen sich zwei grundsätzliche Sichtweisen im Hinblick auf die Nutzung der Umwelt identifizieren. So kann man zwischen einer ecozentrischen (= biozentrischen) Sichtweise und einer technozentrischen (= anthropozentrischen) Sichtweise unterscheiden.[68] Anthropozentrisch bedeutet, daß die Interessen des Menschen im Mittelpunkt stehen, während in biozentrischer Sicht

---

[67] vgl. hierfür ausführlich Japp, K. P.; Krohn, W. S.3

[68] vgl. Turner, K., S.1

der Natur ein Eigenwert zugewiesen wird und somit eine ethische Begründung vorliegt.

In Rahmen der technozentrischen Sichtweise läßt sich zwischen einem „cornucopian technocentrism" sowie einem „accomodating technocentrism" unterscheiden. Die erste Ausprägung stellt eine stark an der Ausbeutung von natürlichen Ressourcen orientierte Position dar. Hierbei wird unterstellt, daß eine unbegrenzte Substituierbarkeit zwischen dem Sachkapital (= anthropogenem Kapital) und dem Naturkapital vorliegt,. Der Marktmechanismus stellt in Verbindung mit technischen Innovationen sicher, daß es zu keiner Verknappung von Ressourcen kommen kann. Der „accomodating technocentrism" ist eine Position, welche zwar die Nutzung der natürlichen Ressourcen propagiert, jedoch die unbegrenzte Substituierbarkeit in Frage stellt und statt dessen eine Entwicklung innerhalb gegebener Systemgrenzen propagiert.

Die ecozentrische Sichtweise läßt sich in einen „communalist ecocentrism" sowie den „deep ecology ecocentrism" untergliedern. Der „communalist ecocentrism" stellt eine auf die Erhaltung (= preservation) natürlicher Ressourcen gerichtete Position dar, welche makroökonomische Begrenzungen einer wirtschaftlichen Entwicklung betont. Aus der Sicht des „deep ecology ecocentrism" wird der Mensch als Eindringling und Störenfried angesehen und hätte sich an den Erfordernissen der reinen und unberührten Natur auszurichten und diese entsprechend in ihrem Urzustand zu erhalten (= conservation). In der deep ecology werden vor allem die ökonomisch nur schwer erfaßbaren intrinsischen Werte berücksichtigt, welche in Kapitel 3 ausführlich erläutert werden.

Eine weitere ethische Begründung des Naturschutzes liegt in der sogenannten Landethik. Die Landethik verlangt von jeder Landnutzung, daß sie sich ethisch und ästhetisch rechtfertigt. Eine Landnutzung ist von daher nur gerechtfertigt, „wenn sie dahin tendiert, die Unversehrtheit (integrity), Stabilität (stability) und Schönheit (beauty) des Landes zu bewahren, und sie ist falsch, wenn sie sich anders verhält."[69]

Als Vertreter der unterschiedlichen anthropozentrischen Sichtweisen sollen im folgenden die Aussagen der neoklassischen Wirtschaftstheorie und der Ökologischen Ökonomie in Bezug auf den Umgang mit Naturgütern näher erläutert werden.

---

[69] Leopold, A., zitiert in Bastian, O.; Schreiber, K.-F., S.370

3. Die Nutzung von Umweltgütern aus ökonomischer Sicht

3.1 Naturbewertung durch den Markt

Für die Ökonomen kommt der Wert eines Gutes in seinem Marktpreis zum Ausdruck, der sich aus dem Zusammentreffen von Angebot und Nachfrage bildet und in dem sich die Präferenzen der einzelnen Individuen widerspiegeln. Insofern ist der Marktpreis ein Ausdruck für den Tauschwert. Wenn die Homogenitätsannahmen eines vollkommenen Marktes erfüllt sind[70], ergibt sich ein einheitlicher Preis, der Marktpreis, zu dem das Angebot der Nachfrage entspricht und die Zahl der Transaktionen (Tauschvorgänge) am höchsten ist.[71] Dadurch kann ein pareto-optimaler Zustand erreicht werden, so daß die größtmögliche Zahl von Individuen oder Gruppen ihre Bedürfnisse befriedigen kann. Der Preis weist somit eine Lenkungsfunktion auf, die man in eine Signalfunktion, eine Ausgleichsfunktion sowie eine Kontrollfunktion untergliedern kann.

Da die Umwelt die Eigenschaften eines öffentlichen Guts aufweist, ist eine Bewertung über den Markt zwar grundsätzlich möglich, was jedoch mit Sicherheit eine zu geringe Umweltqualität zur Folge hätte, da nicht alle Leistungen der Umwelt und ihrer Ökosysteme in die individuellen Entscheidungskalküle mit einbezogen werden. Dies soll am Beispiel der Leistungen eines Waldes verdeutlicht werden: Ein Wald liefert Holz, welches in den verschiedensten Bereichen Verwendung findet und für das sich ein Marktpreis bildet. Nicht enthalten in diesem Preis sind jedoch die Funktionen des Waldes als Lieferant von Sauerstoff oder als Wasserspeicher und Erosionsschutz, also der Wert der Regulierungsfunktionen.

Behelfsmäßig können solche Leistungen über Vermeidungskosten oder Restaurierungskosten bewertet werden, was allerdings nur eine grobe Schätzung darstellt.[72] Vermeidungskosten sind Kosten, die aufzuwenden wären, um eine quantitative oder qualitative Schädigung der Umwelt zu vermeiden und somit den momentanen Standard aufrecht zu erhalten. Restaurierungskosten sind Aufwendungen, wenn eine bereits eingetretene Verschlechterung der Umweltqualität kompensiert werden soll. Durch diese alternativen Ansätze ist es bis zu einem gewissen Grad möglich, die Leistungen der Umwelt monetär zu bewerten und in die Volkswirtschaftlichen Gesamtrechnungen zu integrieren.[73]

---

[70] vgl. Maußner, A.; Klaus, J., S.123f.

[71] vgl. Neumann, M. (Band 1), S.47

[72] Nach Schätzungen von Wicke (1986) sind diese Umweltleistungen allein in Deutschland pro Jahr mit einem Wert von mehreren 100 Mia. DM anzusetzen.

[73] Einen umfassenden Stand über Entwicklungen in dieser Richtung gibt Klaus (1994).

3.2 Neoklassische Wirtschaftstheorie und Nutzung der Umwelt

In der neoklassischen Theorie werden der Umwelt drei Funktionen zugewiesen:

1. Sie dient dem Menschen als Lebensraum
2. Sie stellt Ressourcen für die Produktion von Gütern und Dienstleistungen zur Verfügung
3. Sie bildet eine Senke für Schadstoffe, welche als unerwünschte Nebenprodukte bei der Produktion anfallen. Diese können entweder durch die natürliche Reinigungskapazität der Umwelt, welche auch als Assimilationsfähigkeit bezeichnet wird, abgebaut, bzw. im Fall von anorganischen Stoffen eingelagert (deponiert) werden.

Wenn die Umwelt ein knappes Gut ist, bildet sich für sie ein Marktpreis, so daß im Umgang mit Umweltgütern grundsätzlich die gleichen Handlungsweisen der Individuen zu unterstellen sind, wie im Umgang mit privaten Gütern. Dies ist auch die grundsätzliche Vorgehensweise der Umweltökonomie.[74] Deren Ziel besteht darin, ein von der Gesellschaft als optimal erachtetes Maß an Umweltqualität zu bestimmen und Instrumente zu entwickeln, wie dies erreicht werden könnte. Plastisch beschrieben werden kann dies durch eine Transformationskurve zwischen Sozialprodukt und Umweltqualität, was Abb. 1.11 zeigt.[75] Die Transformationskurve TT beschreibt die Menge aller effizienten Kombinationen, die zu einem gegebenen Zeitpunkt bei gegebener Technologie und Ressourcenausstattung erreichbar sind.[76] Man geht hierbei davon aus, daß ein trade-off zwischen dem Maß an Umweltqualität (U) und dem Sozialprodukt (Y) vorliegt, also daß Umweltqualität und Güterkonsum zueinander in einer substitutiven Beziehung stehen. Grundsätzlich könnte sich bei einem voll funktionierenden Marktmechanismus jede beliebige Kombination, also z.B. U_1Y_1 oder U_2Y_2, einstellen. Da die Umwelt die Eigenschaften eines öffentlichen Guts aufweist, wird in der Regel die Umweltqualität niedriger liegen, als dies erforderlich und auch gesellschaftlich erwünscht ist. Deshalb sollte ein Mindeststandard an Umweltqualität U* festgelegt werden, da nur die Kombinationen oberhalb dieses Standards einen Erhalt der Umwelt und ihrer Ökosysteme auf Dauer gewährleisten.

In der neoklassischen Theorie richtet sich die Nutzung von Naturgütern nach dem Prinzip der Maximierung des Periodengewinns in kurzfristiger Betrachtungsweise, bzw. der Maximierung ihres Kapitalwerts auf lange Sicht. Hierbei

---

[74] Wicke (1993) unterscheidet zwischen einer betrieblichen und einer volkswirtschaftlichen Umweltökonomie (S.9ff.). Die folgenden Ausführungen beziehen sich auf den volkswirtschaftlichen Teil.

[75] vgl. Klaus, J. (1987), S.266

[76] Gabler-Lexikon, S.1974

ist zum einen zu unterscheiden, ob sich diese Ressourcen in privatem Eigentum befinden oder ob es sich um öffentliche Güter handelt, zum anderen, ob es sich um erschöpfbare oder um regenerierbare Ressourcen handelt.

Abb. 1.11: Beziehung zwischen Umweltqualität und Sozialprodukt

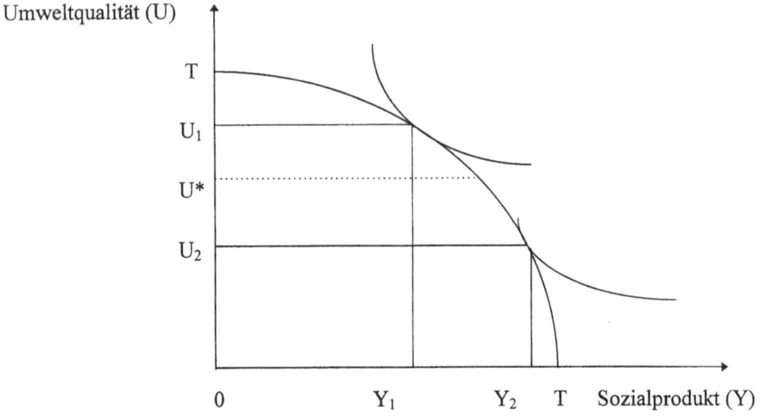

Quelle: Klaus, J., S.266 (WISU)

Neoklassische Theorie befaßt sich hauptsächlich mit natürlichen Ressourcen, die sich in Privateigentum befinden. Bei erschöpfbaren Ressourcen, die sich zumeist im Privateigentum befinden, wird die optimale Verhaltensweise durch die Hotelling-Regel beschrieben, gemäß der sich die Preisentwicklung einer solchen Ressource nach dem Marktzins richtet. Im Gleichgewicht wachsen beide mit der gleichen Rate.[77] Bei erneuerbaren Ressourcen wird die Entnahme aus dem Kapitalstock so gewählt, daß der Gewinn maximiert wird. Die Vergleichsgröße hierfür ist auch hier der Zins, den man für eine Anlage am Kapitalmarkt erhalten würde. Ist der Zins relativ hoch, wird auch die Entnahme aus einer Ressource hoch sein und deshalb zu einem tendenziell geringeren Bestand an Naturkapital führen.

Bei Ressourcen, an denen sich kein Eigentumsrecht definieren läßt, würden die Nutzer keine Rücksicht auf den Bestand der Ressource nehmen und die Nutzung so weit ausgedehnt, als sich ein Gewinn erzielen läßt. Dies ist so lange der Fall, als der Grenzerlös die Grenzkosten der einzelnen Produzenten übersteigt. Als Folge dieser Handlungsweise können die Bestände so stark reduziert werden, daß sie sich nicht mehr regenerieren können und deshalb aussterben. Bei-

[77] Für eine theoretische Begründung dieses Sachverhalts vgl. Neumann, M. (Band 3), S.92ff.

spiele hierfür stellen die Übernutzung der Gemeindeweide (= Allmende) oder die Überfischung der Meere dar. Aber auch im Falle von definierten Eigentumsrechten ist nicht gewährleistet, daß eine solche Entwicklung vermieden werden kann. Wenn der Ertrag (z.B. aus einer Kapitalanlage) auf Dauer höher ist als der Ertrag aus der Ressource, wird es sich unter dem Aspekt der Gewinnmaximierung lohnen, das natürliche Kapital durch anthropogenes Kapital (Sachanlagen oder Finanzanlagen) zu substituieren.[78]

Die neoklassische Theorie ist vor allem an den Ertragsströmen interessiert, welche aus einem Kapitalstock erzielt werden können. Entsprechend spielt das Konzept des Kapitalstocks nur insofern eine Rolle, als er so gewählt werden muß, daß diese Ertragsströme maximiert werden. Dieser Strategie des Ressourcenmanagements liegt eine zentrale Annahme der neoklassischen Theorie zugrunde, die eine hohe, wenn nicht sogar unbegrenzte Substituierbarkeit zwischen den verschiedenen Kapitalarten unterstellt. In welchem Umfang eine solche Substitution erfolgt, wird dann durch den Preismechanismus geregelt.

Anthropogenes Kapital ist generell ersetzbar, da es gemäß seiner Definition eben nicht ursprünglich ist. Dies gilt sowohl für die physische Beschaffenheit als auch für die Leistungen eines solchen Kapitalstocks. Beim Naturkapital lassen sich dessen Leistungen (= Ökosystemfunktionen) teilweise substituieren (z.B. die natürliche Assimilationskapazität von Gewässern durch Kläranlagen).

Bei dem natürlichen Kapital kommt hinzu, daß viele seiner Leistungen heute noch weitgehend unbekannt sind, und deswegen eine übermäßige Verringerung desselben sowohl für die gegenwärtige als auch für die zukünftigen Generationen von Nachteil sind. Besonders für letztere ist dies ein entscheidender Aspekt, da diese keine Möglichkeit haben, ihre Präferenzen zu äußern und mit dem Bestand auskommen müssen, welchen ihnen die vorherige Generation hinterläßt. Dem Argument, daß ein höherer Bestand an Sachkapital den gleichen Nutzen stiftet, ist aufgrund von Unsicherheit nicht ohne weiteres zuzustimmen, so daß die intergenerationale Verteilungsgerechtigkeit nicht unbedingt gewährleistet ist.[79]

Man darf diese Problematik jedoch nicht einseitig als Fehler der neoklassischen Theorie sehen und diese im Bezug auf das natürliche Kapital als generell ungeeignet ablehnen. Die Individuen verhalten sich schließlich rational und

---

[78] Zu dem natürlichen Kapital zählt auch das vom Menschen geschaffene natürliche Kapital (z.B. künstliche Kulturen). Dies spielt aber für die grundsätzliche Entscheidung über eine Substitution keine Rolle.

[79] Eine ausführliche Diskussion der Schwächen der Neoklassik im Hinblick auf die Nutzung der Umwelt findet sich bei Söllner (1993).

müssen die Kosten in Form entgangener Funktionsverluste von Ökosystemen entweder gar nicht oder zumindest nicht in voller Höhe tragen. Daß diese Funktionen nicht oder nicht vollständig durch den Preismechanismus reflektiert werden, ist eine Folge des Marktversagens. Würde es gelingen, die „kostenlose" Nutzung der Ökosystemfunktionen dem Verursacher adäquat zuzurechnen, würde dies zu einer Einschränkung der Nutzung führen. Es läßt sich also nicht argumentieren, daß der Markt als Steuerungsinstrument für die Nutzung von Umweltgütern generell ungeeignet sei. Fehlallokationen ergeben sich aus anderen Mängeln, wie z.B. dem Fehlen von Eigentumsrechten oder fehlender Information. Gleichwohl existiert eine Reihe von Möglichkeiten, die Nutzung dieser Funktionen den einzelnen Individuen zumindest teilweise zuzurechnen.

Für eine Zurechnung der Kosten der Umweltnutzung kommen verschiedene Prinzipien in Frage. Man kann zwischen dem Gemeinlastprinzip, dem Verursacherprinzip, dem Vorsorgeprinzip sowie dem Kooperationsprinzip unterscheiden.[80] Beim Gemeinlastprinzip werden Umweltschäden oder Maßnahmen zu deren Verhinderung durch die öffentliche Hand getragen, was jedoch nicht marktgerecht ist. Deshalb sollte dieses Prinzip nur dort angewandt werden, wo eine Zurechenbarkeit der Schäden nicht möglich ist. Beim Verursacherprinzip hätte der Verursacher die Kosten einer Schädigung zu tragen, was einer Marktlösung entsprechen würde. Gleichwohl könnten hier noch Schädigungen der Umwelt und ihrer Ökosysteme auftreten. Dies versucht das Vorsorgeprinzip zu vermeiden, welches auf Gefahrenabwehr ausgerichtet ist und die Leitlinie hinsichtlich der Nutzung der Umwelt darstellen sollte. In die ähnliche Richtung zielt das Kooperationsprinzip, welches die Mitverantwortlichkeit und Beteiligung aller Betroffenen von umweltbeeinträchtigenden Maßnahmen anstrebt. Die Vorteile dieses Prinzips werden in Kapitel 3 deutlich werden.

Im Rahmen dieser Prinzipien könnte eine äquivalente Zurechnung dieser Kosten durch den Einsatz von umweltpolitischen Instrumenten[81] erreicht werden. Diese sind in erster Linie an der Gefahrenabwehr orientiert sind und versuchen, das Verursacherprinzip umzusetzen. Hierbei läßt sich zwischen ordnungspolitischen Instrumenten (Gebote, Verbote, moral suasion, Auflagen) und marktwirtschaftlichen Instrumenten (z.B. Steuerlösungen oder Zertifikatshandel) unterscheiden. Ordnungspolitische Instrumente sind in der Regel dominierend, da diese sich relativ rasch umsetzen lassen und umweltschädigende Aktivitäten auf jeden Fall einschränken. Sie zwingen jedoch die Akteure zu einem bestimmten Verhalten, ohne die Kosten der Umsetzung zu berücksichtigen, so daß hier Ineffizienzen auftreten. Dies könnte theoretisch durch den Einsatz der marktwirtschaftlichen Instrumente vermieden werden. Allerdings besteht bei diesen

[80] Ausführlich zu den Prinzipien der Umweltpolitik vgl. Wicke, L. (1993), S.150ff.
[81] vgl. hierfür ausführlich Cansier, D., S.155fff.

die Schwierigkeit, daß z.B. bei Steuerlösungen (Pigou-Steuer) nicht automatisch eine Verbesserung der Umweltqualität erreicht wird. Ist der Steuersatz zu niedrig, wird dieser bezahlt und die Belastung der Umwelt bleibt bestehen. Ein zu hoher Steuersatz hingegen würde den Output übermäßig verteuern und zu einem Rückgang der wirtschaftlichen Aktivität führen.

Allen diese Instrumenten ist gemeinsam, daß sie an einem Medium ansetzen und in der Regel nur eine Art der Schädigung berücksichtigen. In der Ökologie ist hingegen der Systemgedanke ausgeprägt. Es wird hier also gefragt, wie sich eine Emission auf ein Ökosystem als Ganzes auswirkt, was in der Ökologischen Ökonomie berücksichtigt wird.

3.3 Ökologische Ökonomie

Die Ökologische Ökonomie untersucht die Wechselbeziehungen zwischen Ökosystemen und Wirtschaftssystemen, um zur Theorie sowie der Umsetzung einer nachhaltigen Wirtschaftsweise beizutragen. Sie bildet eine Schnittstelle zwischen dem ökonomischen und dem ökologischen Denken und versucht, ökologische Aspekte in die ökonomische Theorie zu integrieren. Die Ökologische Ökonomie ist interdisziplinär und methodisch offen.[82]

Im Unterschied zur neoklassischen Theorie wird die Umweltproblematik nicht als ein reines Allokationsproblem gesehen. Im Bereich der Ökologischen Ökonomie selbst existieren viele unterschiedliche Richtungen, bei denen entweder die ökonomische Dauerhaftigkeit (Umwelt als Verteilungsproblem) oder die ökologische Dauerhaftigkeit (optimale Systemgröße) betont wird.[83]

Man kann die Ökologische Ökonomie als eine Weiterentwicklung des neoklassischen Ansatzes betrachten. Gemäß Daly befaßt sich die Ökologische Ökonomie mit den Zielen Skalierung, Allokation und Distribution.[84] So wird in der Ökologischen Ökonomie auch die Angebotsseite (= Umwelt als Anbieter von Leistungen) berücksichtigt. Im Gegensatz zur neoklassischen Sichtweise liegt ein kennzeichnendes Merkmal der Ökologischen Ökonomie darin, daß sie die Ökonomie als ein Subsystem betrachtet, das quasi in das Obersystem Ökologie eingebettet ist. Deshalb muß man hier auch eine Unterscheidung zwischen einer optimalen Allokation und einer maximalen Systemgröße (= scale) vornehmen. Die maximale Systemgröße wird auch als Tragekapazität bezeichnet und gibt damit einen Mindeststandard für das natürliche Kapital in quantitativer und qualitativer Hinsicht vor.

---

[82] vgl. Rennings, K., S.94

[83] vgl. Rennings, K., S.98

[84] vgl. Daly, H. E., S.185ff.

Neoklassik befaßt sich ausschließlich mit einer optimalen Allokation, die durch den Preismechanismus gewährleistet werden soll. Systemgrenzen existieren grundsätzlich keine, was eine logische Schlußfolgerung der zentralen neoklassischen Annahme darstellt, gemäß der eine unbegrenzte Substituierbarkeit von Produktionsfaktoren gegeben ist, was auch für das natürliche Kapital unterstellt wird. Ökologische Ökonomie und neoklassische Sichtweise schließen sich jedoch nicht gegeneinander aus, da eine optimale Allokation auch innerhalb von Systemgrenzen angestrebt werden muß.

Bezüglich der Frage der Verteilung der Erträge des ökonomischen Prozesses vertritt die neoklassische Theorie den Standpunkt, daß jede Verteilung gleich gut oder schlecht ist. Da zu jeder effizienten Allokation auch eine bestimmte Verteilungsstruktur korrespondiert, wird diese Verteilung auch als die gesellschaftlich erwünschte Verteilung betrachtet. Die Ökologische Ökonomie befaßt sich im Gegensatz zur neoklassischen Theorie insbesondere mit dem Problem der intergenerationalen Verteilung.[85] So soll die gegenwärtige Generation den zukünftigen Generationen zumindest die gleichen Möglichkeiten zur Befriedigung ihrer Bedürfnisse hinterlassen. Hierbei tritt das Problem auf, wie die Interessen der zukünftigen Generationen berücksichtigt werden sollen. Zum einen ist diese Generation noch nicht existent, zum anderen sind deren Präferenzen der heutigen Generation unbekannt. Einen wesentlichen Aspekt im Hinblick auf dieses Ziel bildet das natürliche Kapital und seine Leistungen, welche zumindest zum Teil als nicht substituierbar angesehen werden. Um auch den nachfolgenden Generationen die gleichen Möglichkeiten zu bieten, wird ein konstanter natürlicher Kapitalstock als eine notwendige Voraussetzung erachtet. Im Gegensatz zur eher stromgrößenorientierten Neoklassik ist die Ökologische Ökonomie darauf bedacht, eine Nachhaltigkeit dieser Ströme zu gewährleisten, weshalb ihr Hauptaugenmerk auf die Entwicklung von Bestandsgrößen gerichtet ist.

Neben dieser eher ökonomischen Sichtweise in Form des Verteilungsproblems existieren im Bereich der Ökologischen Ökonomie noch Ansätze, welche eine ökologische Dauerhaftigkeit anstreben. Hierbei erfolgt die Argumentation eher aus naturwissenschaftlicher Sicht. Unterscheiden könnte man hierbei zwischen Ansätzen, welche mit der zunehmenden Entropie innerhalb von Systemen argumentieren und Ansätzen, bei welchen „Schlüsselbegriffe“ wie das ökologische Gleichgewicht, die Stabilität und Resilienz von Ökosystemen[86], oder das von Hampicke aufgestellte und noch zu erläuternde Bündel ESH im Mittelpunkt stehen.

[85] vgl. Hampicke, U., S.129
[86] vgl. Common, M.; Perrings, C., S.15ff.

Der Entropieansatz beinhaltet, daß in einem geschlossenen System Energie nicht verloren geht, jedoch ihre Verfügbarkeit zurückgeht.[87] Aus diesem Grund ist ein Erhalt des natürlichen Kapitals und seiner Primärproduktion notwendig, da nur so über den Prozeß der Photosynthese immer wieder neue Energie mit geringem Entropiegrad erzeugt werden kann.

Die ökologischen Schlüsselbegriffe wurden bereits ausführlich dargestellt, wobei sich zeigte, daß die Komplexität von Ökosystemen zwar durch diese Begriffe erkennbar wurde, daß es jedoch faktisch nicht möglich ist, ein Kriterium zu identifizieren, bei dessen Erfüllung eine ökologische Stabilität oder ein ökologisches Gleichgewicht erreicht wird.

Gemäß Hampicke sind drei Kriterien entscheidend, durch die eine Nachhaltigkeit der Nutzung von Ökosystemen sichergestellt werden kann und die unter dem Kürzel ESH zusammengefaßt werden:[88]

a. Der Erhalt nicht substituierbarer Elemente (E)

In erster Linie bezieht sich dies auf die Erhaltung von Tier- und Pflanzenarten, die weltweit von der Ausrottung bedroht sind und in jedem Einzelfall völlig irreversibel ist. Dies kann sich aber auch auf Arten beziehen, welche nur in einer bestimmten Region vom Aussterben bedroht sind. Wenn keine unbegrenzte Substituierbarkeit zwischen Naturkapital und Sachkapital unterstellt wird, ist zumindest ein Minimum von Umweltqualität und -quantität festzulegen. Ein solches Minimum wurde 1952 von Ciriacy-Wantrup in Form des „safe minimum standard" propagiert. Auf Grund des weltweiten Rückgangs an Tier- und Pflanzenarten erscheint dies als notwendig, wenn an den zukünftigen Generationen die gleichen Rechte wie der gegenwärtigen einräumen möchte.

b. Der Erhalt der Selbstregulierungsfähigkeit von Ökosystemen (S)

Der Begriff der Selbstregulierungsfähigkeit von Ökosystemen wurde bereits bei den Eigenschaften von Ökosystemen angesprochen. Wenn der Mensch die primären Funktionen von Ökosystemen sichert, werden auch die für ihn ökonomisch bedeutenden sekundären Funktionen in Zukunft zur Verfügung stehen. Zwischen den Zielen E und S besteht eine enge Beziehung, da ein Erhalt der Selbstregulierungsfähigkeit eine notwendige Bedingung für den Artenerhalt darstellt.

c. Homöostase von Ökosystemen (H)

Aus der Selbstregulationsfähigkeit folgt noch nicht, daß ein System unverändert bleibt, was anhand der Auslegung des Stabilitätsbegriffs in Bezug auf Öko-

---

[87] Diese Folge der ersten beiden Hauptsätze der Thermodynamik wurde vor allem durch Georgescu-Roegen in die Diskussion gebracht.

[88] vgl. Hampicke, U., S.314ff.

systeme bereits dargestellt wurde. Von Bedeutung hierbei ist der Erhalt der Resilienz. Dies wird als erforderlich erachtet, da eine abrupte Anpassung an weitere Systemveränderungen große Schwierigkeiten mit sich bringen würde. Insofern tritt hier ein Widerspruch zum Konzept der nachhaltigen Entwicklung (= Sustainable Development) auf, da Homöostase grundsätzlich nicht mit einer nachhaltigen Entwicklung zu vereinbaren ist.[89] Abschließend sollen noch einmal in Abb. 1.12 die unterschiedlichen Ziele, Merkmale und Annahmen der Ökonomie, der Ökologie und der Ökologischen Ökonomie gegenübergestellt werden.[90]

Abb. 1.12: Vergleich der Systemansätze von Ökonomie, Ökologie und Ökologischer Ökonomie

	Ökonomie	**Ökologie**	**Ökologische Ökonomie**
Grundlegende Weltsicht	Koordination durch die Märkte	Evolutionäre Entwicklung von Ökosystemen	Ökonomische Entwicklung unter Aufrechterhaltung von Ökosystemen und Rücksicht auf deren Entwickung
Blickwinkel	stark anthropozentrisch	neutral	gemäßigt anthropozentrisch
Zeitrahmen	kurz	zeitübergreifend	zeitübergreifend
Raumbezug	lokal bis global	lokal bis regional	lokal bis global
Artenspektrum	Menschen	Nicht-menschliche Natur (Integration des Menschen im Rahmen der Landschaftsökologie)	Ökosystem und Mensch
Primäres Makroziel	Wachstum der Volkswirtschaft	Überleben der Arten (Aufrechterhalt der Sukzessionszyklen)	Tragfähigkeit des ökonomisch-ökologischen Systems
Primäres Mikroziel	Gewinn- und Nutzenmaximierung	Reproduktionserfolg	Anpassung an die Makroziele
Annahmen zu technischem Fortschritt	optimistisch (Substituierbarkeit der Kapitalarten)	keine	vorsichtig (Komplementarität der Kapitalarten)
Interdisziplinarität	nein	nein	ja

Quelle: Modifizierte Darstellung nach Rennings, K., S.3

[89] vgl. Hampicke, U., S.320

[90] vgl. Rennings, K., S.3

4. Umwelt im Rahmen des Konzepts der nachhaltigen Entwicklung

Der Begriff Entwicklung wird im deutschen Sprachgebrauch sowohl transitiv als auch intransitiv verwendet. Somit läßt sich zunächst nicht unterscheiden, ob eine Entwicklung geplant und beabsichtigt ist (= transitive Verwendung) oder ohne irgendwelches Zutun eingetreten ist (= intransitive Verwendung). Im Englischen existieren hierfür zwei verschiedene Begriffe, nämlich „development“ und „evolution“, wobei ersterer eine geplante Entwicklung beschreibt. Wenn im folgenden von Entwicklung die Rede sein wird, ist hierbei stets die transitive Verwendung gemeint.

In der Vergangenheit wurde ökonomische Entwicklung zumeist als aufholende Entwicklung in dem Sinne verstanden, daß wirtschaftlich schlechter gestellte Gebiets- und Bevölkerungsteile an den Standard von wirtschaftlich besser entwickelten Gebiete herangeführt werden. Die Lösung dieser Problematik wurde und wird auch teilweise heute noch recht einseitig in einer Maximierung der Wachstumsraten des Inlandprodukts bzw. einer Erhöhung der Pro-Kopf-Einkommen gesehen. An dieser Strategie läßt sich aus vielen Gründen Kritik zu üben, was in der Diskussion um die Eignung des Sozialprodukts als Wohlstandsindikator zum Ausdruck kommt.[91] Für die vorliegende Arbeit sind hier zwei Mängel wesentlich, nämlich die mangelnde Berücksichtigung von Verteilungswirkungen und der Wirkungen wirtschaftlicher Aktivitäten auf die Umwelt.

Eine Erhöhung der Wachstumsraten bzw. der durchschnittlichen Pro-Kopf-Einkommen ist ohne zusätzliche Kriterien alleine nicht aussagekräftig. Von Interesse für die regionale Entwicklung ist die Einkommensverteilung, also die Frage, ob eine Maßnahme eine vorher festgelegte Zielgruppe auch tatsächlich besser gestellt hat.[92] Auch ist zu fragen, ob eine dauerhafte Erhöhung des Pro-Kopf-Einkommens erreicht werden konnte, oder ob die Wirkung lediglich so lange anhält, wie zusätzliche Mittel zur Verfügung gestellt wurden. Von einem Erfolg wird man somit letztlich nur dann sprechen können, wenn die zusätzlichen Ausgaben eine selbsttragende wirtschaftliche Entwicklung nach sich ziehen. Von mindestens ebenso großer Bedeutung ist die fehlende Berücksichtigung des Verbrauchs von Umweltgütern in quantitativer als auch in qualitativer Hinsicht. Das Konzept des Sozialprodukts weist sogar Kosten zur Beseitigung von Umweltschäden fälschlicherweise als wohlstandserhöhend aus, obwohl diese eigentlich Abschreibungen darstellen, wenn es zu einer quantitativen und qualitativen Verschlechterung der Umwelt kommt.[93]

---

[91] vgl. Klaus, J. (1994), S.15

[92] Gemessen werden kann dies durch den Gini-Koeffizienten, der ein Maß für die relative Konzentration bildet.

[93] vgl. Klaus, J. (1994), S.15

Der Begriff der nachhaltigen Entwicklung (= Sustainable Development) rückte mit der Veröffentlichung des Brundtland-Berichts in den Mittelpunkt des Interesses. Daraus resultierte eine Vielzahl von Veröffentlichungen mit recht unterschiedlichen Schwerpunktsetzungen und Aussagen, was nachhaltige Entwicklung beinhaltet und auf welche Weise eine solche überhaupt erreicht werden kann. Der Brundtlandt-Bericht definiert nachhaltige Entwicklung als

"Entwicklung, die die Bedürfnisse der Gegenwart befriedigt, ohne zu riskieren, daß zukünftige Generationen ihre eigenen Bedürfnisse nicht befriedigen können."[94]

Ursprünglich zielte dies auf die Beseitigung des sogenannten Nord-Süd-Konflikts, also der Verringerung der ökonomischen Ungleichgewichte zwischen den Industriestaaten und den Entwicklungsländern, sowie auf die Entwicklung von Strategien zur Bekämpfung globaler Umweltprobleme. Diese Diskussion erstreckt sich mittlerweile auch auf Entwicklungen innerhalb der Industriestaaten.

Diese Definition stellt lediglich eine Leerformel dar und auch im Bericht selbst werden teils widersprüchliche Aussagen über Möglichkeiten zur Erreichung dieser Ziele getroffen.[95] Grundsätzlich soll jede Generation zumindest das gleiche Wohlstandsniveau erreichen wie die vorhergehende. Hierfür ist ein bestimmter Kapitalstock notwendig. Im Zusammenhang mit der Nutzung der Umwelt stellt sich somit die Frage, ob ihre Leistungen substituierbar sind oder nicht.[96] Wäre dies der Fall, so könnte der Verlust an Umwelt durch anthropogenes Kapital kompensiert werden. Die meisten Veröffentlichungen zu dieser Thematik gehen jedoch von einer begrenzten Substituierbarkeit aus und erachten eine Konstanz des natürlichen Kapitals als eine notwendige Voraussetzung für eine nachhaltige Entwicklung. Die Leistungen dieses Kapitalstocks entsprechen letztlich einem nachhaltigen Einkommen. Der Einkommensbegriff wurde 1939 durch Sir John Hicks folgendermaßen definiert:

"Der Zweck einer Einkommensbestimmung in praktischen Angelegenheiten liegt darin, den Menschen einen Hinweis zu geben, welche Menge sie konsumieren können, ohne sich selbst arm zu machen. Folgt man dieser Idee, so scheint es, daß man das Einkommen eines Menschen als den größtmöglichen Wert definieren sollte, den ein Mensch während einer Woche konsumieren kann, so daß seine Situation am Ende der Woche ebenso gut ist, wie zu Beginn der Woche. Wenn ein Mensch spart, so plant er, in Zukunft seine Situation zu

[94] Hauff, V., S.46
[95] vgl. Harborth, H. J., S.47ff.
[96] vgl. Pearce, D.; Markandya, A., S.37f.

verbessern, konsumiert er mehr als sein Einkommen, wird sich seine Situation verschlechtern."[97]

Allerdings ist hierbei zu fragen, ob es auf den Bestand eines Kapitalstocks ankommt oder nicht eher auf die Konstanz seiner Leistungen. Wäre also eine Aufrechterhaltung des Leistungsvermögens gegeben, könnte der natürliche Kapitalstock unter Nutzungsgesichtspunkten ohne Verlust verringert werden.

Weitere Begründungen für das Konzept eines konstanten Kapitalstocks liegen in der Ungewißheit über zukünftige Entwicklungen, also z.B. die Frage, ob es möglich ist, die Regulierungsfunktionen von Ökosystemen zu ersetzen. Auch ist es ungewiß, ob durch die Verringerung des natürlichen Kapitalstocks nicht auch Leistungen verlorengehen, welche man heute noch gar nicht kennt. Häufig findet man dieses Argument in der Diskussion um den Erhalt der Biodiversität, die als Ressourcenpool für zukünftige Entwicklungsmöglichkeiten gesehen werden kann. Ist eine Tier- oder Pflanzenart einmal vernichtet, so kann sie nicht einfach wiederhergestellt werden, wie dies beim anthropogenen Kapital der Fall ist.

Der Begriff der Nachhaltigkeit (= sustainability) ist auch in der Ökologischen Ökonomie von hoher Bedeutung. Auch hier finden sich unterschiedliche Interpretationen. So kann man zwischen einer schwachen und einer starken Nachhaltigkeit unterscheiden.[98] Die schwache Nachhaltigkeit (= weak sustainability) gesteht eine Substituierbarkeit zwischen Naturkapital und Sachkapital zu, welche jedoch nicht unbegrenzt hoch ist, so daß ein gewisser Mindestbestand an Naturkapital zu erhalten ist. Bei der starken Nachhaltigkeit (= strong sustainability) kommen noch ethische Begründungen für einen Naturerhalt hinzu, welche der Natur einen Eigenwert zubilligen.

Ökosysteme haben sich teilweise über viele Millionen Jahre hinweg selbst entwickelt und erhalten. Beispiele hierfür sind die tropischen Regenwälder oder noch vereinzelt erhaltene Hochmoore. Demnach könnte man argumentieren, daß der beste Schutz für Ökosysteme darin besteht, ihre Selbstentwicklungsfähigkeit aufrecht zu erhalten. Dies bedeutet, daß man auch Phasen der Destruktion zuläßt, da auch dies einen Bestandteil des Entwicklungsprozesses darstellt, wie das Holling-Modell (Abb. 1.5) zeigt. Will man bestimmte Arten bewahren, wie dies ein konservierender Naturschutz beabsichtigt, wären die Entwicklungsmöglichkeiten der Ökosysteme einzuschränken. Gerade durch solche Eingriffe wird jedoch häufig ein Artenrückgang hervorgerufen, da hierbei die Systemzusammenhänge nicht ausreichend berücksichtigt werden.

---

[97] Hicks, J., S.172
[98] vgl. Rothgang, M., S.78ff.

Wenn man den Schutz von Ökosystemen im Sinne einer nachhaltigen Entwicklung erwägt, sollte dies in Form des Konzepts der „Ecosystem Health“ bzw. des Konzepts der „Ecosystem integrity“ erfolgen.

Das Ecosystem Health Konzept verfolgt das Ziel, „die dynamischen, autonomen und integrativen Prozesse der Natur als wesentliche Elemente der neuen Nachhaltigkeits-Ethik zu schützen.“[99] Dieses Konzept umfaßt fünf Axiome:[100]

1. Ökosysteme sind als dynamische Systeme zu betrachten. Natur ist nicht als Zusammenstellung von Objekten sondern als ein Satz von Prozessen aufzufassen
2. Alle Prozesse sind mit allen Prozessen verknüpft (= Kreislaufgedanke)
3. Ökosystemare Prozesse laufen auf unterschiedlichen Systemebenen (= scales) ab
4. Ökosystemare Prozesse sind kreativ und stellen die Basis für alle biologisch basierten Produktionsvorgänge dar
5. Ökosysteme sind unterschiedlich empfindlich.

Additive Basiskomponenten bilden die Homöostase, die Abwesenheit von Krankheit, Diversität und Komplexität (Organisation), Stabilität oder Resilienz (Strukturerhaltung), Wachstumsfähigkeit (Produktivität und interne Flußvernetzung), sowie ein Gleichgewichtszustand zwischen den Komponenten.

Bei der Ecosystem Integrity soll die Fähigkeit der Organismen, ihre Organisation zu erhalten und sich im Selbstorganisationsprozeß zu entwickeln, gefördert werden. Dieses Konzept beinhaltet folgende Zielbereiche:

1. Ecosystem Health definiert als Optimalbereich potentieller Systemzustände
2. Pufferkapazität definiert als Erreichbarkeit des Optimalzustands nach der Einwirkung von Streß und
3. Selbstorganisationsfähigkeit.

Vorteilhaft an diesen Konzepten erscheint, daß man erkannt hat, daß Naturschutz nur im Rahmen eines Schutzes von Ökosystemen betrieben werden kann, was die Berücksichtigung von ökosystemaren Prozessen erfordert. Allerdings fehlen auch bei diesen Konzeptionen noch konkrete Operationalisierungen, auf welche Weise diese umgesetzt werden können.

Ökosysteme kann man auch als abgegrenzte räumliche Einheiten betrachten. Deshalb sind Erfordernisse zum Erhalt von Ökosystemen und deren Leistungen auch in der Raumordnung und in regionalen Entwicklungskonzepten zu berücksichtigen, was bislang jedoch nur unzureichend der Fall ist. Deshalb soll im

---

[99] Costanza, R. et al., S.4
[100] vgl. Müller, F.; Breckling, B., S.15

nächsten Kapitel erläutert werden, welchen Erfordernissen hierfür Rechnung zu tragen ist und welche Möglichkeiten zur Verfügung stehen, um dieses zu erreichen.

Kapitel 2
Berücksichtigung ökologischer Belange in Raumordnung und regionalen Entwicklungskonzepten

Im vorherigen Kapitel wurde erläutert, daß sich Raumordnung und Raumplanung nicht nur auf die Optimierung einer einzigen Zielgröße beschränken können, sondern mehrere untereinander in Konflikt stehende Zielvorstellungen zum Ausgleich bringen müssen. Dazu gehört auch die Berücksichtigung ökologischer Belange. Im ersten Teil dieses Kapitels soll zunächst erläutert werden, welche gesetzlichen Verpflichtungen zum Erhalt der Leistungsfähigkeit des Naturhaushalts bestehen. Anschließend soll untersucht werden, wie im Bereich der Raumplanung, insbesondere der Landschaftsplanung, die aus der Ökologie zumindest grob abzuleitenden Vorgaben, in die räumliche Dimension umzusetzen sind. Im zweiten Abschnitt soll aufgezeigt werden, in welcher Form ökologische Belange in Konzeptionen einer regionalen Entwicklung berücksichtigt werden können. Besonders auf die Möglichkeit zur Entwicklung einer Region über Infrastrukturmaßnahmen zur Förderung des Fremdenverkehrs und die damit verbundenen möglichen Beeinträchtigungen der natürlichen Umwelt, soll ausführlich eingegangen werden, da sich diese Problematik auch im Neuen Fränkischen Seenland stellt.

I. Ökologie in Raumordnung und Raumplanung
1. Rechtliche Grundlagen des Naturschutzes in der Raumordnung und Raumplanung
1.1 Das Bundesraumordnungsgesetz und das Bundesraumordnungsprogramm

Die Begründung für raumordnerisches und raumplanerisches Handeln läßt sich aus dem Artikel 91a Abs. 1 GG ableiten. Die Verpflichtung zu gemeinsamen Handeln ist eine Aufgabe aller Gebietskörperschaften und findet in den sogenannten Gemeinschaftsaufgaben ihren Niederschlag. Gemeinschaftsaufgaben sind definiert als „staatliche Aufgaben, an deren Erfüllung der Bund durch Beteiligung an der Rahmenplanung und an der Finanzierung mitwirkt, wenn diese Aufgaben für die Gesamtheit bedeutsam sind und wenn dies zur Verbesserung der Lebensverhältnisse notwendig ist.“[1]

Im Rahmen dieser Arbeit ist die Gemeinschaftsaufgabe „Verbesserung der regionalen Wirtschaftsstruktur“ von Bedeutung.[2] Die Entscheidung über die Durchführung und Finanzierung solcher Aufgaben werden durch Gremien getroffen, in welchen Bund und Länder paritätisch vertreten sind.

---

[1] Gabler-Lexikon, S. 2021

[2] Weitere Gemeinschaftsaufgaben bilden der Hochschulbau und der Küstenschutz

Kodifiziert werden diese Vorgaben auf Bundesebene durch das Bundesraumordnungsgesetz (BROG) aus dem Jahre 1965. So fordert der §2 Abs.1 Nr.1 BROG:

„Die räumliche Struktur der Gebiete mit gesunden Lebens- und Arbeitsbedingungen sowie ausgewogenen wirtschaftlichen, sozialen und kulturellen Verhältnissen soll gesichert und weiter entwickelt werden."

Dies könnte man dahingehend interpretieren, eine Gleichwertigkeit der Lebensverhältnisse in allen Teilräumen herzustellen. Dieser Begriff ist wiederum sehr allgemein und bedarf einer näheren Konkretisierung. Gleichwertigkeit der Lebensverhältnisse ist nicht mit Gleichmacherei zu verwechseln, was aufgrund von völlig unterschiedlichen Voraussetzungen in den einzelnen Gebieten ohnehin nicht zu erreichen wäre.[3] So gibt es Teilräume, die alleine aufgrund ihrer geographischen Lage über höhere Potentiale für eine wirtschaftliche Entwicklung verfügen und somit bessere Einkommens- und Beschäftigungsmöglichkeiten bieten, was auch durch eine noch so intensive Förderung anderer Teilgebiete nicht wettgemacht werden kann. Zum anderen gibt es Gebiete, welche ein hohes Maß an Umweltqualität und natürlicher Schönheit aufweisen und in dieser Hinsicht einer wirtschaftlich besser entwickelten Region überlegen sind.

Aufgrund der fehlenden Konkretisierung und der mangelnden Operationalisierung des BROG wurde dieses 1975 durch das Bundesraumordnungsprogramm (BROP) ergänzt. Ein Raumordnungsprogramm oder auch ein Raumordnungsplan lassen sich definieren als „förmlich zusammengefaßte und aufeinander abgestimmte Vorstellungen zur Ordnung und Entwicklung bestimmter Räume, in denen rechtsverbindlich die Ziele der Raumordnung und Landesplanung festgelegt sind."[4] Das Bundesraumordnungsprogramm stellt eine Zusammenfassung der von Bund und Länder gemeinsam erarbeiteten großräumigen Zielvorstellungen für die räumliche Entwicklung des Bundesgebiets dar, welche die Grundsätze der Raumordnung konkretisieren und Bund und Ländern als Orientierungsrahmen bei raumbedeutsamen Planungen und Maßnahmen dienen sollen. Eine ausreichende Konkretisierung zur Operationalisierung der Zielvorgaben wurde durch das BROP jedoch ebenfalls nicht erreicht.[5]

Dem föderalen Aufbau der Bundesrepublik entsprechend, existieren für die verschiedenen Ebenen auch eigene gesetzliche Grundlagen. Auf der Landesebene existieren zu den vorher genannten Vorschriften hierzu korrespondierende Landesentwicklungspläne, bzw. Landesentwicklungsprogramme, welche verstärkt die Eigenheiten des jeweiligen Bundeslandes berücksichtigen und unter-

---

[3] vgl. Brösse, U., S.38f.
[4] Schönhofer, J.: Begriffe ..., A I. (1)
[5] vgl. Brösse, U., S.170

schiedliche Entwicklungsstrategien verfolgen. So strebt Nordrhein-Westfalen einen möglichst hohen Agglomerationsgrad an, was aufgrund seiner hohen Bevölkerungsdichte auf einem relativ kleinen Gebiet naheliegt. Eine solche Vorgehensweise wäre für Bayern aufgrund seiner geringeren Bevölkerung und der wesentlich größeren und heterogeneren Landesfläche nicht praktikabel. Bayern verfolgt das Ziel, ein System von Zentralen Orten (im Sinne der Theorie von Christaller) zu schaffen, gemäß dem alle zentralen Einrichtungen in einer angemessenen Zeit zu erreichen sind. So zielt das Landesentwicklungsprogramm auf die Schaffung von dezentralen Strukturen und versucht durch „Vernetzungen der einzelnen Teilräume leistungs- und konkurrenzfähige Standortgemeinschaften zu schaffen.“[6]

Auf der Ebene der Kreise und Kommunen werden die Flächennutzungspläne ausgearbeitet und erstellt. Von besonderer Bedeutung sind hierbei die Bebauungspläne, in denen konkret über den Ausweis von Wohnflächen, Gewerbeflächen oder ökologischen Ausgleichsflächen entschieden wird. Der Begriff der Bauleitplanung läßt sich definieren als „die von den Gemeinden in eigener Verantwortung durchzuführende städtebauliche Planung, die durch die Aufstellung von Flächennutzungsplänen (F-Plänen) und Bebauungsplänen (B-Plänen) die bauliche und sonstige Nutzung vorbereiten und leiten soll.“[7] Dies zeigt in ökonomischer wie in ökologischer Hinsicht erhebliche Auswirkungen. Durch die Ausweisung von Grünflächen als Bauland steigt der Marktpreis für solche Flächen erheblich an, so daß den Eigentümern eine Rente (= windfall-profit) zufällt. Die Ausweisung als Vorranggebiete für ökologische Belange (z.B. als Wasserschutzgebiet) führt dazu, daß andere Nutzungsmöglichkeiten zumindest eingeschränkt, wenn nicht sogar unmöglich gemacht werden. Diese Aspekte sind auch für das Neue Fränkische Seenland von Bedeutung.

1.2 Raumwirksame Umweltvorschriften

Grundsätzlich ist in der Bundesrepublik der Naturschutz Angelegenheit der Länder, in denen jeweils eigene Gesetzeswerke existieren, wie z.B. das Bayerische Naturschutzgesetz. Diese haben sich am Bundesnaturschutzgesetz (BNatSchG) zu orientieren, das die bedeutendste Grundlage für den Schutz und den Erhalt von Naturgütern darstellt. Daneben soll noch auf das Gesetz zur Umweltverträglichkeitsprüfung (UVP-Gesetz) eingegangen werden, welches die zweite wichtige Grundlage für den Schutz von Naturgütern bildet.

1.2.1 Das Bundesnaturschutzgesetz (BNatSchG)

Das Bundesnaturschutzgesetz (BNatSchG) löste im Jahr 1976 das Reichsnaturschutzgesetz aus dem Jahre 1935 ab und kann als ein Rahmengesetz für Rechtsvorschriften auf Landesebene angesehen werden.

---

[6] 12. Raumordnungsbericht der Bayerischen Staatsregierung, S.11
[7] Schönhofer, J.: Begriffe ..., A I. (2)

Im §1 des BNatSchG wird gefordert:
„(1) Natur und Landschaft sind im besiedelten und unbesiedelten Bereich so zu schützen, zu pflegen und zu entwickeln, daß

1. die Leistungsfähigkeit des Naturhaushaltes
2. die Nutzbarkeit der Naturgüter
3. die Pflanzen- und Tierwelt
4. die Vielfalt, Eigenart und Schönheit von Natur und Landschaft

als Lebensgrundlage des Menschen und als Voraussetzung für seine Erholung in Natur und Landschaft nachhaltig gesichert sind.
(2) Die sich aus Absatz 1 ergebenden Anforderungen sind untereinander und gegen die sonstigen Anforderungen der Allgemeinheit an Natur und Landschaft abzuwägen."

Der Aufgabenrahmen, der sich aus §1 BNatSchG ergibt, läßt sich somit folgendermaßen umschreiben:[8]

- Orientierung und Erhaltung der Nutzfunktionen für den Menschen
- Bestimmung von Schutzzielen für Natur und Landschaft
- Ermittlung von Vermeidungs- und Minimierungsstrategien.

Das BNatSchG ist gegenüber dem Reichsnaturschutzgesetz in weiten Teilen verbessert, da es im Gegensatz zu diesem nicht nur den Schutz einzelner Arten in den Vordergrund stellt, sondern den Schutz ganzer Lebensräume anstrebt. Dies ist auf die Erkenntnis zurückzuführen, daß in den meisten Fällen einzelne Arten nicht direkt bedroht sind (z.B. durch Jagd), sondern die zunehmende Verknappung ihrer Lebensräume einen Rückgang der Bestände oder ein Verschwinden einer ganzen Art zur Folge hat.[9] Insofern wird im BNatSchG zumindest implizit die Berücksichtigung von ökosystemaren Zusammenhängen gefordert.

In den §§ 3-6 BNatSchG werden Aussagen über die Aufgaben der Landschaftsplanung getroffen, wonach für den Arten- und Biotopschutz die Situation der Biozönosen und der Biotope zu bestimmen, Entwicklungsziele zu formulieren und hierfür erforderliche Schutzmaßnahmen darzustellen sind.

Von wesentlicher Bedeutung ist die Eingriffs- und Ausgleichsregelung, die in §8 BNatSchG geregelt ist. Demnach sind Eingriffe, welche zu einer erheblichen und nachhaltigen Belastung des Naturhaushalts und des Landschaftsbilds führen, grundsätzlich zu unterlassen, es sei denn, die Beeinträchtigung erweist sich als unvermeidbar. Sollte dies der Fall sein, ist es erforderlich, daß ein Eingriff in Biotope hinsichtlich seiner Schwere und der Nachhaltigkeit seiner Wirkungen

[8] vgl. Erz, W., S.134
[9] vgl. Jessel, B., S.497f.

bewertet und - soweit als möglich - ein Ausgleich für die jeweiligen Beeinträchtigungen von Biotopen und Lebensgemeinschaften sichergestellt wird.

Der Unterschied zwischen einer Ausgleichs- und einer Ersatzmaßnahme besteht darin, daß eine Ausgleichsmaßnahme vor Ort erfolgt, wohingegen eine Ersatzmaßnahme auch an anderer Stelle vorgenommen werden kann. Ausgleichsmaßnahmen geraten im Vergleich zu Ersatzmaßnahmen immer mehr ins Hintertreffen, was durch die immer weiter abnehmende Flächenverfügbarkeit bedingt ist.[10]

Der Begriff „Ausgleich", wie ihn das BNatSchG gebraucht, ist im juristischen Sinne zu verstehen, nicht in einem naturwissenschaftlichen.[11] Dies ist vergleichbar mit der Vorschrift des §249 BGB, welcher ebenfalls die sogenannte Naturalrestitution fordert, jedoch auch den Ersatz in Geld ermöglicht, sobald etwas unwiederbringlich verloren ist. Die Möglichkeit, einen Eingriff in Ökosysteme durch Geld auszugleichen, was auch das BNatSchG vorsieht, sollte nur in Einzelfällen angewandt werden. Ansonsten wird man einen wirkungsvollen Schutz von Ökosystemen nicht gewährleisten können.

Der Begriff des Ausgleichs ist ohnehin als eine Art Fiktion zu sehen, da es nicht möglich ist, ein Biotop an anderer Stelle in genau der gleichen Zusammensetzung wieder herzustellen. Ausgleich sollte nicht nur im Sinne eines flächenmäßigen Ausgleichs, sondern auch im Sinne eines Ausgleichs von verlorengegangenen Funktionen interpretiert werden.

Werden Eingriffe als unvermeidbar eingestuft, sind die erforderlichen landschaftspflegerischen Ausgleichs- oder Ersatzmaßnahmen in einem Landschaftspflegerischen Begleitplan zusammenzufassen.[12] Im Kapitel 4 der vorliegenden Arbeit wird der Landschaftspflegerische Begleitplan Brombachsee von Bedeutung sein, da in diesem die Situation im Eingriffsgebiet vor dem Bau des Überleitungssystems sowie die als notwendig erachteten Ersatz- und Ausgleichsmaßnahmen niedergelegt sind. In §§ 13ff. BNatSchG werden unterschiedliche Arten von Schutzzonen definiert. Hierbei wird folgende Klassifizierung verwendet:
- Naturschutzgebiete
- Nationalparke
- Landschaftsschutzgebiete
- Naturparke
- Naturdenkmale
- Geschützte Landschaftsbestandteile

---
[10] vgl. Jessel, B., S.504
[11] vgl. Kaule, G., S.388
[12] vgl. Bastian, O.; Schreiber, K.-F., S.28

Das Naturschutzgebiet stellt die höchste Stufe dar, da hier jede andere Nutzung als für Naturschutzzwecke untersagt ist. In den anderen Gebieten ist eine andere Nutzung grundsätzlich möglich.

In der Regel sind Landschaftsbild und ökologische Kriterien voneinander entkoppelt und werden nebeneinander als getrennte Themenfelder abgearbeitet.[13] Gemäß §1 Abs. I Nr. 4 BNatSchG ist jedoch auch eine ästhetische Komponente zu berücksichtigen. Die Begriffe Vielfalt und Eigenart lassen sich als unterschiedliche Betrachtungsebenen des Gegenstandes Landschaft interpretieren, die sowohl ökologische als auch ästhetische Komponenten widerspiegeln.[14] Zum Begriff des Landschaftsbilds gehören auch Gerüche oder das Gehör, da dies die gesamte Wahrnehmung beeinflußt und letztlich zu einem Gesamteindruck einer Landschaft führt. Dies geschieht in einem sehr komplexen Prozeß, der nur schwer faßbar und somit auch nur unzureichend darstellbar ist. Daraus jedoch den Schluß zu ziehen, daß man diesen Aspekt deshalb in der Planung vernachlässigen kann, ist jedoch nicht angemessen.[15]

Es gibt drei Möglichkeiten, die Vielfalt, Eigenart und Schönheit einer Landschaft zu bestimmen:[16]
1. Selbstwerte der belebten und unbelebten Natur
2. Sinnlich wahrnehmbare Wirkungen, die von Landschaftsfaktoren ausgehen
3. Sozial und kulturell vermittelte Wahrnehmungs- und Bewertungsmuster.

An einer Bewertung der Ästhetik einer Landschaft läßt sich auch Kritik üben. So sind die subjektiven Einstellungen im Laufe der Zeit Änderungen unterworfen, so daß man zu keinem objektiven Kriterium gelangen kann. Was ästhetisch ansprechend ist, bedeutet aber nicht, daß es auch ökologisch gut ist. Eine Berücksichtigung der ästhetischen Komponente in der Landschaftsplanung ist möglich, indem man eine ökologisch stimmige Alternative wählt, welche gleichzeitig am ehesten dem ästhetischen Empfinden entspricht. Man könnte somit sagen, daß ökologische Aspekte in Form von meß- und zählbaren Eigenschaften somit die Objektseite, die Ästhetik hingegen die Subjektseite umfaßt, die individuell verschieden sein kann.[17]

Naturschutz wird nicht nur von staatlicher Seite betrieben, sondern auch von Privatpersonen oder Verbänden, deren Beteiligung durch den §29 BNatSchG geregelt wird.[18] Dies erfolgt zum einen aus reinem Interesse am Artenschutz,

---

[13] vgl. Jessel, B., S.19
[14] vgl. Jessel, B., S.26
[15] vgl. Jessel, B., S.20
[16] vgl. Bastian, O.; Schreiber, K.-F., S.333
[17] vgl. Nohl, W., S.212
[18] vgl. Kaule, G., S.353

zum anderen aus einer damit verbundenen Tätigkeit, wie z.B. der Fischerei oder der Jagd. Hierbei können auch Konflikte auftreten, wie z.B. am Altmühlsee, wo die Teichwirte gegen den Widerstand von Naturschützern den Abschuß des Kormorans durchgesetzt haben (s.o.). Konflikte entstehen auch zwischen Gruppen, die einen Naturschutz als Gesamtes anstreben und solchen, die nur den Schutz bestimmter Arten verfolgen. Dies hat zur Folge, daß bei den Entscheidungsträgern zuweilen der Eindruck entsteht, daß die Naturschützer eigentlich selbst nicht genau wissen, was sie wollen. Auch wenn dies nicht ganz von der Hand zu weisen ist, wird dadurch sichergestellt, daß ökologische Belange berücksichtigt werden, die ansonsten möglicherweise nicht in die Entscheidung einbezogen würden.

1.2.2 Das Gesetz über die Umweltverträglichkeitsprüfung (UVP-Gesetz)

In den USA existiert mit dem Environmental Impact Statement (EIS) bereits seit 1970 eine Vorschrift, welche eine Überprüfung der Umweltverträglichkeit von Eingriffen erfordert. In Deutschland erfolgten erste Schritte in diese Richtung wesentlich später. Das Gesetz über die Umweltverträglichkeitsprüfung (UVPG) wurde erst 1990 in Folge einer EG-Richtlinie aus dem Jahr 1985 in nationales Recht umgesetzt.[19] Mit ihrer Hilfe soll versucht werden, Umweltschutzziele und Umweltbelange in die Verwaltungsarbeit zu integrieren.[20] Die Umweltverträglichkeitsprüfung (UVP) zielt auf die Beurteilung von einzelnen Projekten ab, die der Zuständigkeit einzelner Fachplanungen unterliegen, jedoch übergreifende Auswirkungen mit sich bringen. Bei einer solchen Überprüfung sollen die Umweltauswirkungen eines Vorhabens unter die umweltbezogenen Zulässigkeitsvoraussetzungen der entscheidungs-erheblichen Fachgesetze subsumiert werden.[21] Den Ablauf einer Umweltverträglichkeitsprüfung zeigt Abb. 2.1.

Von besonderer Bedeutung im Rahmen einer UVP sind die vollständige, ressort- und medienübergreifende Erfassung der Projektwirkungen, sowie die Berücksichtigung der komplexen Systemzusammenhänge.[22] Ein Problem stellt sich hierbei jedoch bei der Gebietsabgrenzung, da eine konkrete Abgrenzung, bis zu welcher Entfernung ein Eingriff wirksam ist, nicht pauschal möglich ist.[23]

Die UVP stellt ein förmliches Verfahren dar, an dem alle zuständigen Behörden sowie die interessierte Öffentlichkeit beteiligt sind. Im Gegensatz zur Eingriffsregelung des §8 BNatSchG sind die mit einer Entscheidung betrauten Behörden jedoch nicht an die Ergebnisse einer UVP gebunden, sondern müssen

[19] vgl. 1985/337/EWG
[20] vgl. Wicke, L. (Umweltökonomie), S.328
[21] vgl. Schoeneberg, J., S.203
[22] vgl. Bastian, O.; Schreiber, K.-F., S.26
[23] vgl. Kaule, G., S.392

sich lediglich mit deren Ergebnis auseinandersetzen.[24] Ein Zusammenwirken dieser Instrumente wäre insoweit möglich, als eine UVP die Grundlage für die Anwendung der Eingriffsregelung bilden kann.

Abb. 2.1: Ablauf einer Umweltverträglichkeitsprüfung

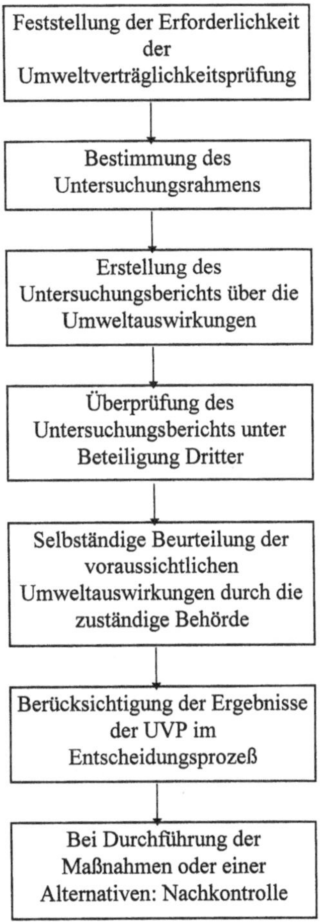

Quelle: Erz, W., S.162

Es läßt sich somit feststellen, daß die unzureichende Berücksichtigung ökologischer Belange weniger in fehlenden gesetzlichen Regelungen begründet liegt, sondern eher durch eine unzureichende Anwendung dieser Vorschriften bedingt sein dürfte. Im folgenden soll darauf eingegangen werden, in welchen Bereichen

[24] vgl. Jessel, B., S.505

der Raumplanung ökologische Belange relevant sind, und welche Bedeutung die Landschaftsplanung, welche man als die am stärksten ökologisch ausgerichtete Planung bezeichnen kann, aufweist.

2. Institutioneller Aufbau der Raumplanung

Den Begriff Planung kann man definieren als die "systematische Vorbereitung zukünftigen Handelns, um ein Ziel unter den gegebenen Verhältnissen auf die beste Weise zu erreichen".[25] Traditionell kann man bei der Durchführung eines Projekts zwischen den einzelnen Teilphasen Planung, Durchführung und Kontrolle unterscheiden. Diese einzelnen Teilbereiche wurden früher im Gegensatz zu heute als weitgehend unabhängig voneinander betrachtet. Im einzelwirtschaftlichen Bereich ist heute in Form des Controllings eine Funktion vorherrschend, welche speziell die Abhängigkeit der einzelnen Teilbereiche voneinander betont, und versucht, eine Koordinierung und Rückkopplung der einzelnen Bereiche zu schaffen. Controlling könnte man definieren als eine "...Führungsfunktion, die in der Koordination von Planung und Kontrolle mit der Informationsversorgung besteht. Koordination bedeutet hierbei nicht nur laufende Abstimmungsprozesse, sondern auch die Gestaltung von Planungs-, Kontroll- und Informationssystemen."[26] Eine solche Koordination wäre auch in der Raumplanung anzustreben. An dieser Stelle soll zunächst einmal auf die derzeit praktizierte Raumplanung eingegangen werden.

Der Begriff Raumplanung wird vielfach als Oberbegriff für Raumordnung, Landes-, Regional- und Bauleitplanung verwendet.[27] Raumplanung befaßt sich mit räumlichen Konflikten, die sich aus der Begrenztheit des Raumes und den heterogenen Ansprüchen an den Lebensraum ergeben.[28] Die Hauptaufgabe der Raumplanung besteht darin, divergierende Interessen zum Ausgleich zu bringen und die Vorhaben der einzelnen Teilbereiche im Hinblick auf das Oberziel, der Schaffung gleichwertiger Lebensverhältnisse in allen Teilgebieten, zu koordinieren.

Die Raumplanung ist im Gegensatz zu den jeweiligen speziellen Fachplanungen querschnittsorientiert, d.h. sie umfaßt diese in Form einer Klammer, wie Abb. 2.2 zeigt. Dies ist auch notwendig, da sie möglichst viele Zielvorstellungen verfolgen soll, was im Rahmen der einzelnen Fachplanungen nur bedingt möglich ist und auch nicht angestrebt wird. Unter einer Fachplanung versteht man "die von Fachbehörden entwickelten Zielvorstellungen sowie die systematische Vorbereitung von Maßnahmen, die auf die Entwicklung bestimmter Sachberei-

---

[25] Schönhofer, J., Begriffe ..., A I. (1)
[26] Peemöller, V. H., S.51
[27] vgl. Schönhofer, J., Begriffe ..., A I. (2)
[28] vgl. Lendi, M., S.6

che ausgerichtet sind".[29] Von besonderer Bedeutung ist die Rolle der Finanzplanung, da diese den Rahmen festlegt, welche Projekte realisiert werden können. Deshalb ist die Finanzplanung auch als eine Querschnittsfunktion zu sehen.

Abb. 2.2: Verhältnis der Raumplanung zu den Fachplanungen

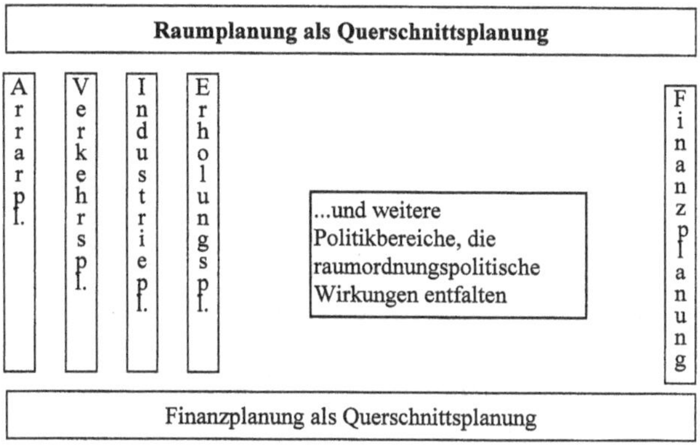

Quelle: Eigene Darstellung

Das Verhältnis zwischen Raumplanung und Fachplanungen ist kein formaljuristisches Problem, sondern eher ein Kompetenzproblem. Die Stellung der Fachplanung ist vergleichsweise stärker, da sie für ihre Bereiche konkretere Ziele definieren kann und - was von wesentlich höherer Bedeutung ist - über die Finanzmittel zur Umsetzung verfügt.[30] Raumplanung erzeugt im Gegensatz zu Fachplanungen - sofern letztere unverbindlich sind - verbindliche Aussagen und erfordert als Querschnittsplanung Kompromisse zwischen den einzelnen Beteiligten. Eine solche Vorgehensweise führt jedoch zumeist nur zu einer Einigung auf den kleinsten gemeinsamen Nenner. Wenn über ein bestimmtes Vorhaben entschieden werden soll, versuchen die Vertreter der einzelnen Fachplanungen, eine Abstimmung untereinander zu erzielen. Jeder Vertreter versucht naturgemäß zu erreichen, daß seine Interessen so weit als möglich gewahrt bleiben, was eine Einigung schwierig macht. Diese Vorgehensweise erschwert die Berücksichtigung von komplexen Zusammenhängen, da die Fachplanungen Lösungen erarbeitet haben, welche optimal auf ihr eigenes Zielsystem zugeschnitten sind. Deshalb besteht die Gefahr, daß sich insgesamt eine suboptimale Lösung ergibt.

Derartige Planungen erfolgen auf jeder föderalen Ebene. Dabei ist es um so schwieriger, eine Einhaltung der Zielvorgaben nachzuprüfen, je abstrakter die

---

[29] Schönhofer, J., Begriffe ..., A I. (2)

[30] vgl. Maier, J., S.103

zugrunde liegenden Zielvorstellungen sind. So könnte man sagen, daß in den Landesentwicklungsplänen der politische Wille der Entscheidungsträger zum Ausdruck kommt[31] und die Fachplanungen auf der nächsten unteren Ebene eher regional bezogen sind. Erst auf der untersten Ebene, wie der kleinräumig orientierten Landschaftsplanung, sind konkrete und somit auch objektiv nachprüfbare Vorgaben möglich. Deshalb sollte an dieser Stelle auch die Überprüfung der Berücksichtigung von ökologischen Belangen ansetzen. Hierbei ist die Landschaftsplanung von Bedeutung, die im folgenden näher erläutert werden soll.

3. Die Integration ökologischer Belange in die Planung - die Landschaftsplanung

3.1 Aufgaben und Aufbau der Landschaftsplanung

Für die Schaffung gleichwertiger Lebensverhältnisse sind die Regionalplanung sowie die Entwicklungsplanung von Bedeutung. Regionalplanung ist „die übergeordnete, überörtliche und zusammenfassende Planung für das Gebiet einer Planungsregion, die durch weitgehende Beteiligung kommunaler Planungsträger gekennzeichnet ist. Sie konkretisiert die Programme und Pläne der Landesplanung."[32] Entwicklungsplanung läßt sich definieren als „Planung für ein bestimmtes Gebiet, die den Zeitpunkt für die Verwirklichung der vorgesehenen Maßnahmen festlegt und diese mit den vorhandenen und zu erwartenden finanziellen Mitteln abstimmt."[33] In diesen Planungsbereichen sind auch ökologische Aspekte zu berücksichtigen, welche durch die Landschaftsplanung konkretisiert werden.

Die Landschaftsplanung (= landscape planning) ist ein raumbezogenes Planungsinstrument auf gesetzlicher Grundlage zur Verwirklichung der Ziele von Naturschutz und Landschaftspflege. Sie stellt zunächst einmal eine Fachplanung dar, welche man als die am stärksten ökologisch ausgerichtete Planung bezeichnen kann.[34] Sie hat sich vor allem an den durch §§3ff. BNatSchG gesetzten Vorgaben zu orientieren. Ihre originäre Aufgabe besteht darin, Pläne für den Naturschutz, als auch für die freiraumbezogene Erholung zu erstellen. Hierbei muß sie versuchen, diese grundsätzlich gegensätzlichen Interessen zum Ausgleich zu bringen. Gleichzeitig ist sie ein Teil anderer raumwirksamer Planungen. So hat sie zu den oben angesprochenen räumlichen Gesamtplanungen als auch zu anderen Fachplanungen, wie z.B. der Agrar-, Verkehrs- oder Industrieplanung, Beiträge zu leisten. Eine interdisziplinäre Zusammenarbeit zwischen diesen Fachplanungen erweist sich als erforderlich, da diese die zugrunde liegenden Sachverhalte aus ihrer Sicht heraus unterschiedlich einschätzen. Damit weist auch die Landschaftsplanung eine Querschnittsfunktion auf. Die Beziehungen

[31] vgl. Maier, J., S.104
[32] Schönhofer, J.: Begriffe ..., A I. (1)
[33] Schönhofer, J.: Begriffe ..., A I. (1)
[34] vgl. Finke, L., S.190

der Landschaftsplanung zu anderen Planungen zeigt Abb. 2.3. Wesentliche Gegenstände der Landschaftsplanung bilden[35]
a) die Landschaftsstruktur als Art des inneren und äußeren Aufbaus eines Landschaftsraums aus den Landschaftselementen
b) der Landschaftshaushalt als Wirkungsgefüge von biotischen und abiotischen Faktoren einschließlich des Menschen
c) das Landschaftsbild als visuell wahrnehmbares Erscheinungsbild der Landschaft.

Abb. 2.3: Beziehung der Landschaftsplanung zu anderen raumwirksamen Planungen

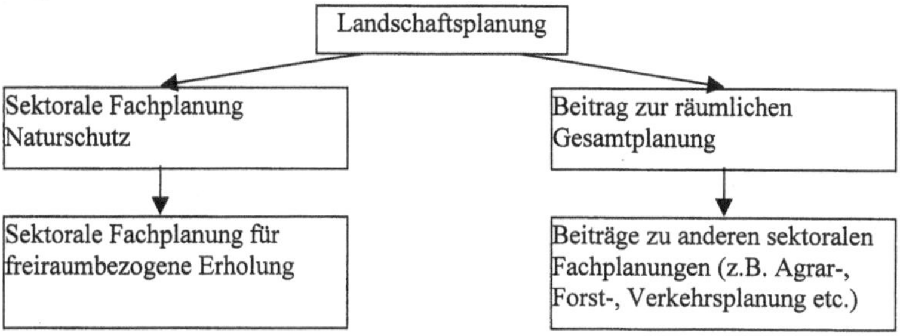

Quelle: Finke, L., S.191

Folgenden allgemeingültigen Leitlinien ist in Landnutzung und Landschaftsplanung Rechnung zu tragen:[36]

- Grundsatz der Zukunftsverantwortung (Altruismus etc.)
- Sicherung der Lebensqualität
- ganzheitliche Landschaftsbetrachtung (Holismus)
- Nachhaltigkeit der Nutzung
- umweltschonende Landnutzung auf der gesamten Fläche
- Vermeidung unnötiger Eingriffe in Natur und Landschaft
- sparsamer Umgang mit Naturressourcen
- optimale Nutzung der Naturraumpotentiale
- Mehrzwecknutzung der Landschaft
- dezentrale Konzentration
- aktive Steuerung der Landschaftsentwicklung

In der Landschaftsplanung erscheint folgende Vorgehensweise erforderlich, wie Abb. 2.4 zeigt. Zunächst einmal ist eine Landschaftsanalyse notwendig, durch welche die Landschaftsstruktur ermittelt wird. Im Anschluß daran wäre eine Landschaftsdiagnose vorzunehmen, in der die Nutzungsansprüche an die

[35] vgl. Bastian, O.; Schreiber, K.-F., S.22
[36] vgl. Bastian, O.; Schreiber, K.-F., S.376f.

Abb. 2.4: Vorgehensweise der Landschaftsplanung

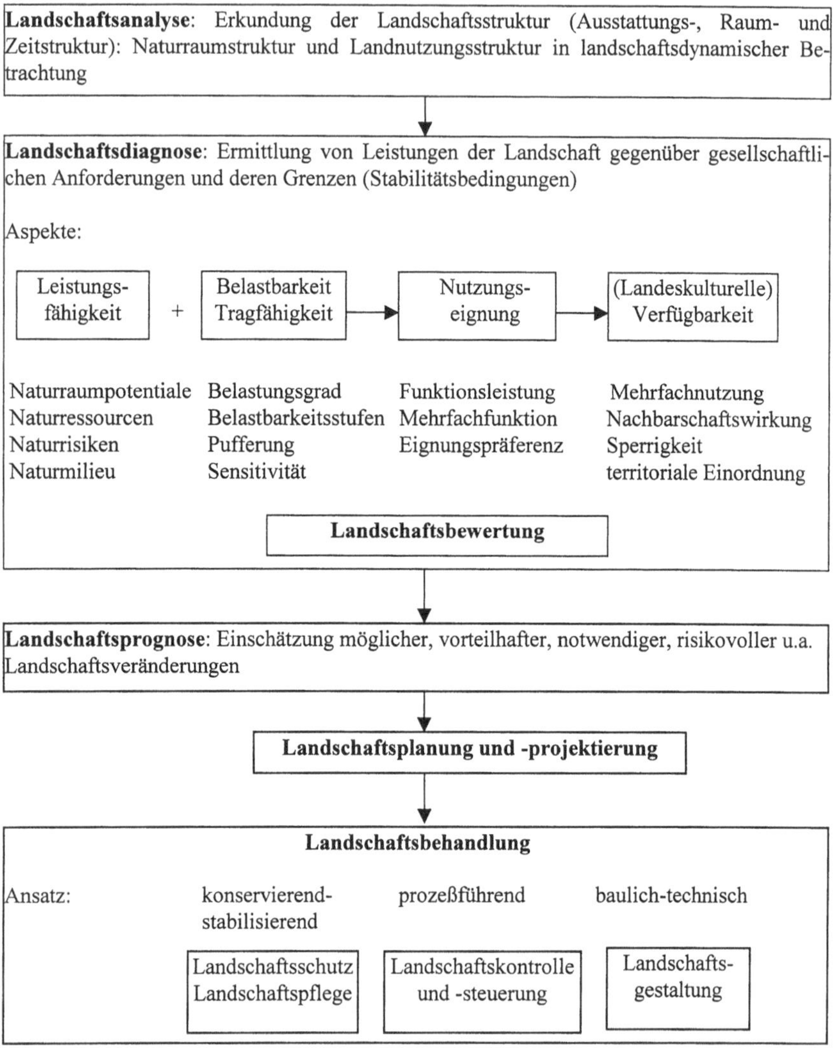

Quelle: Bastian, O.; Schreiber, K.-F., S.33

Landschaft ihrer Leistungsfähigkeit gegenübergestellt werden. Um die Leistungsfähigkeit des Naturhaushalts zu sichern, muß man sich am Potential der Ökosysteme orientieren. Da Ökosysteme eine Vielzahl von Leistungen erbringen, ist das Naturraumpotential in partielle Teilpotentiale aufzuspalten, obwohl diese Potentiale eigentlich nicht isoliert voneinander betrachtet werden können. Man kann folgende Potentiale unterscheiden:[37]

1. Naturschutzpotential
2. Biotisches Ertragspotential
3. Wasserdargebotspotential
4. Entsorgungspotential
5. Biotisches Regulationspotential (= klimatisches Regulationspotential)
6. Bebauungspotential
7. Rekreationspotential (= Erholungspotential)
8. Rohstoffpotential

Um das Potential von Ökosystemen zu bestimmen, werden in der naturschutzfachlichen Bewertung bestimmte Merkmale herangezogen, wie z.B. der Natürlichkeitsgrad, die Artenvielfalt etc. (vgl. Kapitel 3). Nach der Ermittlung der Leistungsfähigkeit der Naturraumpotentiale ist die Belastbarkeit oder Tragfähigkeit des entsprechenden Gebiets zu bestimmen. Diese ist vom Belastungsgrad, den Belastbarkeitsstufen, der Pufferung, sowie der Sensitivität abhängig. Unter dem Begriff der Pufferung versteht man allgemein die Eigenschaft eines Mediums, einer Veränderung Widerstand entgegenzusetzen.[38]

Aus der Leistungsfähigkeit und der Belastbarkeit folgt die Nutzungseignung einer Landschaft für menschliche Aktivitäten. Diese Schritte könnte man dahingehend interpretieren, daß hier das Angebot an Natur festgelegt wird. Nach diesem Angebot haben sich dann die Nutzungsansprüche an die Natur zu richten. Dies erfordert eine Abstimmung zwischen den verschiedenen Nutzungsansprüchen, da in den meisten Fällen eine Mehrfachnutzung von Flächen erfolgt und unterschiedliche Interessen zum Ausgleich zu bringen sind.

In einem nächsten Schritt erfolgt die Landschaftsprognose, bei der eine Einschätzung der Auswirkungen von Landschaftsveränderungen vorgenommen wird. Hierfür stehen mehrere Verfahren zur Verfügung, wie z.B. die ökologische Wirkungsanalyse oder die ökologische Risikoanalyse (siehe Kapitel 3). Danach erfolgen die Phase der Landschaftsplanung und -projektierung, sowie die konkrete Landschaftsbehandlung. Bei der Landschaftsbehandlung läßt sich zwischen einem konservierend-stabilisierenden Ansatz, einem prozeßführenden Ansatz, sowie einem baulich-technischen Ansatz unterscheiden. Dies Ansätze sind jedoch nicht als getrennt voneinander zu betrachten, sondern als komplementäre Vorgehensweisen.

---

[37] vgl. Bierhals, E., S.83f.

[38] vgl. Bastian, O.; Schreiber, K.-F., S.454

Abb. 2.5: Schematische Darstellung der Wirkungsketten zur Ermittlung der landschaftsökologischen Auswirkungen

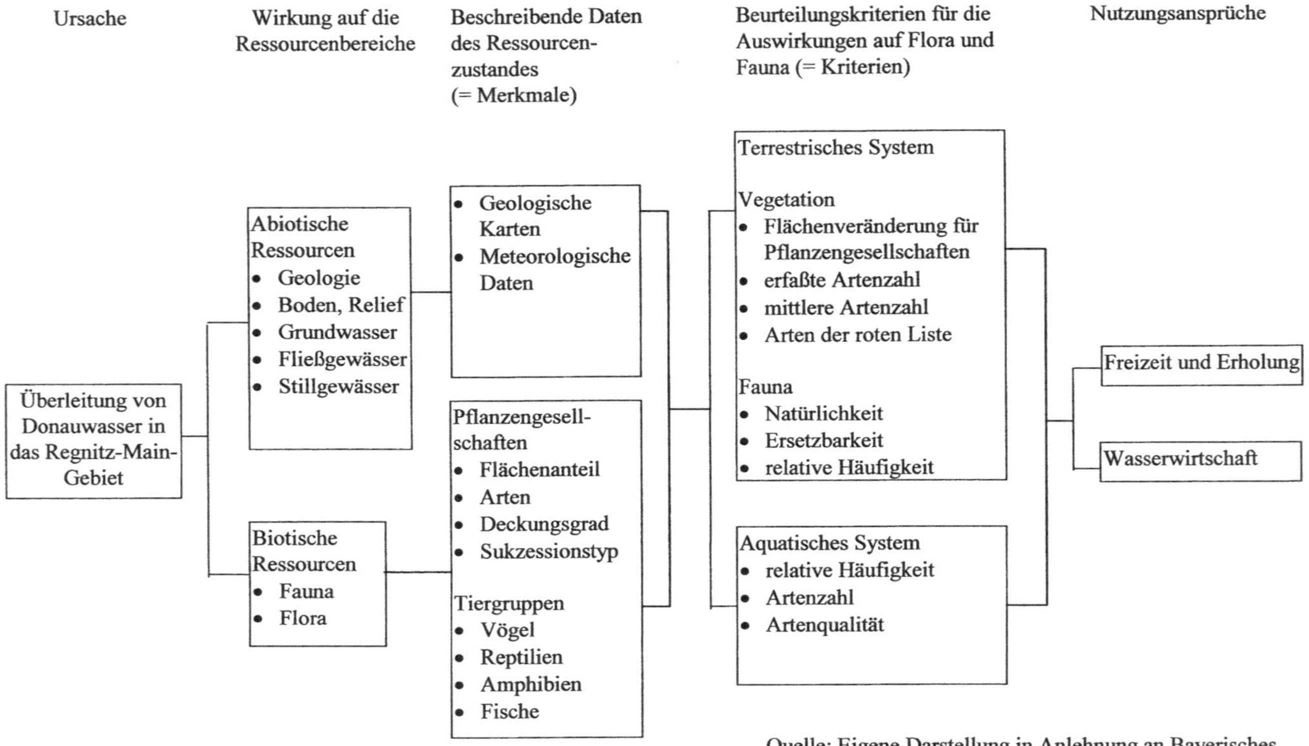

Quelle: Eigene Darstellung in Anlehnung an Bayerisches Landesamt für Wasserwirtschaft, S.64

Landschaftsschutz und Landschaftspflege beinhalten Elemente des Naturschutzes, Landschaftskontrolle und Landschaftssteuerung zielen darauf ab, die freie Entwicklung von Ökosystemen in Form der Sukzession zu sichern, wohingegen in der Landschaftsgestaltung neben funktionalen Aspekten auch ästhetische Komponenten berücksichtigt werden können. Wichtig erscheint hierbei auch die Identifikation von Wirkungsketten. Wie dies für das Neue Fränkische Seenland aussehen würde, zeigt Abb. 2.5.

3.2 Räumliche Einheiten der Landschaftsplanung

3.2.1 Abgrenzung und Verbund räumlicher ökologischer Einheiten

Das Ziel der Landschaftsökologie besteht in der Erfassung des räumlichen Verteilungsmusters der real in der Landschaft vorkommenden Ökosysteme.[39] Das Ökosystem bildet die grundlegende Einheit für biologische Analysen. Die kleinste landschaftsökologische Raumeinheit mit gleichartigen ökologischen Bedingungen bezeichnet man als Ökotop.[40] Die Ökotope umfassen die Biotope mit den zugehörigen Biozönosen.[41] Ein Biotop ist definiert als ein „abgrenzbarer Lebensraum bzw. Lebensstätte einer spezifischen Lebensgemeinschaft von Pflanzen und Tieren, die durch einheitliche Lebensbedingungen gekennzeichnet sind."[42] Es bildet somit die Lebensstätte einer Organismengemeinschaft von bestimmter Mindestgröße und einheitlicher, gegenüber seiner Umgebung abgrenzbarer Beschaffenheit. Der Begriff der Biozönose beschreibt die Gesamtheit der Pflanzen- und Tierwelt in einem Lebensraum.[43]

Für die Untersuchung eines Ökosystems ist es zunächst einmal notwendig, den Untersuchungsraum abzugrenzen. Es gibt grundsätzlich drei verschiedene Möglichkeiten, um Raumeinheiten zu bilden:[44] Dies sind die Einteilung gemäß dem Homogenitätsprinzip, dem Funktionalprinzip, sowie dem administrativen Prinzip. Beim Homogenitätsprinzip werden die Räume dergestalt in Klassen eingeteilt, so daß sie eines oder auch verschiedene Merkmale gemeinsam aufweisen. Beim Funktionalprinzip versucht man, die Verflechtungen und Abhängigkeiten der verschiedenen Gebiete untereinander erkennbar zu machen. Ein Beispiel für eine solche Untergliederung wären die Arbeitsmarktregionen von Klemmer. Das administrative Prinzip beinhaltet eine Untergliederung der Gebiete in einzelne Verwaltungseinheiten, welche dann analysiert werden. Das administrative Prinzip stellt das dominante Prinzip in der Raumordnung und Raumplanung dar, da eine Orientierung an den Verwaltungseinheiten zwei Vorteile aufweist. Zum einen liegen in der Regel nur Daten für die administrati-

---

[39] vgl. Finke, L., S.86

[40] vgl. Bastian, O.; Schreiber, K.-F., S.453

[41] vgl. Wittig, R., S.87

[42] Bastian, O.; Schreiber, K.-F., S.444

[43] vgl. Wittig, R., S.89

[44] vgl. Nijkamp, P.; Mills, E., S.2

ven Einheiten vor, zum anderen sichern diese administrativen Einheiten, daß konkrete Ansprechpartner zur Verfügung stehen, die auch mit den notwendigen Kompetenzen ausgestattet sind.

Im Hinblick auf die Ökosysteme wäre es ebenso wie für andere Belange der Regionalökonomie sinnvoll, eine räumliche Abgrenzung zu wählen, welche die funktionalen Verflechtungen der Teilräume untereinander ausreichend berücksichtigt. Nur diese Einteilung kann den ökologischen Erfordernissen gerecht werden, da Eingriffe in diese Systeme nicht vor administrativen Grenzen halt machen, sondern auch Auswirkungen auf die angrenzenden Verwaltungseinheiten haben. Die klassischen ökologischen Raumgliederungen sind jedoch überwiegend an strukturellen Merkmalen (z.B. Vorhandensein von seltenen Arten) ausgerichtet und folgen dem Homogenitätsprinzip.

Wie bereits erwähnt, kommt es vor allem durch den Rückgang von Schutzflächen zu einem Artenrückgang. So haben die Eingriffe des Menschen in Ökosysteme zur Verinselung geführt. Das bedeutet, daß zwar noch Flächen für den Naturschutz vorhanden sind, diese jedoch zu weit auseinandergezogen sind, als daß diese Flächen bei einer versuchten Wanderung von den Tierarten auch erreicht werden könnten. Deshalb muß versucht werden, Biotope wieder miteinander zu verbinden und somit integrierte Schutzgebietsysteme zu schaffen. Hierbei kann man zwischen dem Biotopverbund und der Biotopvernetzung unterscheiden.[45] Ein Biotopverbund stellt den flächenbezogenen Kontakt zwischen den einzelnen Biotopen dar, Biotopvernetzung hingegen bezieht sich auf die Beziehung der Organismen innerhalb und zwischen den Lebensräumen. Die Verbindungsglieder zwischen den einzelnen Systemen werden als Biokorridore bezeichnet.[46] Ein Hilfsmittel für die Ermittlung von solchen Beziehungen stellt die bereits praktizierte "Biotopkartierung" dar.

Die Versuche, den Flächenanspruch für Naturschutzgebiete zu quantifizieren, beruhen auf der von MacArthur und Wilson (1967) entwickelten Theorie der Inselbiogeographie. Diese besagt, daß mit zunehmender Flächengröße einer Insel die Artenzahl ansteigt. Andererseits existieren auch Untersuchungen, die zeigten, daß die Artenzahl höher lag, wenn diese Gesamtfläche in einzelne Teilflächen aufgespalten war. Diese Diskussion ist in der Literatur als die SLOSS-Debatte (<u>S</u>ingle <u>L</u>arge <u>O</u>r <u>S</u>everal <u>S</u>mall) bekannt.[47] Eine eindeutige Antwort auf diese Frage kann die Theorie der Inselbiogeographie aus verschiedenen Gründen, von denen hier nur die wichtigsten genannt werden sollen, nicht geben. Zunächst einmal beziehen sich die Untersuchungen auf verschiedene Gebiete, die nicht identisch sind. Auch kann es sein, daß zwar mehr Arten in verschiedenen

---

[45] vgl. Kaule, G., S.375
[46] vgl. Bastian, O.; Schreiber, K.-F., S.292
[47] Eine empirische Überprüfung führt Simberloff, D., S.281ff.

kleinen Gebieten vorkommen, jedoch Arten, die geschützt werden sollen, nur in den größeren Gebieten (dies würde z.B. auf Beutegreifer zutreffen, die einen größeren Lebensraum benötigen). Zudem ist nicht nur die Zahl der Arten relevant, sondern auch deren Populationsgröße. In einem kleinen Gebiet kann es durchaus sein, daß diese auf lange Sicht nicht stabil ist, so daß die Art längerfristig verschwindet.

Ein quantitativer Flächenbedarf läßt sich aus dem Konzept der Populationsgefährdungsanalyse (Population Vulnerability Analysis = PVA) ableiten, welches in Mitteleuropa noch nicht angewandt wurde.[48] Dieses Konzept basiert darauf, für einen jeden Bestand eine bestimmte Mindestgröße (Minimum Viable Population = MVP) zu bestimmen, die nicht unterschritten werden darf, was sinngemäß einem „safe minimum standard“ entspricht. Das Überleben von Populationen ist gemäß der MVP von demographischen Zufallsprozessen, zufälligen Schwankungen der Umwelt, von Naturkatastrophen sowie von genetischen Zufallsprozessen abhängig. Einen wesentlichen Bestandteil dieses Konzepts bilden die sogenannten Metapopulationen. Unter einer Metapopulation versteht man eine Anzahl von Teilpopulationen, welche einen geringen Vernetzungsgrad aufweisen.[49] Dadurch kann ein Austausch von Individuen zwischen den einzelnen Populationen erfolgen. Dies bringt mehrere Vorteile mit sich. So kann ein Verlust von genetischer Variation (= Drift) verhindert sowie zu hohe Inzucht vermieden werden, was die Bestände weniger anfälliger gegen exogene Einflüsse macht. Zum anderen verringert das Auseinanderliegen der Gebiete das Risiko einer kompletten Auslöschung einer Art.

Ehe man eine solche Verbindung von Lebensräumen durchführt, sollte man sich darüber im klaren sein, was man damit eigentlich erreichen möchte. In der Praxis werden hierbei häufig schematisch Tümpel oder Hecken angelegt, um solch eine „ökologische Vernetzung“ zu erreichen. Dabei sollten auch kulturhistorische und landschaftsästhetische Gesichtspunkte berücksichtigt werden.

Für die Schaffung integrierter Schutzgebietsysteme können folgende Notwendigkeiten abgeleitet werden:[50]

a) Erweiterung der Arealgröße

Die für den Natuschutz vorgesehenen Ausgleichsflächen sind nicht ausreichend. Erschwerend kommt noch hinzu, daß aus tatsächlichen oder vermeintlichen ökonomischen Zwängen bereits für den Naturschutz ausgewiesene Flächen immer wieder durch eine Art „Salami-Taktik“ verkleinert wurden, bis sie diese Funktion nicht mehr erfüllen konnten. Diese Entwicklung kann auch durch den §8 BNatSchG nicht aufgehalten werden, wenn der Eingriff im Rang vorgeht und

48 vgl. Kaule, G., S.373ff.
49 vgl. Kaule, G., S.375
50 vgl. Heydemann, B., S.97

anstelle einer Ausgleichsmaßnahme durch die entscheidende Behörde eine Ausgleichszahlung festgelegt wurde. Auf der oberen Ebene stehen die ökonomischen und die ökologischen Zielvorstellungen formal gleichberechtigt nebeneinander. Auf der unteren Ebene, auf der die konkrete Umsetzung der Vorhaben zu erfolgen hat, werden die ökologischen Vorgaben oft aufgeweicht. So werden häufig Landschaftspläne genehmigt, selbst wenn diese im Grunde fachlich nicht mehr zu vertreten sind.[51] Eine Möglichkeit dies zu verhindern, bestünde in der Einrichtung eines „Flächenkontos", durch welches ein Mindestbestand an Schutzgebieten sichergestellt werden kann. Ein zeitweiliges Unterschreiten dieses Mindestbestands verbunden mit Funktionsverlusten könnte zugelassen werden, wenn im folgenden wieder Naturschutzgebiete ausgewiesen werden.

b) Aufbau ökologisch ähnlicher Biotope in unmittelbarer Nähe
Hierdurch könnte man einen Biotopverbund zwischen den einzeln im Raum verteilten Biotopen herstellen und zu einer erhöhten Stabilität beitragen.

c) Förderungen von Sukzessionen von ganzen Ökosystemketten
Damit soll eine ökologische Zonierung geschaffen werden, was dem Mosaik-Zyklus-Konzept entsprechen würde (vgl. Kapitel 1).

d) Schaffung von Kleinbiotopen ohne räumlichen Kontakt, jedoch in höherer Punktdichte
Eine Biotopvernetzung soll insbesondere in Gebieten angestrebt werden, die in hohem Maße durch den Menschen genutzt werden, so daß auch hier ein Erhalt von Arten oder auch eine Neuansiedlung erreicht werden kann.

e) Schaffung von Pufferzonen zum Schutz der Biotope
Damit soll der „Kernbereich" von Ökosystemen vor menschlichen Eingriffen geschützt werden. Jedoch ist darauf zu achten, daß die Verbindung zu benachbarten Ökosystemen erhalten bleibt.

Da diese Verflechtungen in der Realität ziemlich schwer zu bestimmen sind, wurde versucht, für bestimmte Biotoptypen und einzelne Arten Minimalareale und maximale Abstände zwischen den einzelnen Lebensräumen zu definieren. Vorschläge für die jeweilige Größe von solchen Gebieten gibt Abb. 2.6.

Einzelne Räume weisen unterschiedliche Potentiale für bestimmte Aktivitäten auf, was durch die natürliche Ausstattung bedingt ist. Die menschlichen Aktivitäten sind auf diese Ausstattung dergestalt abzustimmen, daß diese Potentiale weitestgehend erhalten bleiben. Deshalb ist es notwendig, ein Konzept zu entwickeln, in denen sowohl den menschlichen Bedürfnissen als auch dem weitge-

[51] vgl. Kaule, G., S.365

henden Erhalt der Ökosysteme entsprochen wird. Einen Ansatz hierfür liefert das Modell der differenzierten Landnutzung von Haber.

Abb. 2.6: Minimalareale und maximale Abstände von Ökosystemtypen sowie kritische Populationsgrößen von Organismen

Biotoptyp / Arten	Minimalareal des Ökosystemtyps	Minimalareal Brutpaar	Notwendige Populationsgröße	Minimalareal der Population	Maximaler Abstand der Teilflächen	Maximaler Abstand der Minimalareale der Populationen
Stillgewässer (Teiche, Tümpel, Seen) Amphibien	$10m^2$ - 1 ha		100	$100m^2$	wenige 100m	2-3km
Fließgewässer (Eisvogel, Wasseramsel, Gebirgsstelze, Fische)	5-10km			5-10km (Länge)	5km	5km

Quelle: vereinfachte Darstellung nach Bastian, O.; Schreiber, K.-F., S.290

3.2.2 Das Modell der differenzierten Landnutzung

Viele Umweltprobleme beruhen darauf, daß in der Raum- und Umweltplanung zwar versucht wird, den Ansprüchen der Gesellschaft so weit als möglich zu entsprechen, hierbei jedoch die Potentiale des Naturhaushalts nicht ausreichend berücksichtigt wurden. Durch die zunehmenden Verdichtungsprozesse, die wachsenden Umweltprobleme vor allem in den Verdichtungsräumen, sowie eine zunehmend intensiver betriebene Landwirtschaft haben sich in der Realität drei räumliche Funktionstypen herausgebildet:[52]

1. Verdichtungsräume und Verdichtungsbänder
2. Agrarische Vorranggebiete mit hochrationalisierter Produktion
3. Agrarische Problem- und Rezessionsgebiete mit ungünstigen Bedingungen und vielfach erhaltener vorindustrieller Landschaftsstruktur, die häufig für Kurz- und Ferienaufenthalte genutzt wurden.

[52] vgl. Buchwald, K., S.12f.

Diese Entwicklungen führten zur Konzeption eines ökologisch orientierten Raumnutzungsmodells. Hierbei wird berücksichtigt, daß das gesellschaftliche System einen Teil des Gesamtsystems bildet, mit dem es in Wechselbeziehungen steht. Das gesellschaftliche System und seine Subsysteme (z.B. Landwirtschaft oder Siedlungsflächen) sind durch monostrukturierte und intensive Raumnutzung gekennzeichnet.[53]

Grundlegend für das Konzept der differenzierten Landnutzung ist die Untergliederung gemäß Odum (1969), der zwischen produktiven und protektiven Ökosystemen unterschied.[54] Die Grundidee des Konzepts der differenzierten Landnutzung besteht darin, durch Ausnutzung der Regelungsmechanismen der Ökosysteme ein stabiles und dauerhaftes Gleichgewicht zu erreichen. Deshalb ist in der Raumnutzung eine hohe funktionale und strukturelle Vielfalt anzustreben, welche durch einen möglichst kleinräumigen Wechsel verschiedener Nutzungsarten und -intensitäten erreicht werden soll. Ein solches räumliches Nutzungsmuster ergibt sich durch die Anordnung von vier Schwerpunktnutzungstypen:[55]

1. Der Typ einer vorwiegend städtisch-industriellen Nutzung
2. Der Typ vorwiegend landwirtschaftlicher Nutzung (u.a. mit Vorranggebieten für die Landwirtschaft)
3. Der Typ mit vorwiegenden Ausgleichsfunktionen (Landschaftsräume der Naturparks sowie landwirtschaftliche Problemgebiete)
4. Der Typ mit vorwiegenden Schutzfunktionen (ruhende oder stark reduzierte wirtschaftliche Nutzung, wie in Naturschutzgebieten und Räumen ähnlicher Schutzkategorien).

Der Typ der städtisch-industriellen Nutzung ist ein stark anthropogen beeinflußtes System, welches in die Kategorie naturfern einzuordnen ist. Er stützt sich vor allem auf die Nutzung von fossilen Energien, wodurch in Form von Abfallprodukten auch hohe Belastungen auf die umliegenden Gebiete ausgehen. Auch in diesem Typ befinden sich ökologische Ausgleichsflächen, wie z.B. Grünanlagen, welche jedoch künstlich angelegt und auch reguliert werden.

Der Raumtyp mit vorwiegend landwirtschaftlicher Nutzung besteht aus Agrarökosystemen, welche ebenfalls künstlich reguliert werden (z.B. in Form von Düngung oder Bewässerung) und ebenfalls als eher naturfern einzustufen sind. Durch diese Regulierungen gehen von diesem Typ ebenfalls Belastungen aus. Die intensive Nutzung führt dazu, daß diese Gebiete stark monostrukturiert sind und sowohl in ökologischer als auch ästhetischer Hinsicht nur eine geringe Vielfalt aufweisen.

---

[53] vgl. Barth, H.-G., S.312
[54] vgl. Haber, W., S.57
[55] vgl. Buchwald, K., S.12

Der Typ mit vorwiegenden Ausgleichsfunktionen besteht aus naturnahen und natürlichen Agrar- und Forstökosystemen. Da hier keine intensive Nutzung durch den Menschen erfolgt, sind diese Gebiete lediglich gering belastet. Dieser Typ bildet den wichtigsten Bestandteil im Rahmen des Konzepts. Der Typ mit vorwiegenden Schutzfunktionen besteht ebenfalls aus naturnahen oder natürlichen Ökosystemen. Da in diesen Bereichen die Nutzung untersagt ist, gehen von diesen Systemen keine Belastungen auf die umliegenden Systeme aus, jedoch können sie selbst einer Belastung unterliegen. Die Typen 3 und 4 weisen für die Typen 1 und 2 eine Zuliefer- und Ausgleichsfunktion auf. Es kommt also darauf an, diese verschiedenen Nutzungsformen so miteinander zu verknüpfen, daß sie sich gegenseitig ergänzen. Dies gilt für alle räumlichen Verbindungen auf jeder Ebene. Zu ergänzen ist dieses Konzept durch eine Ausdehnung von ökologischen Vorranggebieten innerhalb der Typen 1 und 2.[56]

3.3 Vorgeschlagene Mindestgrößen

Nach Schätzungen von Haber sollten ca. 12,5% der Agrarfläche für den Naturschutz zur Verfügung stehen.[57] In Deutschland sind lediglich zwischen 1% bis 3% der Flächen in einem Zustand, der die Anforderungen für eine Ausweisung als Naturschutzgebiet erfüllt. Ein Teil dieser Flächen muß auch formal als Schutzgebiet ausgewiesen oder durch Ankauf in den Besitz des Naturschutz übergeführt werden. Denkbar wäre hier auch ein Erwerb von Flächen von privater Seite.

Die Frage nach der erforderlichen Größe und den Mindestabständen (Vernetzung der Biotope) kann nur im Einzelfall und nicht pauschal beantwortet werden. Für natürliche Ökosysteme (z.B. ein Gebirgsmassiv) stellt sich diese Frage nicht, weil sie durch ihre geographische Lage festgelegt sind. Bei Ausgleichsflächen für Nutzökosysteme ist dies jedoch anders. Bereits bei einer Gebietsgröße von 10 ha werden viele höhere Pflanzenarten und kleine Tierarten erfaßt. In einem relativ homogenen Gebietstyp kommen bei zunehmender Fläche nur noch verhältnismäßig wenig Arten hinzu. Diese Gebietsgröße sollte jedoch nicht als Idealgröße, sondern als Untergrenze betrachtet werden. Neben der Fläche für die Ökosysteme selbst sind noch zusätzliche Pufferzonen einzurichten, um mögliche exogene Schocks bereits im Vorfeld abzufedern. Bei der Vegetation sollte eine Größe von 50 bis 100 ha nicht unterschritten werden, bei den Populationen wären bis zu 10.000 ha erforderlich, wenn man sich an der Spitze der Nahrungskette orientieren würde.[58] Problematisch hieran erscheint, daß Gebiete in einer solchen Größenordnung in der dichtbesiedelten Landschaft nicht ausgewiesen werden können, so daß man sich aus pragmatischen Gründen auf den Schutz von Teilbiotopen konzentrieren muß.

---

[56] vgl. Buchwald, K., S.16

[57] vgl. Kaule, G., S.368

[58] vgl. Kaule, G., S.370

Im folgenden Abschnitt soll untersucht werden, wie diese eher kleinräumigen Lösungen in einen größeren Rahmen integriert werden können, da man Optimallösungen für die gesamte Fläche anstreben muß, und inwiefern die vorher angesprochenen Aspekte in regionale Entwicklungskonzeptionen integriert werden können.

II. Ökologie und regionalpolitische Entwicklungskonzeptionen

1. Verträglichkeit regionalpolitischer Entwicklungskonzeptionen mit ökologischen Belangen

1.1 Leitbilder einer räumlichen Ordnung

Man kann drei verschiedene Leitbilder einer räumlichen Ordnung in der Raumordnungspolitik bzw. der Regionalpolitik unterscheiden:

a) Das Konzept der ausgeglichenen Funktionsräume

Im Rahmen dieses Konzepts, welches sowohl durch das BROP als auch die meisten Landesentwicklungspläne propagiert wird, sollen Arbeitsmarktregionen und Erholungsgebiete zu einem ausgeglichenen Raum verbunden werden. Arbeitsmarktregionen sollen eine gewisse Agglomerationsgröße aufweisen, um dadurch entstehende Skalenvorteile ausnutzen zu können. Dahinter steht die Idee eines sogenannten Ballungsoptimums.[59] Hierbei wird unterstellt, daß zunächst positive Externalitäten, nach Überschreiten des Ballungsoptimums negative Externalitäten auftreten. Die positiven Externalitäten kann man in interne Ersparnisse (economies of large scale), externe Ersparnisse, sowie Fühlungsvorteile untergliedern. Interne Ersparnisse entstehen in Folge von Größendegressionen bei der Produktion, da hier zunehmende Skalenerträge auftreten können. Externe Ersparnisse umfassen zum einen Lokalisationsvorteile, zum anderen Urbanisationsvorteile. Fühlungsvorteile bezeichnet man als Vorteile, die aus den verbesserten Kontakt- und Informationsmöglichkeiten bei räumlicher Nähe entstehen.[60] Die negativen Externalitäten äußern sich hauptsächlich in einer Verschlechterung der Umweltqualität, wenn das Ballungsoptimum überschritten ist. Die Verdichtungsräume sollten von den Erholungsgebieten so weit entfernt sein, daß sie in einer angemessenen Zeit erreicht werden können. An die Gestaltung solcher Funktionsräume wären bestimmte Anforderungen zu richten. So sollte

- die Höchstentfernung innerhalb des Funktionsraums ca. 60 bis 90 Minuten Fahrzeit mit dem PKW
- die Untergrenze der Bevölkerung bei ca. 500.000 Einwohnern
- die Untergrenze der Arbeitsplatzkonzentration zwischen 100.000-200.000 Arbeitsplätzen

liegen.[61]

---

[59] vgl. Eckey, H.-F., S.71f.

[60] vgl. Fürst. D.; Klemmer, P.; Zimmermann, K., S.9f.

[61] vgl. Buchwald, K., S.19

b) Das Konzept der großräumigen funktionalen Arbeitsteilung (Vorranggebiete)

Funktionale Regionen bedeutet, daß zwischen verschiedenen Raumpunkten Austauschbeziehungen bestehen.[62] Bei diesem Konzept werden nicht alle Funktionen in einem Teilgebiet erfüllt, sondern ein Teilraum übernimmt auch Funktionen für einen anderen. Beispielsweise könnte ein Teilraum über entwickelte Agglomerationen verfügen und für die Bewohner eines anderen Teilraums Arbeitsplätze zur Verfügung stellen. Dieser wiederum würde die Agglomeration mit anderen Leistungen versorgen, wie z.B. die Lieferung von Trinkwasser oder als Anbieter von Erholungsleistungen. Übertragen auf ökologische Belange bedeutet dies, daß Vorranggebiete für bestimmte Nutzungen geschaffen werden, welche Funktionen für einen größeren Gesamtraum übernehmen sollen. Vorranggebiet bedeutet nicht, daß hier nur eine oder wenige Nutzungen des Raums möglich sind, sondern daß keine Aktivitäten erlaubt sind, welche diese Vorrangfunktion gefährden könnten. Wird ein Gebiet als ökologisches Vorranggebiet eingestuft, bedeutet dies die Einschränkung hinsichtlich seiner ökonomischen Entwicklung. Deshalb ist darauf zu achten, daß diese Gebiete für diesen Verzicht kompensiert werden, was letztlich einer Art Finanzausgleich in räumlicher Hinsicht nahekommt.

c) Das Konzept der passiven Sanierung

Regionalpolitik kann man in Form einer passiven oder aktiven Sanierung betreiben. Aktive Sanierung bedeutet, daß man in der wirtschaftlichen Entwicklung zurückgebliebene Regionen aktiv unterstützt, wohingegen bei der passiven Sanierung eine Region sich selbst überlassen bleibt, was zu einer Abwanderung der Bevölkerung in besser entwickelte Regionen führt. Die Produktionsfaktoren (vor allem der Faktor Arbeit) sollen dorthin wandern, wo sie die höchste Grenzproduktivität aufweisen und somit zur Maximierung des gesamtwirtschaftlichen Wachstums beitragen. Damit würde man jedoch eine Entleerung von Gebietsteilen in Kauf nehmen und die Disparitäten noch weiter verstärken[63], was gesellschaftlich unerwünscht ist. Diese Entleerung, die man auch als „soziale Erosion“ bezeichnen kann, würde vor allem den Wegzug der jüngeren Bevölkerungsteile bedeuten. Aus diesem Grund wird durch aktive Sanierung versucht, in der Entwicklung zurückgebliebene Teile durch aktive Förderung an das Niveau der besser gestellten Regionen heranzuführen. Eine passive Sanierung wäre auch aus ökologischer Sicht nicht anzuraten, da dies eine zunehmende Verdichtung zur Folge haben würde, so daß die Umweltbelastungen in den Agglomerationen übermäßig ansteigen würde, was mögliche Skalenvorteile aufwiegen dürfte.

---

[62] vgl. Eckey, H., S.88

[63] vgl. Eckey, H., S.86

1.2 Potentialorientierung in der Regionalökonomie

Ökologische Aspekte sind untrennbar mit anderen sozio-ökonomischen Entwicklungen verbunden. Diese Zusammenhänge können durch Abbildung 2.7 verdeutlicht werden.[64]

Gegeben sind die beiden Regionen r und s, innerhalb derer wirtschaftliche Aktivitäten L (landwirtschaftliche Produktion) und G (gewerbliche Nutzung) stattfinden. Die Proportionen $X_L^r(t)/X_G^r(t)$ und $X_L^s(t)/X_G^s(t)$ geben die Nutzungsstruktur in der Periode t innerhalb einer Region an. Die Proportionen $X_L^r(t)/X_L^s(t)$ und $X_G^r(t)/X_G^s(t)$ beschreiben die Raum- und Siedlungsstruktur der beiden Regionen. Man kann nun zeigen, daß Nutzungsstruktur sowie Raum- und Siedlungsstruktur untrennbar miteinander verknüpft sind, und eine Nutzungsänderung in der Periode (t+1) beide Strukturen verändert. Würde z.B. die gewerbliche Nutzung in Region r zunehmen, würde sich die Nutzungsstruktur der Region r verändern, gleichzeitig aber auch die Raum- und Siedlungsstruktur des Gesamtraums. Werden in einer Region beide Nutzungsarten betrieben, so bezeichnet man diese als „ausgeglichenen" Funktionsraum. Dies wird für die Region r durch den Punkt Z dargestellt.

Abb. 2.7: Zusammenhang zwischen Raumstruktur und Funktionsstruktur

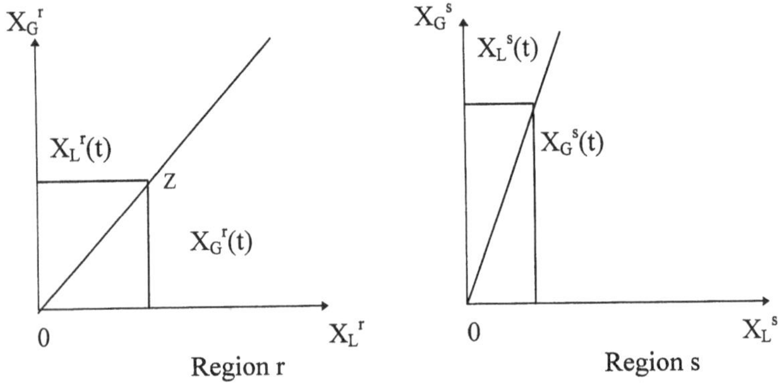

Quelle: Thoss, R., S.175

Über die Berücksichtigung ökologischer Belange werden im Rahmen der vorher erläuterten Konzeptionen keine oder lediglich sehr abstrakte Aussagen getroffen. Konkrete Ansatzpunkte wie diese zu berücksichtigen sind, finden sich jedoch nicht. Etwas weiterführend erscheint eine Ausrichtung der Raumplanung auf vorhandene Potentiale.[65] Hierbei kann man unterscheiden in ein Umweltpo-

[64] vgl. Thoss, R., S.174

[65] Zur Potentialorientierung in der Regionalpolitik vgl. auch Biehl (1975)

tential (U), ein Potential an Infrastruktur (Q) und in das private Faktorpotential (P). Diese Potentiale werden einer vorhandenen Nachfrage (N_G, N_L) gegenübergestellt. Innerhalb dieser Potentiale bestimmt die tatsächliche Nachfrage nach diesen Leistungen die wirtschaftliche Aktivität. Überschreitet die Nachfrage jedoch eines dieser Potentiale, tritt ein Engpaß auf. Eine solche Untergliederung ist für jede Region vorzunehmen, da die Größe der Potentiale jeweils unterschiedlich ist und bestimmte Nutzungsarten daher von vornherein ausscheiden. Dies zeigt Abb. 2.8.

In der Region r stellt die längs schraffierte Fläche die Begrenzung der Potentiale dar. Die vorhandene Nachfrage beträgt $N_G^r(t)$ und $N_L^r(t)$. In diesem Fall stellt das Umweltpotential $U^r(t)$, welches in der Graphik durch die dick schraffierte Linie dargestellt wird, den begrenzenden Faktor dar, wenn man davon ausgeht, daß dessen Leistungen nicht ohne weiteres substituiert werden können. In der Region s sind bei einer Nachfrage von $N_L^s(t)$ und $N_G^s(t)$ alle Potentiale in ausreichender Menge vorhanden, so daß einer Entwicklung der Region von der Angebotsseite her nichts im Wege steht. Bei einer Erhöhung der wirtschaftlichen Aktivität in der Region r müßte deren Umweltpotential erhöht werden. Dies könnte z.B. durch den Bau von Entsorgungseinrichtungen, wie z.B. Schadstoffilter oder Kläranlagen erreicht werden.

Abb. 2.8: Potentiale einer Region

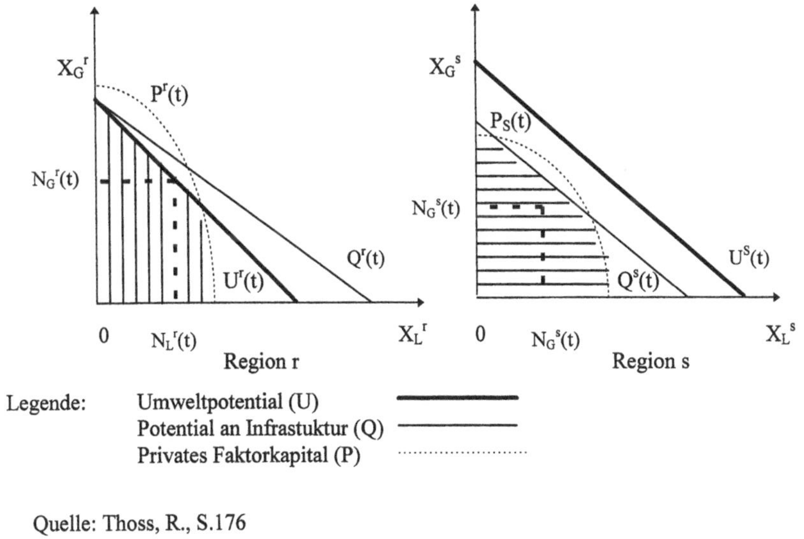

Quelle: Thoss, R., S.176

Eine Lenkung privatwirtschaftlicher Aktivitäten in und innerhalb bestimmter Teilgebiete wäre durch finanzielle Anreize möglich.[66] Diese Vorgehensweise wird bei der Förderung der wirtschaftlichen Entwicklung schon seit langem praktiziert. Grundsätzlich könnte man dies auch im Hinblick auf die Berücksichtigung ökologischer Belange anwenden. So könnten staatliche Aufträge bevorzugt in solche Regionen vergeben werden, in denen Umweltpotential in ausreichender Menge vorhanden ist, bzw. eine konsequente Erhaltung desselben verfolgt wird. Diese Strategie ist jedoch nur geeignet, falls in dieser Region auch geeignete Anbieter vorhanden sind. Bei relativ kleinen und gering entwickelten Regionen ist dies häufig nicht gegeben, so daß Anbieter von außerhalb mit Aufträgen betraut werden müssen, bei denen dann die Einkommen anfallen.

Gemäß den im vorherigen Abschnitt erläuterten Zielvorstellungen der Raumordnung sollen in allen Teilgebieten gleichwertige Lebensverhältnisse hergestellt werden. Hierfür existieren verschiedene Ansatzpunkte für eine regionale Entwicklung, innerhalb derer verschiedene Instrumente entweder einzeln oder in einem Instrumentenmix Anwendung finden. Im folgenden soll untersucht werden, inwieweit diese theoretischen Ansätze auf die Entwicklung des Neuen Fränkischen Seenlands angewandt werden können.

2. Ansatzpunkte und Instrumente für eine regionale Entwicklung des Neuen Fränkischen Seenlands

Die ökonomische Theorie sieht drei wesentliche Ansatzpunkte für regionalpolitische Maßnahmen. Dies sind die Siedlungsstruktur, die Sektorstruktur und die Infrastruktur. Die in der Abb. 2.9 kursiv hervorgehobenen Ansatzpunkte sollen im folgenden kurz erläutert werden, da diese mit dem Überleitungsprojekt in Zusammenhang zu bringen sind.

2.1 Entwicklung der Siedlungsstruktur

In der Wirtschaftstheorie wird häufig die räumliche Verteilung der wirtschaftlichen Akteure im Raum nicht berücksichtigt, sondern es erfolgt eine Abstraktion, indem man Länder oder Regionen als Punkte betrachtet.[67] Eine Fläche ist jedoch nicht völlig homogen, so daß wirtschaftliche Aktivitäten nicht gleich verteilt im Raum ablaufen, sondern sich Verdichtungsräume (= Agglomerationen) und Freiräume bilden. Bedingt sein kann dies z.B. durch natürliche Gegebenheiten (z.B. Rohstoffvorkommen oder Verkehrswege) oder durch frühere Fördermaßnahmen. So können tatsächliche oder auch nur vermeintliche Fehlentwicklungen auftreten, welche durch Eingriffe des Staates korrigiert werden sollen.

---

[66] vgl. Klaus, J.; Schleicher, H., S.25

[67] Ein Beispiel hierfür wäre das Heckscher-Ohlin-Modell der Außenhandelstheorie.

Abb. 2.9: Ansatzpunkte regionalpolitischer Maßnahmen

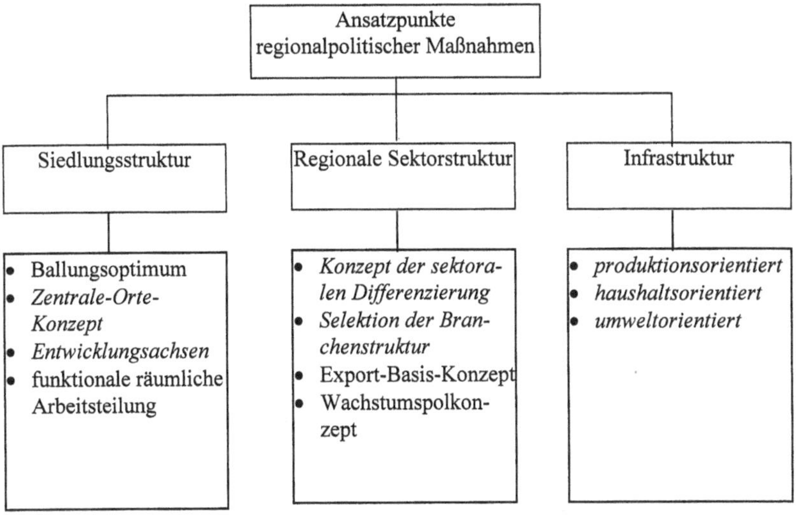

Quelle: Darstellung nach Klaus, J.; Schleicher, H., S.27ff.

Das Bayerische Landesentwicklungsprogramm zielt darauf ab, ein System von Zentralen Orten im Sinne von Christaller zu schaffen, "die in zumutbarer Entfernung liegen", wobei dieser Terminus nicht näher definiert ist. Unter einem Zentralen Ort versteht man einen Ort, in dem Arbeitsplätze und Versorgungseinrichtungen für die eigene Bevölkerung und die Bevölkerung seines Verflechtungsbereichs gebündelt vorhanden sind.[68] Verflechtungsbereich bedeutet hierbei einen Bereich um einen zentralen Ort, in dem wirtschaftliche, kulturelle und soziale Beziehungen zum zentralen Ort bestehen.[69]

Christaller versucht durch seine Theorie das Wachstum einer Stadt sowie die Verteilung von Städten und Dienstleistungen im Raum zu erklären.[70] Abhängig ist dies insbesondere von der Bereitstellung von sogenannten höheren Dienstleistungen (z.B. Paßamt), für die sich eine Bereitstellung an jedem Ort aufgrund unzureichender Nachfrage nicht lohnen würde. In Zusammenhang mit dem Zentrale-Orte-Konzept steht auch das Prinzip der axialen oder bandartigen Raumgliederung.[71] Hierbei soll versucht werden, Zentren kettenförmig aneinanderzureihen und somit Verbindungen zu schaffen. Im Großraum Nürnberg/Fürth/Erlangen ist dies besonders ausgeprägt. Die Gebiete zwischen diesen

[68] vgl. Schönhofer, J.: Begriffe..., A I. (2)
[69] vgl. Schönhofer, J.: Begriffe ..., A I. (2)
[70] zum Christaller-Modell vgl. Fürst, D.; Klemmer, P.; Zimmermann, K., S.77 ff.
[71] vgl. Klaus, J.; Schleicher, H., S.29

Achsen werden möglichst freigehalten und können somit als eine Art ökologischer Ausgleichsraum betrachtet werden. Eine neue funktionale Verbindung entsteht nun zwischen dem Großraum sowie den Gebietsteilen, in welchen die neu entstandenen Speicherseen liegen. Die Seen bilden für den Großraum ein wichtiges Potential als Erholungsräume und ökologische Ausgleichsräume und eröffnen den in unmittelbarer Nähe der Seen liegenden Gemeinden Einnahmequellen aus dem Fremdenverkehr.

Agglomerationseffekte dürften in den ländlich geprägten Gebieten des Neuen Fränkischen Seenlands nicht auftreten, da es keine Siedlungen gibt, die durch das Überleitungsprojekt solche Zuwanderungen erzielt haben, daß oben genannte Effekte spürbar werden.

2.2 Entwicklung der Sektorstruktur

In der Statistik wird in den primären, den sekundären sowie den tertiären Sektor unterschieden. Der primäre Sektor umfaßt die Urproduktion, unter denen der Bergbau, die Landwirtschaft und die Fischerei die wichtigsten bilden. Der sekundäre Sektor umfaßt das Verarbeitende Gewerbe, der tertiäre Sektor den Dienstleistungsbereich und Kommunikationsbereich, sowie den Staat. Die Sektorstruktur gibt einen ersten Aufschluß über den Entwicklungsstand einer Volkswirtschaft, die sich im Laufe der Zeit verändert, was durch endogenen oder exogenen Strukturwandel bedingt ist. Endogener Strukturwandel, der aus dem Wirtschaftsgeschehen heraus erfolgt, ist bedingt durch Veränderungen der Nachfrage oder des Angebots nach Gütern und Dienstleistungen sowie durch technischen Fortschritt. Exogener Strukturwandel hingegen ist durch Eingriffe in den Wirtschaftsablauf bedingt. Hierbei kann versucht werden, einen Strukturwandel zu beschleunigen, was die Wettbewerbsfähigkeit erhöhen soll, oder ihn aus sozialen Gründen zu verlangsamen.[72] Häufig werden hierfür Subventionen eingesetzt, und zwar in Form von Gestaltungssubventionen, um Beschäftigungsmöglichkeiten in aufstrebenden Branchen zu forcieren, oder in Form von Erhaltungssubventionen (z.B. in der Landwirtschaft), um einen allzu raschen Abbau von Arbeitsplätzen zu verhindern. Wenn Subventionen gewährt werden, sollten vor allem Branchen des Dienstleistungsgewerbes gefördert werden, da in diesen am ehesten neue Beschäftigungsmöglichkeiten entstehen können.

Eine Begründung für diese Entwicklung liefert die Drei-Sektoren-Hypothese, gemäß deren Annahmen der Strukturwandel von den unterschiedlichen Raten der Produktivitätsentwicklung sowie von der Einkommenselastizität der Nachfrage in den einzelnen Sektoren abhängig ist.[73] Gemäß dieser Hypothese würde die Nachfrage nach Dienstleistungen in weit stärkerem Maße zunehmen als nach den Leistungen der beiden anderen Sektoren. Deshalb wird die Beschäftigung

---

[72] vgl. Peters, H.-R., S. 32 ff.

[73] vgl. Neumann, M. (Band 3), S.132

im primären und im sekundären Sektor zurückgehen, während sie im tertiären Sektor zunimmt. Aus diesem Grund erscheint eine Förderung des tertiären Sektors geboten. Im Idealfall würde der tertiäre Sektor die aus den anderen Sektoren freigesetzten Personen aufnehmen, so daß keine Unterbeschäftigung auftreten würde. Daß dies in der Realität nicht der Fall ist, liegt hauptsächlich daran, daß in dieser einfachen Theorie nicht berücksichtigt wird, daß der tertiäre Sektor eine höhere Qualifikation der Arbeitskräfte erfordert, welche die Beschäftigten in den anderen Sektoren in der Regel nicht aufweisen, also ein "mismatch" zwischen Arbeitsangebot und Arbeitsnachfrage besteht. Zum anderen nimmt die Kapitalintensität auch im Dienstleistungssektor beständig zu, so daß nicht im erforderlichen Ausmaß Beschäftigungsmöglichkeiten entstehen.

Das Export-Basis-Konzept sowie die Wachstumspoltheorie sind Theorien, die sich auf den sekundären Sektor beziehen und deren Anwendung auf die Auswirkungen des Überleitungsprojekts nicht möglich ist.

Interessant erscheint die Förderung des Fremdenverkehrs, der häufig die einzige Möglichkeit darstellt, in strukturschwachen Gebieten Einkommensmöglichkeiten zu schaffen und relativ arbeitsintensiv ist, worauf im folgenden näher einzugehen sein wird. Dieser Sektor erfordert als eine wesentliche Voraussetzung das Vorhandensein von infrastrukturellen Einrichtungen.

2.3 Entwicklung der Infrastruktur

2.3.1 Eigenschaften der Infrastruktur

Der Begriff Infrastruktur ist sehr heterogen, so daß für ihn keine allgemein gültige Definition aufgestellt werden kann. Deshalb findet man zumeist enumerative Umschreibungen, welche die verschiedensten Aspekte umfassen. Die mit am häufigsten gebrauchte Definition stammt von Jochimsen (1966), gemäß der unter Infrastruktur "die Gesamtheit der materiellen, institutionellen und personalen Anlagen und Einrichtungen und Gegebenheiten, die den Wirtschaftseinheiten im Rahmen einer arbeitsteiligen Wirtschaft zur Verfügung stehen", zu verstehen ist.[74] Dies impliziert, daß Infrastruktureinrichtungen eine wesentliche Grundvoraussetzung dafür bilden, damit sich privatwirtschaftliche Aktivitäten erst entwickeln können, diese also sozusagen das Fundament hierfür bilden. In diese Richtung zielt auch die Unterscheidung von Hirschman zwischen dem social overhead capital (s.o.c.) und den directly productive activities (d.p.a.).[75] Eine andere Untergliederung, jedoch in die gleiche Richtung zielend, stellt die Aufteilung in eine haushaltsorientierte, eine unternehmensorientierte und eine umweltorientierte Infrastruktur dar (s.o.). Diese Vielzahl von gleichberechtigt nebeneinanderstehenden Gliederungen bringt die Heterogenität des Infrastrukturbegriffs deutlich zum Ausdruck.

---

[74] Jochimsen, R., S.145

[75] vgl. Hirschman, A., S.83

Eine Bereitstellung von Infrastruktur über den Markt ist häufig nicht möglich, sondern muß von staatlicher Seite erfolgen, da Infrastruktur und deren Leistungen die Eigenschaften öffentlicher Güter aufweist.[76] Infrastruktur ist durch Unteilbarkeiten charakterisiert und muß zumeist in großem Umfang zur Verfügung gestellt werden, um eine rentable Nutzung zu ermöglichen (z.B. Straße oder Kanal). Aus der Unteilbarkeit resultieren zunehmende Skalenerträge, was gleichbedeutend mit fallenden totalen Durchschnittskosten ist. Aus diesen Eigenschaften würde nun ein Marktpreis von Null folgen, weil keine zusätzlichen Kosten (= Grenzkosten) entstehen, falls ein weiteres Individuum dieses Gut nutzt. Ein privater Unternehmer wäre deshalb nicht in der Lage, seine Investitionskosten abzudecken, da es häufig nicht möglich ist, das Ausschlußprinzip anzuwenden. Zudem bringen Infrastrukturinvestitionen oft ein hohes Risiko mit sich, das private Unternehmen nicht einzugehen bereit sind. Erschwerend kommt hinzu, daß bei solchen Investitionen nur ein unzureichender Zusammenhang zwischen Nutzen, Zahlern, Entscheidern und Anbietern besteht. Der Nutzen fällt zumeist bei einer Vielzahl von anonymen Nutzern an, während die Kosten und auch das Risiko von Anlagen von einem anderen, zumeist kleineren Kreis, zu tragen sind. Das Verbundprinzip, welches eine weitgehende Übereinstimmung zwischen Nutzern, Zahlern, Entscheidern und Anbietern erfordert, ist somit nicht erfüllt.[77]

Infrastrukturinvestitionen sind außerdem durch eine hohe Lebensdauer gekennzeichnet, so daß sich die Frage stellt, wie die Finanzierungslasten auf die einzelnen Generationen verteilt werden sollen. Eine Belastung der zukünftigen Generationen ist im Sinne des Äquivalenzprinzips angemessen, da auch diese von den Infrastrukturleistungen profitieren. Allerdings zeigt sich hierbei die Tendenz, solche Projekte eher über Kredite denn über Steuereinnahmen zu finanzieren, was eine übermäßige Belastung der nachfolgenden Generationen mit sich bringt.

2.3.2 Wirkungen der Infrastruktur

Investitionen in Infrastruktur stellt eine der wichtigsten Maßnahmen der regionalen Strukturpolitik dar. Es existieren zwei grundsätzlich unterschiedliche Hypothesen über die Beziehungen zwischen Infrastruktur und dem privaten Kapital. Einerseits wird unterstellt, daß Investitionen in Infrastruktur oder in pri-

---

[76] Infrastruktur weist manchmal auch die Eigenschaften meritorischer Güter auf, worunter z.B. Leistungen des Bildungs- und Gesundheitswesens zählen. Hier wird unterstellt, daß es von der Gesellschaft erwünscht ist, daß alle Individuen diese Güter konsumieren sollen und niemand durch den Preismechanismus ausgeschlossen werden soll (vgl. Musgrave, R., S.80f.). Die Begründung für die Existenz meritorischer Güter erfolgt damit, daß die Präferenzen der Individuen verzerrt sind, diese also folglich nicht wissen, was gut für sie ist. Dies stellt jedoch einen Eingriff in die Konsumentensouveränität dar, so daß hier eine Legitimationsproblematik auftritt.

[77] vgl. Recktenwald, H. C., S.667

vates Kapital Substitute darstellen. Wenn es also einen Mangel an Infrastruktur gibt, wird der private Sektor von sich aus in die Infrastruktur investieren. Aufgrund der vorher angesprochenen Eigenschaften der Infrastruktur erscheint dies jedoch als eher unwahrscheinlich. Andererseits wird im Mangel von Infrastruktur ein Engpaß für die wirtschaftliche Entwicklung gesehen. Hier geht man also davon aus, daß Infrastruktur und privates Kapital Komplementärgüter darstellen. Kommt es also zu einem Mangel an Infrastruktur, werden auch die privaten Investitionen eingeschränkt. Dieser Sachverhalt wird durch den Begriff der Schrankenhypothese beschrieben.[78] Für die Gültigkeit der Schrankenhypothese spricht die Tatsache, daß eine Erhöhung des Bestands an materieller Infrastruktur in einem Teilgebiet nicht unbedingt eine Erhöhung der privaten Aktivitäten zur Folge hat, es jedoch bei einem fortwährenden Mangel zu Abwanderungen von Unternehmen kommt. Investitionen in Infrastruktur sind somit zwar eine notwendige, keinesfalls jedoch eine hinreichende Bedingung für wirtschaftliche Entwicklung.

Die Wirkungen von Infrastruktur sind vielfältig. So kann man zwischen
- Einkommenseffekten,
- Versorgungseffekten (Mobilitätseffekte bilden eine Teilmenge),
- Anreizeffekten (für Unternehmen z.B. Verkehrseinrichtungen, für Haushalte Freizeiteinrichtungen) und
- Wachstumseffekten (Kapazitätseffekte, Rationalisierungseffekte)

unterscheiden.[79]

Zusätzlich können Selbsterzeugungseffekte, Bodennutzungseffekte, Siedlungsstruktureffekte, sowie finanzwirtschaftliche Effekte auftreten. Die Einkommenswirkungen lassen sich als Inputwirkungen, die Kapazitätseffekte als Outputwirkungen eines Infrastrukturprojekts interpretieren. Die Einkommenswirkungen resultieren aus den für das Projekt vorgenommenen Aufwendungen. Diese sind mit der Wirkung einer Investition in einem einfachen keynesianischen Einkommen-Ausgaben-Modell vergleichbar. Durch diese Investitionen soll ein Multiplikatoreffekt ausgelöst werden, der im Idealfall in eine sich selbst tragende wirtschaftliche Entwicklung mündet. Die Höhe dieser Einkommenswirkungen ist von mehreren Faktoren abhängig, wie z.B. der Auftragsgröße oder dem bautechnischen Aufwand. In welcher Höhe diese Einkommenswirkungen in der Region auftreten, in der die Investitionen getätigt werden, ist von der Beteiligung der in der Region ansässigen Unternehmen sowie deren Kapazität und Auslastungsgrad abhängig.[80]

---

[78] vgl. Schleicher, H., S.217

[79] vgl. Fürst, D.; Klemmer, P.; Zimmermann, K.; S.161f.

[80] vgl. Schöttner, G., S.398

Infrastrukturprojekte können auch zu einem Konflikt zwischen dem Effizienz- und dem Verteilungsziel führen, falls Wachstumseffekte in besser entwickelten Regionen auftreten. Dies kann durch die Größe des Gebiets bedingt sein, in dem solche Investitionen vorgenommen werden. So haben kleine Regionen den Nachteil, daß sie oftmals eine relativ hohe Importquote aufweisen[81], also eine Vielzahl von Leistungen aus den umliegenden Gebieten erbracht wird, da die Ausstattung der geförderten Region hierfür nicht ausreichend ist. Daraus resultiert, daß ein Großteil des Einkommenseffekts in einer wirtschaftlich stärkeren Region anfallen kann, auch wenn dies nicht beabsichtigt ist.

Die Einkommenswirkungen, welche bei privaten und öffentlichen Projekten annähernd gleich groß sein dürften, verschwinden im Laufe der Zeit, während die Kapazitätseffekte bestehen bleiben. Entscheidend sind somit letztlich die induzierten Wachstumseffekte. Diese müssen jedoch nicht unbedingt auftreten, da Infrastruktur lediglich eine notwendige, nicht jedoch eine hinreichende Bedingung für wirtschaftliche Entwicklung darstellt, wie eine Vielzahl von Fehlschlägen bei Anwendung dieser Strategie zeigt.

2.3.3 Bewertung von Infrastruktur

Eine Bewertung von Infrastrukturleistungen müßte grundsätzlich an der Outputseite ansetzen. Infrastruktur weist jedoch die Eigenschaften eines öffentlichen Gutes auf. Dementsprechend bildet sich kein Marktpreis, da die Individuen oder gesellschaftlichen Gruppen ein Trittbrettfahrer-Verhalten praktizieren, so daß Infrastukturеinrichtungen behelfsweise zu ihren Herstellkosten bewertet werden müssen. Dies läßt sich auf die Investitionsausgaben sowie die laufenden Betriebsausgaben, die zum Unterhalt nötig sind, anwenden. Die Nachfrageseite bleibt hierbei jedoch unberücksichtigt.

Über die Bereitstellung von Infrastruktur muß letztlich politisch entschieden werden. Dies heißt allerdings nicht, daß alle Infrastrukturleistungen zur unentgeltlichen Nutzung bereitgestellt werden müssen.[82] In den Bereichen, in denen eine Vielzahl von Nutznießern gegeben und eine weitgehende Anwendbarkeit des Ausschlußprinzips möglich ist, sollte dieses auch angewandt werden. So kommen öffentliche und halbstaatliche Organisationen als Träger von Infrastruktureinrichtungen in Frage. Dies geschieht häufig im Bereich der Wasserversorgung, wo sich mehrere Gemeinde zu Zweckverbänden zusammenschließen. Auch im Neuen Fränkischen Seenland werden Infrastruktureinrichtungen durch besonders hierfür eingerichtete Zweckverbände unterhalten.

---

[81] vgl. Fürst, D.; Klemmer, P.; Zimmermann, K.; S.70

[82] vgl. Frey, R., S.206

2.3.4 Infrastrukturpolitik

Um eine Verbesserung der Allokation der Produktionsverteilung sowie eine gleichmäßigere Einkommensverteilung zu erreichen, wird eine Verbesserung der infrastrukturellen Ausstattung (z.B. im Rahmen einer angebotsorientierten Wirtschaftspolitik) angestrebt. Entsprechende Maßnahmen werden auch als Infrastrukturpolitik bezeichnet.[83] Grundsätzlich existieren drei Möglichkeiten, um durch Infrastrukturmaßnahmen die Entwicklung einer Region zu fördern:

1. Strategie des ausgeglichenen Wachstums

Bei dieser Vorgehensweise sollen sich private Investitionen und Investitionen in Infrastrukturprojekte gleichgewichtig entwickeln. Hierbei könnte allerdings das Problem auftreten, daß potentielle private Investoren den Bestand an Infrastruktur als zu niedrig einstufen und deshalb zögern, sich in dieser Region niederzulassen.

2. Rückführung öffentlicher Projekte und Entlastung des Staatshaushalts

Diese Strategie könnte dann angebracht sein, wenn ein zu hoher Verdichtungsgrad erreicht ist, welcher zu Belastungen der Umwelt führt. Ansonsten würde eine Rückführung öffentlicher Projekte möglicherweise eine Abwanderung von Unternehmen und Arbeitskräften zur Folge haben, was jedoch einer gesellschaftlich unerwünschten passiven Sanierung entsprechen würde.

3. Entwicklung durch Infrastrukturüberschuß

Hierbei werden Investitionen in die Infrastruktur als Initialzündung für die Privatwirtschaft angesehen, welche in die zusätzlichen Kapazitäten hineinwachsen soll. In den meisten Fällen wird diese Möglichkeit angewandt, so daß die Infrastruktur hier als Vorleistung für nachfolgende private Aktivitäten zu sehen ist. Dies ist auch bei dem Projekt „Überleitung von Donauwasser in das Regnitz-Main-Gebiet“ der Fall, da durch die Beseitigung der Wasserknappheit einer möglichen Beschränkung der wirtschaftlichen Entwicklung entgegengewirkt und neue Erholungsmöglichkeiten entstehen sollen, durch welche den Bewohnern des betreffenden Gebiets neue Einkommensmöglichkeiten eröffnet würden.

Es zeigt sich, daß diversifizierende und differenzierende Wirkungen am ehesten von haushaltsbezogenen Infrastruktureinrichtungen ausgehen, also z.B. durch die Schaffung von Angeboten im Freizeitbereich. Die unternehmensbezogene Infrastruktur (Verkehrswege, Kommunikation etc.) wird von den Unternehmen als ohnehin gegeben vorausgesetzt. Deshalb spielt sie in deren Entscheidungskalküle nicht unbedingt die wichtigste Rolle.[84]

---

[83] vgl. Frey, R., S.211

[84] vgl. Schöttner, G., S.411

Daß Infrastruktur auch gleichzeitig unternehmensbezogen und haushaltsbezogen sein kann, zeigt sich auch beim Neuen Fränkischen Seenland. Hier werden wasserwirtschaftliche Erfordernisse (unternehmensbezogen) sowie freizeitorientierte Angebote (haushaltsbezogen) miteinander kombiniert. Ein interessanter Aspekt liegt darin, daß es im Laufe der Zeit einen Wechsel innerhalb des Zielsystems gegeben hat. So wurde diese Überleitung in erster Linie aufgrund der wasserwirtschaftlichen Erfordernisse für die Unternehmen realisiert, während in heutiger Sicht ihr besonderer Wert als Erholungsgebiet zu sehen ist, was der dort lebenden Bevölkerung Einkommensmöglichkeiten im Fremdenverkehr ermöglichen soll.

Der Fremdenverkehr wurde schon in früheren Jahren als ein Instrument erachtet, um in wirtschaftlich unterentwickelten Regionen Beschäftigungs- und Einkommensmöglichkeiten zu schaffen. Beispiele hierfür bilden in Bayern die Alpenregionen oder der Bayerische Wald, wo aufgrund der gegebenen Voraussetzungen (schlechte Erreichbarkeit oder ehemaliges Grenzgebiet) andere Nutzungsmöglichkeiten ausschieden. Im folgenden soll die Bedeutung des Tourismus als Wirtschaftsfaktor sowie seine Beziehungen zur Ökologie erläutert werden.

3. Tourismus als Instrument der regionalen Entwicklung

„Tourism is like a fire - it can either cook your meal or burn your house" (afrikanisches Sprichwort).

3.1 Das Begriffsystem Fremdenverkehr/Tourismus

Der Fremdenverkehr ist heute zu einer eigenen Wissenschaft geworden, welche folgendermaßen definiert werden kann:

„Fremdenverkehr ist der Inbegriff der Beziehungen und Erscheinungen, die sich aus der Reise und dem Aufenthalt Ortsfremder ergeben, sofern daraus keine dauernde Niederlassung entsteht und damit keine Erwerbstätigkeit verbunden ist."[85]

Den Ausgangspunkt im Rahmen des Tourismus bildet die Gruppe der Reisenden, welche man in Touristen und Ausflügler untergliedern kann.[86] Touristen sind vorübergehende Besucher, die mindestens eine Nacht und weniger als ein Jahr im Besuchsland verbringen. Der Besuchszweck kann hierfür familienorientiert oder freizeitorientiert sein, der Weiterbildung oder einer geschäftlichen Tätigkeit dienen. Ausflügler bzw. Tagesbesucher sind vorübergehende Besucher, die nicht mindestens eine Nacht im Gastland verbringen, obwohl sie das Land an einem oder mehreren Tagen besuchen, dort jedoch nicht übernachten.

---

[85] Hunziker, W., Krapf, K. zitiert in Opaschowski, H., S.19

[86] vgl. Opaschowski, H., S.21

Die Begriffe Fremdenverkehr und Tourismus werden heute synonym verwendet, obwohl sie ursprünglich (durch die sprachliche Herkunft bedingt) eine etwas unterschiedliche Bedeutung hatten. Im Rahmen des Tourismus unterscheidet man zwischen einem Fremdenverkehrssubjekt (= dem Reisenden) und dem Fremdenverkehrsobjekt, unter dem man im weiteren Sinn alles verstehen kann, was in Natur, Kultur, Wirtschaft und Gesellschaft als Ziel einer Ortsveränderung gesehen werden kann.

3.2 Wirtschaftliche Bedeutung des Tourismus

Der Tourismus stellt im Hinblick auf Einkommen und Beschäftigung einen bedeutenden Wirtschaftsfaktor dar, was besonders für Deutschland gilt, das man als „Tourismusweltmeister" bezeichnet. Die wesentlichen Ursachen hierfür sollen kurz erläutert werden. So hat der Lebensstandard in der Bundesrepublik seit ihrer Gründung ständig zugenommen. Es waren Einkommenszuwächse bei allen sozialen Schichten zu verzeichnen, die ein immer höheres Konsumniveau erlaubten. Dies ist um so bemerkenswerter, als diese realen Einkommenszuwächse mit einer ständig sinkenden Wochenarbeitszeit und auch teilweise mit gesunkenen Lebensarbeitszeiten einhergingen. Dies führt dazu, daß den Menschen immer mehr Freizeit zur Verfügung steht, die für verschiedenste Aktivitäten genutzt werden kann. Daß die Freizeit einen sehr hohen Stellenwert in der Gesellschaft genießt, wird auch daran deutlich, daß in der Vergangenheit von Arbeitnehmerseite anstelle von Lohnzuwächsen Arbeitszeitverkürzungen angestrebt wurden (z.B. die 35 Stunden-Woche), was die in der volkswirtschaftlichen Theorie unterstellte These, daß die Freizeit in wirtschaftlich höher entwickelten Ländern ein superiores Gut darstellt, welches mit zunehmendem Einkommen vermehrt nachgefragt wird, untermauert.[87] Durch die wachsende Freizeit wird jedoch auch ein zunehmender Druck auf die Erholungsgebiete und somit auch auf die Ökosysteme ausgeübt.

Allein die Ausgaben der Deutschen für Urlaubsaufenthalte betragen über 70 Mia. DM pro Jahr, welche allerdings zu einem erheblichen Teil im Ausland erfolgen.[88] In der Bundesrepublik erreicht der Tourismus einen Anteil von ca. 5,6% am Bruttosozialprodukt, welche direkt oder indirekt durch die touristische Nachfrage erwirtschaftet werden. Der Umsatz erreicht eine Höhe von ca. 150 Mia. DM/a.[89] Damit verbunden ist eine Beschäftigungswirkung von ca. 1,4 Mio. Vollarbeitsplätzen im unmittelbaren touristischen Bereich sowie ca. 0,4 Mio. Arbeitsplätzen in vorgelagerten Bereichen. Der Großteil dieser Arbeitsplätze entfällt auf den Gastronomie- und Beherbergungsbereich. Dazu kommen noch viele Saisonarbeitsplätze, welche relativ schwer zu erfassen sind, jedoch von

[87] zur theoretischen Begründung vgl. Maußner, A.; Klaus, J. (1997), S. 57ff.

[88] Aus diesem Grund ist auch die Dienstleistungsbilanz der Bundesrepublik stark passiv.

[89] vgl. Opaschowski, H., S.28

nicht zu unterschätzender Bedeutung sind, wie die Abnahme der Arbeitslosigkeit in den Sommermonaten zeigt.

Den generellen Trend im Tourismus in den letzten Jahren könnte man durch die Schlagworte kürzer - weiter - öfter beschreiben.[90] Die Dauer eines Urlaubsaufenthalts hat in den letzten Jahren abgenommen, dafür gewinnen weiter entfernte Reiseziele immer mehr an Attraktivität, was vor allem durch den stetigen Preisverfall bei Fernreisen möglich geworden ist. Zudem haben sich die Reisegewohnheiten der Deutschen dahingehend verändert, daß neben einem Haupturlaub noch eine oder zwei kürzere Urlaubsreisen im Inland unternommen werden. Dies ist auch für die Gemeinden im Neuen Fränkische Seenland von Interesse, da es hier in Konkurrenz zu anderen regionalen Anbietern (z.B. Fränkische Schweiz) steht.

Es ist auch zu beobachten, daß die Reisenden immer anspruchsvoller, kritischer und mobiler werden. Auch wird im Gegensatz zu früher, als der Urlaub vor allem zur Regeneration diente, im Tourismus mittlerweile ein Eigenwert gesehen, da „die neue Urlaubsgeneration... den Urlaub nicht mehr als Anhängsel des Arbeitslebens, sondern als Höhepunkt des Freizeitlebens“[91] betrachtet.

3.3 Belastungen durch den Tourismus und Berücksichtigung in der Landschaftsplanung

In vielen strukturschwachen Gebieten, wozu auch weite Teile des Neuen Fränkischen Seenlands (zumindest vor dem Bau der Überleitung) zu zählen sind, stellt der Tourismus häufig die einzige Einnahmemöglichkeit dar, die genutzt werden muß, wenn man eine passive Sanierung dieser Gebiete verhindern will. Viele dieser Regionen weisen eine hohe Anziehungskraft auf, da durch das Zurückbleiben in der wirtschaftlichen Entwicklung die Umwelt wesentlich geringeren Belastungen unterliegt, was durch die schlechtere Erschließung mit Verkehrswegen und eine niedrigere Siedlungsdichte bedingt ist. Deshalb sind diese Regionen eher als naturnah einzustufen und für den Tourismus besonders attraktiv. Durch die Schönheit der Landschaft kann dem Bedürfnis nach Erholung und Ausspannen eher Rechnung getragen werden.

Da die Freizeit- und Urlaubsaktivitäten ständig zunehmen, wächst auch die Nachfrage nach solchen Gebieten. Viele Touristen wünschen zudem ein gewisses Maß an Komfort im Hinblick auf Quartiere und bestimmte Angebote an Freizeitmöglichkeiten, was dazu führt, daß eine Erschließung der unberührten Landschaft durch Infrastruktureinrichtungen erfolgt. Hierbei kann man zwischen Erschließungsfolgen und Nutzungsfolgen unterscheiden.[92] Zu den Erschlie-

---

[90] vgl. Becker, C.; Job, H.; Witzel, A., S.17
[91] Opaschowski, H., zitiert in Becker, C.; Job, H.; Witzel, A., S.18
[92] vgl. Mose, I., S.12

ßungsfolgen gehören der Flächenverbrauch für Siedlungen, Verkehrswege und für Freizeiteinrichtungen. Nutzungsfolgen hingegen wären Auswirkungen auf die Grundwasservorräte, Lärmemissionen, ein erhöhtes Müllaufkommen oder die Beeinträchtigung des Lebensraums seltener Tier- und Pflanzenarten.

Durch die Erschließung erleben solche Gebiete zunächst einmal einen wirtschaftlichen Aufschwung, bis sie als "überlaufen" gelten. Dann werden wieder neue, wenig frequentierte Gebiete gesucht, in denen sich dieser Prozeß wiederholt. Diese Entwicklung ist mit einem Produktlebenszyklus vergleichbar, bei dem zwischen der Phase der Entwicklung und Einführung, der Wachstumsphase, der Reifephase, der Sättigungsphase und Degenerationsphase unterschieden wird.[93] Beispielhaft zeigt sich dies an den "Bettenburgen" in den Ferienorten rund um das Mittelmeer. Durch diese Vorgehensweise zerstört der Tourismus auf Dauer jedoch sein wichtigstes Kapital, nämlich eine intakte Landschaft, welche Besucher anzieht. Auf diesen Aspekt ist auch Augenmerk bei der Ausgestaltung des Fremdenverkehrs im Neuen Fränkische Seenland zu legen.

Der Tourismus kann auch zu negativen Veränderungen der sozialen Strukturen führen. Durch die hohe Zahl von Touristen im Vergleich zu den Einheimischen ist ein Konfliktpotential gegeben und es kann die Gefahr einer Überfremdung bestehen. Die aus dem Erholungsverkehr resultierenden Belastungen lassen sich folgendermaßen untergliedern:

Abb. 2.10: Belastungen durch Freizeit und Erholung

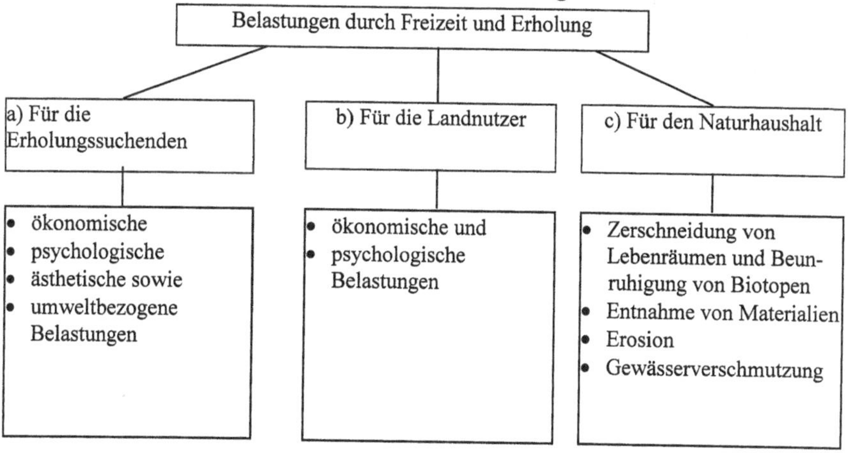

Quelle: Vereinfachte Darstellung nach Ammer, U.; Pröbstl, U., S.68

[93] vgl. Gablers Wirtschaftslexikon, S.88

a) Belastungen durch den Erholungsverkehr für die Erholungssuchenden

Ökonomische Belastungen äußern sich in einem steigenden Preisniveau, welches durch die gestiegene Nachfrage bedingt wird. Dadurch wird die Nachfrage (sofern sie preiselastisch ist) gesenkt und ein neues Gleichgewicht zu einem höheren Preis erreicht. Psychologische Belastungen ergeben sich, wenn die besuchten Gebiete überlaufen sind (Spaziergänger, Feuerstellen, Gipfelbesteigungen, Liegeflächen an Badeseen). Belastungen dieser Art werden in volkswirtschaftlichen Analysen nicht direkt mit einbezogen, da sie nicht monetär quantifizierbar sind. Ästhetische Belastungen können z.B. durch parkende Autos oder künstliche Erholungseinrichtungen entstehen. Diese werden nicht unbedingt durch den Preismechanismus reflektiert, es sei denn, diese Entwicklungen würden zum Preisverfall führen, wie dies bei den vorher erwähnten „Bettenburgen" in den Tourismuszentren zu beobachten ist. Umweltbelastungen wirken auch auf die Erholungssuchenden selbst, z.B. in Form von Lärmemissionen durch PKW oder durch Verunreinigungen an stark frequentierten Erholungseinrichtungen (z.B. verschmutzte Strände).

b) Belastungen für die Landnutzer durch den Erholungsverkehr

Ökonomische Belastungen äußern sich in möglichen Ertragsausfällen für die Landwirtschaft oder in der Form von Erosion (Trampelpfade etc.), aber auch in Einnahmeausfällen bei einem Rückgang des Tourismus. Psychologische Belastungen zeigen sich für die Einheimischen z.B. in Form einer Überfremdung eines Ortes, wenn der Tourismus überhand genommen hat, oder für die Erholungssuchenden, wenn durch zu viele Besucher (zu denen diese auch selbst gehören!), kein Erholungseffekt auftritt.

c) Belastungen für den Naturhaushalt

Um die Erreichbarkeit bestimmter Gebietsteile sicherzustellen, werden entweder bestehende Wege ausgebaut oder komplett neu angelegt. Die zunehmende Straßendichte führt dabei zur Zerschneidung von Lebensräumen.[94] Es werden Gebietsteile durchtrennt, welche eine funktionale Einheit darstellen und die Lebensbedingungen für Fauna und Flora unter Umständen massiv beeinträchtigt, z.B. durch Unterbrechung eines Wildwechsels oder Veränderung der Grundwasserverhältnisse.

Weiterhin kommt es zur Beunruhigung von Biotopen. Durch das verstärkte Eindringen des Menschen in den Lebensraum vieler Tierarten wird die dortige Ruhe nachhaltig beeinträchtigt. Entscheidend ist hierbei das Ausmaß der Störung. Dieses wird bestimmt durch die Intensität, aus der Dauer der Störwirkung und der Häufigkeit, mit der sie auftritt.[95] Eine jede Tierart benötigt eine bestimmte Fluchtdistanz, das heißt, daß von den Brutstätten ein gewisser Min-

---

[94] vgl. Fischer, B., S.89

[95] vgl. Reichholf, J.; Schemel, H.-J., S.344

destabstand gewahrt werden muß. Ist dies nicht der Fall, kann dies dazu führen, daß ihr Bruterfolg beeinträchtigt wird oder Tierarten verschwinden. Eine Flucht über eine nur geringe Entfernung kann einen drei- bis fünffachen, ein Flug sogar einen zehnfach höheren Energieaufwand des Grundumsatzes mit sich bringen. In der Regel weisen die selteneren Arten auch eine höhere Scheu auf, so daß es zumindest zu einer Umschichtung im Artenspektrum kommen kann, falls die seltenen Arten verschwinden.

Bei Berücksichtigung dieses Sachverhalts tritt in der Praxis das Problem auf, daß die Fluchtdistanzen für einzelne Tierarten ziemlich unterschiedlich sind, was bei den Nutzungsansprüchen zu berücksichtigen ist. Am sichersten wäre es, wenn man sich an der empfindlichsten Art orientieren würde, da somit gleichzeitig auch alle anderen geschützt würden. Allerdings würde dies zum Teil erhebliche Einschränkung der Nutzung der Räume durch den Menschen mit sich bringen. Dies ist auch am Altmühlsee im Bereich der Vogelinsel der Fall, welche zum überwiegenden Teil nicht betreten werden darf (vgl. Kapitel 4).

Eine Vorstellung über die notwendigen Größenordnungen von Fluchtdistanzen von Wasservögeln im Jahresablauf gibt Abb. 2.11:

Abb. 2.11: Notwendige Fluchtdistanzen der Wasservögel im Jahresverlauf

Jahreszyklus	**Brutzeit**	**Durchzugszeit**	**Mauserzeit**
Zeitspanne	15.März - 15. Juli	1.August - 15. Dezember	15. Juli - 15.August
gefährdete Aktivitäten	• Brutplatzwahl • Brüten (Vertreibung von Nest führt zu Abkühlung bzw. Überhitzung der Eier und zu Nestraub durch natürliche Feinde)	• Aufnahme von Nahrung und Reserven vor dem Zug ins Winterquartier (auch die Reinigung der Gewässer durch den „Export“ von Phosphor, Kohlenstoff und Stickstoff wird behindert.	• Flugunfähigkeit während der Mauser erhöht Störanfälligkeit • Mangel an ungestörten Mauserplätzen führt zu hoher Vogeldichte, die Seuchen begünstigt (Wasservogel-Botulismus)
kritische Distanzen (Fluchtdistanzen)	ca. 150m (bei Reiher und Kormoran 300-500m)	ca. 300m	ca. 500m (Flächenbedarf 2-5km^2)

Quelle: Reicholf, J.; Schemel, H.-J., S.348

Vor allem Freizeitaktivitäten beanspruchen die Landschaft in unterschiedlicher Weise und können zu ernsthaften Schädigungen führen. Aus diesem Grund ist es notwendig, manche Aktivitäten in bestimmten Gebieten einzuschränken oder ganz zu untersagen. Will man solche Aktivitäten zulassen, so muß man auch die hierfür notwendigen Einrichtungen schaffen, damit andere Gebiete nicht betroffen werden. Im folgenden sollen deshalb die wichtigsten Freizeitaktivitäten, die auch an den Seen des Neuen Fränkischen Seenlands ausgeübt werden können, im Hinblick auf ihre Wirkungen auf die Natur kurz erläutert und Hinweise gegeben werden, wie man dies in der Landschaftsplanung berücksichtigen könnte:[96]

- Spazierengehen und Wandern

  Das Spazierengehen ist wie das Wandern aus ökologischer Sicht weitgehend unbedenklich. Jedoch kann unüberlegter Wegebau, verbotenes Verhalten (z.B. Müllentsorgung) oder unerlaubtes Verlassen der Wege zu ökologischen Schäden führen.

- Lagern

  Das Lagern (z.B. für Picknick, Grillen etc.) oder auch das Camping zählt zu den ökologisch bedenklichen Aktivitäten auf Grund der starken punktuellen Nutzung. Deshalb sollte dies nur schwerpunktmäßig an ausgewählten Plätzen erlaubt werden. Im Neuen Fränkischen Seenland sind solche Aktivitäten direkt an den Seen nicht gestattet, sondern nur auf hierfür ausgewiesenen Flächen. Diese sind allerdings an Wochenenden mit hohen Besucherzahlen starken Belastungen ausgesetzt, was sich besonders an dem Müllaufkommen zeigt. So fallen allein an der Badeinsel bei Absberg an einem Wochenende mit gutem Besuch ca. 20 Kubikmeter Müll an.[97]

- Radfahren

  Das Radfahren ist eine der ökologisch sinnvollsten Erholungsarten, falls es nicht extrem betrieben wird, wie z.B. in der Form des Mountain-Biking, bei dem vor allem abseits der befestigten Wege gefahren wird, was die Deckschicht schädigt und zu Erosion führt. Im Neuen Fränkischen Seenland sind die Rundwege um die Seen so befestigt, daß hierdurch keine Schädigungen auftreten können.

- Segeln und Surfen

  Das Segeln ist eine sehr infrastrukturintensive Freizeitaktivität. Belastungen für den Naturhaushalt ergeben sich durch die Versiegelung von Flächen, Verkehrsbelastungen sowie die Ansiedlung zusätzlicher Freizeiteinrichtungen für Ver- und Entsorgung. Bei diesen Aktivitäten ist vor allem auf das Einhalten der Fluchtdistanzen zu achten. Beim Segeln stellt sich das Problem, daß kein fester Kurs vorgegeben ist, so daß sich die Tiere auch nicht an immer wiederkehrende Verhaltensmuster gewöhnen können. Das Surfen ist mit besonderen Problemen verbunden, da man mit den Surfbrettern auch die abgelegensten Winkel errei-

---

[96] vgl. Ammer, U.; Pröbstl, U., S.42ff.

[97] Bericht in den Nürnberger Nachrichten vom 10.08.1995, S.9

chen kann, welche ein Rückzugsgebiet für Tierarten darstellen. Deshalb sollte das Surfen und Segeln immer nur in einer bestimmten Entfernung von ökologischen Ausgleichsflächen zugelassen sein. Dieser Aspekt ist auch für das Neue Fränkische Seenland relevant (vgl. Kapitel 4).

Zur Lenkung von Erholungsaktivitäten kann man auch auf Maßnahmen zur Entflechtung zurückgreifen, was durch die unterschiedlichen Verhaltensweisen von Naherholern und Langzeiturlaubern ermöglicht wird. Während die Naherholung in der Regel eher durch eine punktuelle Nutzung der Landschaft gekennzeichnet ist, suchen die Langzeiturlauber eher Ruhe. Dementsprechend kann man zwischen intensiver und extensiver (= ruhiger) Erholung unterscheiden.[98] Bei Naherholungseinrichtungen wird Landschaft eher „verbraucht" denn bewußt wahrgenommen. Um den unterschiedlichen Interessen der Gruppen entsprechen zu können, besteht die Möglichkeit, Zonierungen vorzunehmen, in denen einerseits dem Bedürfnis nach intensiver Erholung Rechnung getragen wird, und andererseits die Bedürfnisse der Langzeiturlauber berücksichtigt werden, die eher mit den ökologischen Erfordernissen des Schutzes der Landschaft vereinbar sind. Eine mögliche Einteilung gibt Schemel mit seinem System gestufter Raumkategorien, welches Taburäume, Naturerholungsgebiete und Kulissenräume umfaßt.[99]

Als Taburäume wären Flächen auszuweisen, die ökologisch wertvolle Biotoptypen enthalten und somit unersetzbar sind. In diesen Gebieten sollte jede Art des menschlichen Eingriffs untersagt und somit auch die Nutzung zur Erholung ausgeschlossen sein. Der angemessene Schutztyp hierfür wäre das Naturschutzgebiet. Naturerholungsgebiete sind Gebiete, in denen die Natur Vorrang genießt, in denen jedoch stille Freizeitaktivitäten (z.B. Spazierengehen) stattfinden können. Solche Gebiete sind auch notwendig, um dem Bedürfnis der Menschen nach der Beobachtung von Tieren Rechnung zu tragen. Der entsprechende Schutztyp hierfür wäre das Landschaftsschutzgebiet. Zu den Kulissenräumen werden Gebiete gerechnet, welche sich aufgrund ihrer landschaftlichen Schönheit für Erholungszwecke eignen und auch ökologisch belastbar sind.

Tourismus muß jedoch nicht unbedingt in Konflikt mit dem Naturschutz stehen, sondern kann auch dazu beitragen, daß die Natur geschützt wird. Der Naturschutz ist auch auf den Tourismus angewiesen, da Geldknappheit im Naturschutz eine Refinanzierung verlangt. Touristen und Besucher können hier durchaus als Verbündete gesehen werden. Ein effektiver Schutz kann auch erzielt werden, indem man Angebote statt Verbote macht, wie dies z.B. bei der Vogelinsel im Altmühlsee geschieht (vgl. Kapitel 4). Hier ist ein Teil für Besichtigungen freigegeben und durch einen Lehrpfad mit Aussichtsturm zugäng-

---

[98] vgl. Reichholf, J.; Schemel, H.-J., S.348
[99] ausführlich vgl. Schemel, H.-J. (1987)

lich gemacht, während für empfindliche Bereiche wie z.B. Ruhezonen oder Brutgebiete der Zutritt untersagt ist. Die vorher geschilderten Fehlentwicklungen sollen durch einen sogenannten „sanften Tourismus" vermieden werden, dessen wesentliche Begriffsinhalte kurz erläutert werden sollen.

3.4 Sanfter Tourismus

In den früheren Konzeptionen des Tourismus stand vor allem die Schaffung von Einkommensmöglichkeiten im Vordergrund, während ökologische und gesellschaftliche Auswirkungen vernachlässigt wurden. Diese Komponenten werden in der Form eines „sanften Tourismus" berücksichtigt. Ebenso wie für den Begriff einer nachhaltigen Entwicklung, deren Erfordernisse auch bei der Ausgestaltung des Tourismus zu berücksichtigen sind, existiert auch für den Begriff des sanften Tourismus keine allgemein gültige Definition, sondern es werden zumeist in enumerativer Form mögliche Inhalte eines „sanften Tourismus" beschrieben. Ein Beispiel hierfür eine Definition der CIPRA[100] geben:

„Sanfter Tourismus ist ein Gästeverkehr, der gegenseitiges Verständnis des Einheimischen und Gastes füreinander schafft, die kulturelle Eigenart des betreffenden Gebiets nicht beeinträchtigt und der Landschaft mit größtmöglicher Gewaltlosigkeit begegnet. Erholungssuchende im Sinne des „sanften Tourismus" benutzen vor allem die in einem Raum vorhandenen Einrichtungen der Bevölkerung mit und verzichten auf wesentliche zusätzliche landschaftsbelastende Tourismuseinrichtungen."[101]

Es bleibt jedoch offen, was denn nun konkret mit dem Begriff „sanft" gemeint sein könnte. In Bezug auf die Nutzung der Umwelt wird Tourismus immer in irgendeiner Form den Naturhaushalt beeinträchtigen, da er immer mit Flächenansprüchen verbunden ist, so daß man allenfalls von einem „sanfteren" Tourismus sprechen kann. Die Vielschichtigkeit des sanften Tourismus soll durch Abb. 2.12 verdeutlicht werden. Diese zeigt die Vielzahl der sehr heterogenen Aspekte, die im Rahmen einer Bewertung zu berücksichtigen wären und ein dementsprechend umfassendes Bewertungssystem erfordern.

In diesem Kapitel sollten Ansatzpunkte aufgezeigt werden, wie man ökologische Belange in die Raumordnung und Raumplanung integrieren kann, und daß dies auch mit traditionellen Konzeptionen einer regionalen Entwicklung vereinbar ist. Die Möglichkeiten einer Quantifizierung dieser Auswirkungen wurde bislang noch nicht angesprochen. Deshalb soll im nächsten Kapitel erläutert werden, welche Möglichkeiten der Integration ökologischer Belange in ökonomische Bewertungsverfahren bestehen, und welche institutionellen Veränderungen hierfür notwendig erscheinen.

---

[100] CIPRA = Commission Internationale pour la Protection des Régions Alpines

[101] zitiert in Klemm, K., S.70

Abb. 2.12: Vielschichtigkeit des sanften Tourismus

Umweltverträglichkeit	Landschaftsverträglichkeit (geringer Naturverbrauch und Naturbelastung) Festlegung von Wachstumsgrenzen unter Berücksichtigung der Landschaft und Bevölkerung gegebenenfalls Renaturierung Umweltschonende Infrastruktur Gestaltungsverträglichkeit (Landschafts-, Ort- und Gebäudegestaltung) Alternative Verkehrskonzepte Förderung nicht-technischer Erholungseinrichtungen restriktive Flächennutzungsplanung verbindliche Umweltverträglichkeitsprüfung Erstellung von großräumigen Fremdenverkehrskonzepten
Sozialverträglichkeit	Demokratisierung touristischer Ziel- und Entscheidungsfindung Verträglichkeit mit Sitte, Moral, Tradition und Gebräuchen der einheimischen Bevölkerung Verträglichkeit mit der Sozialstruktur Prioritäten der einheimischen Bevölkerung Partizipation der einheimischen Bevölkerung Gestaltung der Arbeit und Bezahlung der Arbeitskräfte
Ressourcenschonung	ressourcenschonende Wachstumspolitik Erhaltung der naturnahen Kulturlandschaften, z.B. durch Förderung der extensiven Landwirtschaft
Abfallvermeidung und -verwertung	Regenerierbarkeit Wiederverwendbarkeit (Recycling) Senkung des Verpackungsaufwandes
Gesundheitsverträglichkeit, Erholung	Gesundheit von Menschen und Tieren naturbelassene Nahrungsmittel persönliche und gesellschaftliche Erholung Ermöglichung des Reisens für breite Bevölkerungskreise
Wirtschaftsverträglichkeit	Wirtschaftliche Nutzung für Einheimische Gerechte Verteilung Förderung von kleinen und mittleren Betrieben qualitatives statt quantitatives Wachstum ganzjährige, hochwertige Arbeitsplätze Verhinderung touristischer Monostrukturen Breite Streuung des wirtschaftlichen Nutzens Langfristige Denkweise und Einbeziehung aller Nutzen und Kosten

Quelle: Kern, M., S.66

Kapitel 3
Erfordernisse und Möglichkeiten einer Bewertung ökologischer Aspekte

Auch die Natur und ihre Ökosysteme sind einer ökonomischen Bewertung zugänglich. Hierfür existieren Wertekategorien, welche zumindest teilweise durch den Marktmechanismus wiedergegeben werden. Daneben gibt es auch eine Reihe von Wertekategorien, für die dies nicht der Fall ist. Diese Wertekategorien sowie die Verfahren, um diese zu quantifizieren, sollen im I. Abschnitt dieses Kapitels näher erläutert werden. In diesem Abschnitt soll auch darauf eingegangen werden, ob und in welcher Form in ökonomischen Bewertungsverfahren, wie der Nutzen-Kosten-Analyse, die grundsätzlich nur monetär bewertbare Kriterien berücksichtigt, auch ökologische Aspekte berücksichtigt werden können. Eine Bewertung von Ökosystemen, bzw. deren Leistungen, erfolgt nicht nur durch die Ökonomie, sondern auch von Seiten der Ökologen und der Naturschützer. Die wichtigsten Verfahren hierfür sollen kurz erläutert, sowie Unterschiede und Gemeinsamkeiten aufgezeigt werden.

Neben der Bestimmung und Quantifizierung der Auswirkungen solcher Eingriffe erscheint es auch erforderlich, Veränderungen im institutionellen Bereich vorzunehmen, was Gegenstand des II. Abschnitts ist. Dies betrifft sowohl die Struktur und den Ablauf von Entscheidungsprozessen im öffentlichen Bereich, als auch die Einbeziehung von Individuen und Interessengruppen, welche von solchen Entscheidungen tangiert werden, was bislang nur unzureichend der Fall ist. Von Bedeutung hierbei sind die sogenannten Mediationsverfahren, welche versuchen, diesen Mangel zu beseitigen. Deren Vorteile und Einsatzmöglichkeiten sind in diesem Abschnitt näher zu erläutern.

Es sollte eine Integration von unterschiedlichsten Entscheidungskriterien sowie die Beteiligung der von einer Entscheidung Betroffenen angestrebt werden, um eine Optimierung der Entscheidungsfindung als auch der Entscheidung selbst zu erreichen. Mit dem in den USA praktizierten Multiple Objective Planning (MOP) sowie der Positional Analysis existieren bereits Ansätze, welche diesen Anforderungen Rechnung tragen und im III. Abschnitt näher erläutert werden sollen, da diese Vorgehensweise im Grunde bei der Realisierung des Neuen Fränkischen Seenlands praktiziert wurde, wie sich in Kapitel 4 zeigt.

I. Wertekategorien und Bewertungsverfahren
1. Möglichkeiten und Ansatzpunkte einer Bewertung von Ökosystemen
1.1 Ziele und Inhalte einer Bewertung

Allgemein versteht man unter Bewertung ein Verfahren mit dem Ziel, den Wert eines Gutes oder einer Handlungsalternative zu bestimmen. Die Höhe des

Wertansatzes richtet sich nach dem Zweck der Bewertung.[1] Bei einer Bewertung handelt es sich um eine Relation zwischen einem wertenden Subjekt und einem bewerteten Objekt, bzw. die Einschätzung des Erfüllungsgrades eines Sachverhalts anhand vorgegebener Zielvorstellungen. Die Bewertung ein und desselben Sachverhalts wird dann entsprechend vom jeweiligen Standpunkt aus unterschiedlich ausfallen. Bewertung bedeutet auch stets die Messung der Abweichung von bestimmten Systemzuständen, unabhängig von der jeweiligen Fachdisziplin. Eine jede Bewertung weist grundsätzlich drei Dimensionen auf:[1]

1. Abbildung der Wirklichkeit (= naturwissenschaftliche Stufe)
2. Wertsystem mit Grundwerten auf normativer Basis (= gesellschaftlich-funktionale Stufe)
3. Wertendes Urteil, welches das Wertsystem auf den konkreten Fall anwendet (= normative Stufe).

Jeder Bewertung liegt eine bestimmte Bewertungsmethode zugrunde. Eine Methode kann man verstehen als ein System von Regeln, deren Einsatz von einer bestimmten (z.B. durch Datenlage, raum- und projektspezifische Rahmenbedingungen etc.) Ausgangssituation zu einer bestimmten Endsituation (= Ziel) führt. Man kann sie weiterhin als Prozesse der Informationsverarbeitung anhand gewählter Regeln auffassen. Hierbei sind objektive Informationen über die zu wertenden Objekte (= Sachebene) von einer wertenden Klassifizierung, Ordnung oder Gesamtschau trennen (= Wertebene).[3] Werten heißt somit letztlich, begründet Stellung zu beziehen im Hinblick auf die erforderlichen Zielaussagen.

Über viele Fragestellungen kann oftmals keine rein objektiv begründbare Entscheidung getroffen werden, wie z.B. hinsichtlich der Frage nach einer gerechten Verteilung von Einkommen und Vermögen. Eine Bewertung ist als solches immer subjektiv, da es letztlich die Präferenzen eines Einzelnen oder einer Gruppe sind, die zu einer Entscheidung führen. Den Grundansatz für eine Bewertung bildet der Soll-Ist-Vergleich, wobei ein Ideal (= Leitbild) formuliert wird, auf das hin eine Ausrichtung erfolgen soll. Dies ist auch bei der Bewertung von Naturgütern der Fall.

1.2 Besonderheiten der Bewertung von Natur

Bei einer Bewertung von Naturgütern sind vorab einige grundsätzliche Aspekte zu klären. Zunächst stellt sich die Frage, ob eine Bewertung von Naturgütern oder von Eigenschaften wie z.B. der Artenvielfalt überhaupt vorgenommen werden kann und soll. Hierzu findet man in der Literatur von einer völligen Ablehnung ("Der Umfang, in dem Artenvielfalt erhalten werden soll, kann nicht

[1] vgl. Gabler Wirtschaftslexikon, S.814
[2] vgl. Bastian, O.; Schreiber, K.-F., S.36
[3] vgl. Jessel, B., S.80ff.

Gegenstand ökonomischer Abwägung sein")[4] bis zu Versuchen einer weitgehenden Monetarisierung aller Sachverhalte unterschiedlichste Meinungen. Gegenüber der völligen Ablehnung der Bewertung von Natürgütern ist einzuwenden, daß Bewertung keine besondere Erscheinung der Ökonomie ist, sondern eine jede Entscheidung eine Abwägung erfordert.[5] Eine Monetarisierung aller ökologischen Sachverhalte, oder - was wesentlich bedenklicher ist - die alleinige Berücksichtigung nur monetär quantifizierbarer Größen und der Verzicht auf die Berücksichtigung der anderen Kriterien, erscheint jedoch ebenfalls nicht empfehlenswert, da hierdurch eine Scheingenauigkeit einer Bewertung entsteht, welche so nicht gegeben ist.

Viele Eingriffe in den Naturhaushalt ziehen irreversible Veränderungen nach sich. Irreversibilitäten sind für die Auswirkungen von Eingriffen in Natur und Landschaft von zentraler Bedeutung. Da der Begriff Irreversibilität nur schwer faßbar ist, existiert für ihn auch keine einheitliche Definition.[6] So kann man ihn einerseits so auslegen, daß etwas generell nicht mehr rückgängig gemacht werden kann. Andererseits sind auch Veränderungen in Ökosystemen nicht immer grundsätzlich unumkehrbar, würden jedoch einen Zeitraum erfordern, der den gewöhnlichen menschlichen Planungshorizont bei weitem übersteigt. Deshalb sollte man den Begriff so interpretieren, daß damit "sehr lange" Zeiträume gemeint sind.

Irreversibilitäten können in Form von Kosten in ökonomische Kalküle einbezogen werden. So können sie einen Nutzenverlust für zukünftige Generationen bedeuten, wenn die gegenwärtige Generation sich für eine bestimmte Nutzungsform oder sogar die Zerstörung eines Ökosystems entschieden hat. Die zukünftigen Generationen haben keine Möglichkeit, ihre Präferenzen zu äußern und können somit keine Rechte geltend machen. Sie können lediglich darauf hoffen, daß die gegenwärtige Generation sich zum weitgehenden Erhalt von Ökosystemen entschließt. Kosten entstehen auch der gegenwärtigen Generation durch den möglichen Verlust einer Bewahrung zukünftiger Möglichkeiten. So kann es sein, daß eine Nutzung von Ökosystemen in einer Form möglich sein wird, die heute noch nicht bekannt ist. Ein häufig angeführtes Beispiel ist die Artenvielfalt, welche als genetischer Pool betrachtet werden kann und z.B. für die Entwicklung von Impfstoffen eine hohe Bedeutung aufweist. Erschwerend kommt noch hinzu, daß durch die komplexen Prozesse innerhalb von Ökosystemen Risiken oder Unsicherheit über die Auswirkungen von Eingriffen gegeben sind. Risiko unterscheidet sich von der Unsicherheit dadurch, daß

---

4 Pirscher, F., S.123
5 vgl. Weikert, H.-P., S.264
6 vgl. Blöchliger, H., S.38

objektive Eintrittswahrscheinlichkeiten bekannt sind, während dies bei der Unsicherheit nicht so ist.[7]

Irreversibilitäten können auch das relative Preisverhältnis zwischen Umwelt und anderen Gütern verändern. So benötigen fast alle Güter eine Leistung von Ökosystemen als Grundlage. Leistungen und Bestandteile der natürlichen Umwelt sind im Gegensatz zu den sonstigen Gütern durch eine sehr geringe Substituierbarkeit gekennzeichnet. Deshalb ist es wahrscheinlich, daß längerfristig der Trend einer Bewahrung von Umweltgütern zunehmen wird.[8]

1.3 Vorgehensweise bei der Umweltbewertung

Der Schutz von Naturgütern wurde durch die zunehmenden technischen Möglichkeiten des Menschen zwingend notwendig, da mittlerweile viele Pflanzen- und Tierarten vom Aussterben bedroht sind. Früher konnte die Umwelt als freies Gut betrachtet werden, welches in ausreichender Menge vorhanden war, so daß keine Knappheit auftrat. Deshalb bildete sich auch kein Marktpreis. Wenn Umwelt ein öffentliches Guts darstellt, könnte der Preismechanismus ebenfalls keine gesellschaftlich optimale Allokation gewährleisten, so daß es zu einer Übernutzung der Umwelt und ihrer Leistungen kommt (s.o.). Aus diesem Grund erweist es sich als notwendig, gewisse Mindeststandards in quantitativer und qualitativer Hinsicht zu definieren.

Hierfür ist zunächst einmal festzulegen, welche Menge und Qualität an Umwelt überhaupt angestrebt werden soll, wobei sich verschiedene Positionen unterscheiden lassen. Es ist zum einen möglich, den Erhalt des Status Quo zu erreichen zu suchen. Dies scheint jedoch nicht ausreichend zu sein, da die Umweltqualität allgemein als zu niedrig eingestuft wird. Zum anderen kann das Ziel in der Wiederherstellung eines früheren, besseren Zustands liegen. Im Extremfall könnte dies die Forderung zur Rückkehr zum Zustand der Natürlichkeit bedeuten, also zu einem vom Menschen unbeeinflußten Zustand. Grundsätzlich stellt der Mensch immer eine Störgröße dar, was aber nicht heißt, daß er automatisch zu einem Störfaktor wird. Um eine Lebensführung, wie wir sie gewohnt sind, zu ermöglichen, sind Eingriffe in den Naturhaushalt notwendig. Rechtfertigen kann man diese auch damit, daß der Mensch selbst ein Teil der Natur ist und nur überleben kann, wenn er die Natur verändert. Hätte die Natur unverändert bleiben sollen, hätte sie den Menschen nicht hervorbringen dürfen.[9]

Eingriffe in die Natur sollten jedoch auf ein notwendiges Minimum zu reduziert werden. Um dieses Minimum zu ermitteln, ist aber eine Bewertung der

---

[7] vgl. Diller, H., S.23
[8] vgl. Blöchliger, H., S.41
[9] vgl. Honnefelder, L., S.32

Umwelt unabdingbar. Eine Definition von Umweltbewertung geben Kiemstedt und Fürst:

"Umweltbewertung ist daher zu definieren als eine Beurteilung der Umwelt und Mitwelt des Menschen nach ihrer aktuellen Beschaffenheit, den bisherigen Veränderungen und möglichen künftigen Entwicklungen".[10]

Der Begriff Mitwelt bringt hierbei die Abhängigkeit des Menschen von den Ökosystemen und ihren Leistungen zum Ausdruck. Gleichzeitig spiegelt sich hierin auch eine biozentrische Sichtweise wider.

Eine Umweltbewertung setzt an Immissionen an und ist somit ein schutzgutbezogener Ansatz. Dies ist auch angebracht, da man eine Schädigung von Umweltgütern verhindern möchte, wobei die Immissionen entscheidend sind, nicht die Emissionen. Emissionsbezogene Werte sind hingegen projekt- oder produktbezogene Ansätze und entsprechen somit eher dem Verursacher- denn dem Vorsorgeprinzip.

Ökonomische Ansätze einer Zurechenbarkeit von Umweltschädigungen orientieren sich hauptsächlich an den Emissionen, was darauf zurückzuführen ist, daß sich Emissionen leichter erfassen lassen. Kritik ist hieran insofern zu üben, da ein Schaden erst dann entsteht, wenn die Emission als Immission das Naturgut beeinträchtigt und es in Qualität und Quantität verringert. Allerdings ist nur in den seltensten Fällen festzustellen, welche konkrete Immission einen Schaden verursacht hat und es ist deshalb auch unmöglich, dies dem Verursacher adäquat anzulasten. Aber selbst wenn es möglich wäre, einen Verursacher eindeutig zu identifizieren, besteht immer noch die Möglichkeit, daß eine Schädigung durch eine Kombination mit anderen Emissionen entstanden ist, so daß es auch nicht korrekt wäre, ihm alleine die Kosten anzulasten.

Bei einer Umweltbewertung sind zunächst einmal die Zielvorstellungen zu konkretisieren und dementsprechende Indikatoren zu finden, damit auch eine Bewertung möglich wird. Dies wird durch Abb. 3.1 verdeutlicht. Zunächst einmal ist in räumlich, modellhafter Form ein Leitbild festzulegen. Dies könnte die nachhaltige Entwicklung sein, welche quasi die Zielvorstellung darstellt, auf die hin alles auszurichten ist. Um dieses Leitbild umzusetzen, sind in einem nächsten Schritt Leitlinien, bzw. Grundsätze zu entwickeln, wie z.B. die Priorität des Erhalts von Ökosystemfunktionen. Diese sind wiederum in der Form von Umweltqualitätszielen, bzw. Umweltstandards niederzulegen, welche man folgendermaßen definieren könnte:

[10] Fürst, D.; Kiemstedt, H., S.3

Abb. 3.1: Vorgehensweise einer Umweltbewertung

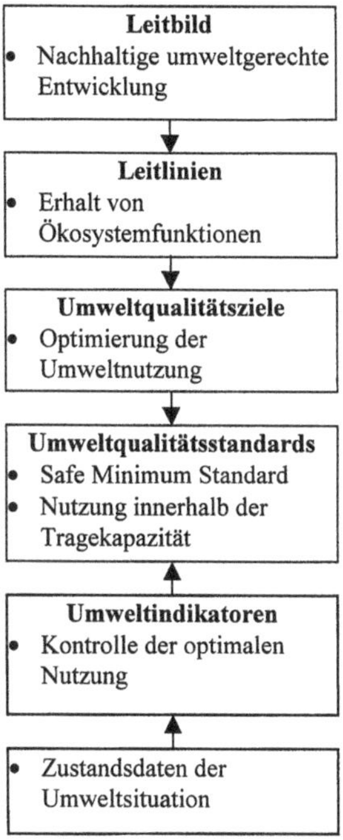

Quelle: Modifizierte Darstellung nach Sachverständigenrat für Umweltfragen (SRU), S.177

"Umweltqualitätsziele geben bestimmte, sachlich, räumlich und zeitlich definierte Qualitäten von Schutzgütern an, die in konkreten Situationen erhalten oder entwickelt werden sollen."[11]

An Umweltqualitätsziele sind folgende Anforderungen zu richten:[12]

- Wissenschaftlich fundierte Begründung, sowohl aus ökologischer, ökonomischer, technologischer und sozialer Sicht. Es sind also Lösungen zu suchen, die nicht nur Teilziele optimal verfolgen (ceteris paribus-Problem), sondern eine optimale Gesamtlösung zu präferieren
- Orientierung nach Nutzungen und Potentialen. Hierfür ist die Eignung von Naturräumen für bestimmte Aktivitäten zu bestimmen.

[11] Fürst, D.; Kiemstedt, H., S.5
[12] vgl. Bastian, O.; Schreiber, K.-F., S.373

- Maßstabsgerechte Auslegung. Dies beinhaltet eine föderale Betrachtungsweise im Sinne des Funktionalprinzips von globaler, über nationaler zu regionaler und lokaler Ebene.
- Klare Definition und Meßbarkeit der Parameter und Indikatoren
- Verwendung nicht nur quantifizierbarer Merkmale, sondern auch qualitativer Aussagen
- Beachtung der Tatsache, daß Umweltqualität ein dynamischer Begriff ist. Daraus folgt, daß man natürliche Sukzession nicht grundsätzlich verhindern soll.
- Umweltqualitätsziele dürfen grundsätzlich keine Verschlechterung der bestehenden Situation zulassen
- Die Erhaltung der sensiblen Glieder der Ökosysteme muß im Vordergrund stehen. Damit wird der Erhalt der Ökosysteme gesichert. Aufgrund des fehlenden Wissens um ökosystemare Zusammenhänge ist zu folgern, daß im Zweifel Eingriffe zu unterlassen sind, um die Funktionsfähigkeit nicht nachhaltig zu beeinträchtigen.
- Transparente Herleitung von Standards und Nachvollziehbarkeit
- Mühelose Realisierbarkeit und Kontrolle

"Umweltqualitätsstandards sind konkrete Bewertungsmaßstäbe, die Umweltqualitäten oder unbestimmte Rechtsbegriffe operationalisieren, indem sie für einen bestimmten Parameter oder Indikator die angestrebte Ausprägung, das Meßverfahren und die Rahmenbedingungen festlegen."[13] Dies müssen nicht unbedingt gesetzliche Fixierungen sein. Die "Klokesche Tüte" in Abb. 3.2 zeigt verschiedene Kategorien mit zunehmenden fachlichen Übereinkünften und rechtlicher Verbindlichkeit. Insgesamt erreichen nur wenige Bewertungsmaßstäbe den Härtegrad von gesetzlichen Grenzwerten.

Umweltbewertungen sind politisch und aus diesem Grund mit Belastungs- und Verteilungsproblemen verbunden. Eine Politisierung der Umweltstandards erfolgt deshalb, da durch diese letztlich die Abgabenhöhe für die Nutzung der Umweltgüter bestimmt wird. Im politischen Prozeß kommt zumeist nur eine Einigung auf Mindeststandards zustande. Zwar hat grundsätzlich eine Abwägung zwischen Nutzen und Kosten zu erfolgen. Die Nutzen sind jedoch wesentlich schwieriger zu quantifizieren als die Kosten, so daß man sich eher an letzteren orientiert. Da auch die Kosten minimal sein sollen, wird man in der Regel Grenzwerten den Vorzug einräumen. Zudem ist es einfacher, einen Konsens darüber zu erzielen, was man vermeiden will, denn was man erreichen möchte. Aus diesem Grund wird eher auf eine Vermeidungsstrategie denn auf präventive Vorsorge gesetzt.

[13] Fürst, D.; Kiemstedt, H., S.5

Abb. 3.2: Die Klokesche Tüte

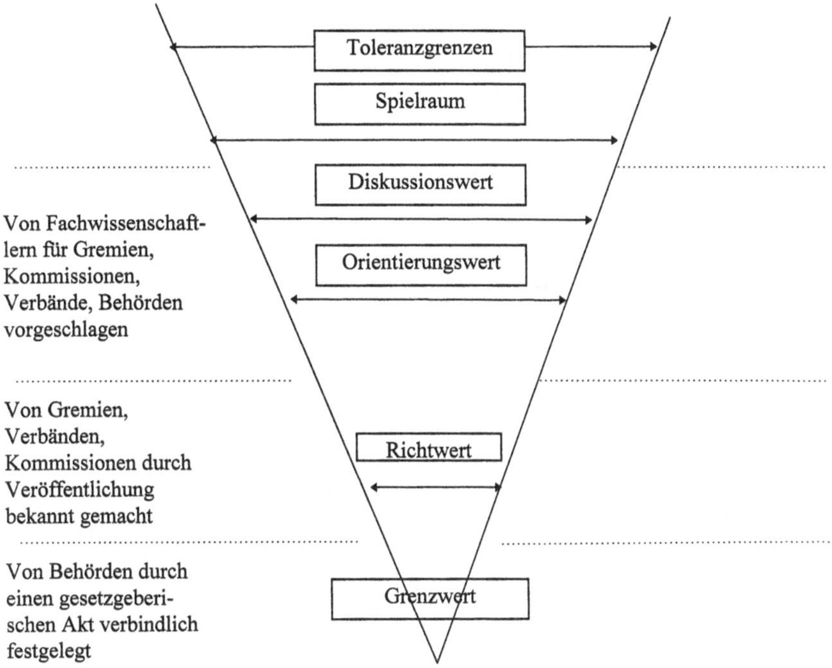

Quelle: Kloke, A., S.144

Über das Wertniveau (Grenzwert, Richtwert) wird definiert, in welchem Maß Umweltrisiken abgewehrt werden, bzw. inwieweit eine Umweltverbesserung erreicht werden soll. So sind Obergrenzen an der Umweltvorsorge orientiert, Untergrenzen hingegen eher auf Gefahrenabwehr ausgerichtet. Anspruchsvolle Umweltqualitätsziele bringen hohe Kosten mit sich, so daß aus diesem Grund das Niveau oft bewußt niedriger angesetzt wird.[14] Verstärkt wird diese Haltung noch dadurch, daß die Kosten der Gefahrenabwehr in der Regel nicht linear, sondern progressiv ansteigen.

Wenn die Nutznießer der Umweltqualität in die Entscheidung mit einbezogen werden, werden die Niveaus in der Regel höher liegen, als wenn nur diejenigen,

[14] vgl. Fürst, D.; Kiemstedt, H., S.11

welche die Kosten tragen, berücksichtigt werden. Bei Expertengremien, die beratende Funktion aufweisen und häufig der Wirtschaft nahe stehen, besteht die Gefahr, daß "Gefälligkeitsgutachten" erstellt werden, so daß die festgelegten Werte ein zu niedriges Niveau aufweisen, da die Kostenseite dominiert.[15]

Umweltbewertungen finden in verschiedenen Phasen des Entscheidungsprozesses statt, nämlich bei der Analyse und Bewertung der Ist-Situation, bei der Suche und Auswahl von Lösungsmöglichkeiten, bei der Genehmigung von Plänen sowie bei deren Umsetzung.[16] Im folgenden soll aufgezeigt werden, welche generellen Möglichkeiten einer Umweltbewertung bestehen, welche Wertekategorien die Umwelt und ihre Ökosysteme aufweisen, und durch welche Verfahren diese Werte ermittelt werden können.

2. Ansatzpunkte einer Umweltbewertung

Es lassen sich verschiedene grundsätzliche Herangehensweisen an eine Bewertung der Umwelt bzw. der Bewertung der Leistungen von Ökosystemen unterscheiden:[17]

a. Erhaltungsbewertung (Conservation evaluation)

Dieser Ansatz zielt auf die Bewertung der Ökosysteme selbst (= Eigenbewertung) ohne Rücksicht auf gesellschaftliche Interessen. Kriterien hierfür wären die Natürlichkeit, die Diversität, der Artenreichtum und die Seltenheit. So werden Ökosysteme, welche viele dieser Kriterien aufweisen, höher eingeschätzt als solche mit nur wenigen dieser Merkmale. Vielfach werden diese qualitativen Merkmale in eine quantitative Skala transformiert, um eine Vergleichbarkeit herzustellen (wie z.B. in den späten siebziger Jahren das "milieukartering" in den Niederlanden). Wenn man nun zwei Gebiete im Hinblick auf bestimmte Merkmale vergleicht, und die Summe der beiden transformierten Merkmalswerte gleich ist, kann man keine eindeutige Aussage treffen. Zudem lassen sich auch nur Systeme mit einigermaßen gleichen Eigenschaften vergleichen. Auch durch eine Gewichtung von Faktoren kann dieses grundlegende Problem nicht gelöst werden.

b. Landnutzungsbewertung (Land use evaluation)

Dieser Ansatz betont im Gegensatz zum vorherigen den Nutzwert der Natur und würde von daher einer ökonomischen Sichtweise entsprechen. Dieser zielt darauf ab, (mögliche) Erträge, Werte und Eignung für eine bestimmte Nutzung (z.B. für Landwirtschaft, Freizeitnutzung) durch den Menschen zu bestimmen.

---

[15] Ein Auftraggeber soll auch nicht durch ein Übermaß an Korrektheit davon abgehalten werden, weitere Aufträge zu vergeben.

[16] vgl. Fürst, D.; Kiemstedt, H., S.10

[17] vgl. de Groot, R., S.2ff.

c. Bewertung der Umweltfunktionen (Environmental function evaluation)

Dieses Konzept kombiniert die ersten beiden Ansätze und wurde 1970 durch Hueting begründet. Hierbei wird versucht, ein möglichst objektives System zu entwickeln, welches die Bedeutung der natürlichen Ökosysteme für das Wohlergehen des Menschen mißt.

d. Bewertung des Umweltrisikos (Environmental risk assessment)

Dies beinhaltet Gefährdungen für den Menschen, z.B. durch Überflutungen, Erdbeben, Infektionsgefahren etc.. Einige dieser Gefährdungen sind auch durch den Menschen selbst verursacht.

e. Bewertung der Umweltgefährdung (Environmental impact assessment)

Diese Herangehensweise versucht im Gegensatz zu den vorherigen Ansätzen eine mögliche oder tatsächliche Gefährdung der Umwelt durch den Menschen zu bestimmen. Dies gilt jedoch auch für positive Aspekte.

Der dritte Ansatz erscheint für eine umfassende Bewertung von Projektwirkungen als geeignet, da die Ökosystemfunktionen für ökonomische und andere gesellschaftliche Belange von Bedeutung sind. Eine Bewertung, die gleichzeitig ökologische, ökonomische und gesellschaftliche Wertekategorien berücksichtigt, kann man als sozio-ökonomische Bewertung bezeichnen. Der Begriff der sozio-ökonomischen Bewertung bedeutet nicht notwendigerweise, daß man die Umwelt nur monetär bewertet.[18] Der gesamte Wert von Umweltgütern und deren Leistungen besteht aus einer Vielzahl verschiedenster Werte, von denen die monetären Werte lediglich einen Teil bilden. Andere Wertekategorien, wie die im folgenden näher zu erläuternden intrinischen (= intangiblen) Werte, können auch in nicht-monetären Größen beschrieben werden.

3. Instrumentelle und intrinsische Werte der Umwelt

In ökonomischer Sicht sind Güter und Dienstleistungen soviel wert, wie sie dem einzelnen Individuum an Nutzen stiften. Dies bezeichnet man als Gebrauchswert (= use value) oder als instrumentellen Wert und entspricht einer anthropozentrischen Sichtweise. Diese Werte sind zumeist einer monetären Bewertung zugänglich. Ein Wert eines Gutes "an sich", der zu einer biozentrischen Sichtweise korrespondiert, wird analog als Nicht-Gebrauchswert (= non use value) oder als intrinsischer Wert bezeichnet.[19] Im Sprachgebrauch zeigt sich dies daran, wenn ein bestimmtes Naturgut als "unendlich wertvoll" oder als "unbezahlbar" eingestuft wird, wie dies für bestimmte Kulturgüter wie z.B. Gemälde oder Bauwerke der Fall ist. Dies kann zum einen bedeuten, daß man dafür keinen Preis bestimmen kann, da niemand bereit ist, einen so hohen Preis zu be-

---

[18] vgl. de Groot, R., S.129

[19] vgl. Hampicke, U. (1993), S.136

zahlen. Zum anderen kann dies auch heißen, daß etwas tatsächlich unersetzbar ist.[20] Der ökonomische Wert der Natur besteht sowohl aus Gebrauchswerten, als auch aus Nicht-Gebrauchswerten, was Abb. 3.3 zeigt.

Abb. 3.3: Kategorien einer sozio-ökonomischen Bewertung der Umwelt

Instrumentelle Werte (Gebrauchswerte)				**Intrinsische Werte (Nicht-Gebrauchswerte)**		
Funktions wert	Erlebnis-wert	Produktions-nutzen	Konsum-nutzen	Existenzwert/ Vermächtniswert	Options-wert	Quasi-Optionswert

Quelle: Eigene Darstellung in Anlehnung an de Groot, S.130

Den Gebrauchswert kann man untergliedern in den Funktionswert, den Erlebniswert, den Produktionsnutzen sowie den Konsumnutzen. Der Nicht-Gebrauchswert der Natur umfaßt den Existenzwert (Vermächtniswert), den Optionswert, sowie den Quasi-Optionswert. Diese verschiedenen Wertekategorien sollen im folgenden ausführlicher erläutert werden.

3.1 Instrumentelle Werte

3.1.1 Der Funktionswert

Viele Ökosystemfunktionen stiften keinen direkten Nutzen, sind jedoch für das menschliche Leben unbedingt notwendig. Dies gilt insbesondere für die Regulierungsfunktionen (= Primärfunktionen des Naturhaushalts). Die Regulierungsfunktionen der Ökosysteme stellen Leistungen zur Verfügung, ohne die menschliches Leben überhaupt nicht denkbar wäre, wie z.B. die Lieferung von Sauerstoff oder Trinkwasser. Häufig übersteigt dieser Wert den Nutzen der Ökosysteme für Konsum- und Produktionsaktivitäten. Will man den ökonomischen Wert dieser Leistungen zumindest annähernd bestimmen, erweist sich die Verwendung von Schattenpreisen als die einzige Möglichkeit. Einen Schattenpreis kann man als einen korrigierten oder einen künstlichen Verrechnungspreis bezeichnen.[21] Er stellt eine Korrektur des Marktpreises dar, der diese Funktionen nicht adäquat widerspiegelt. Die wichtigsten Methoden zur Bestimmung von Schattenpreisen werden in Abschnitt 4 dieses Kapitels erläutert. Einen annähernd exakten Wert eines Schattenpreises zu bestimmen, erweist sich in Bezug auf die Leistungen von Ökosystemen jedoch als nahezu unmöglich.

3.1.2 Der Erlebniswert

Der Erlebniswert der Umwelt besteht darin, daß Individuen sich an einer schönen Landschaft oder durch die Beobachtung von Tieren in der freien Natur erfreuen können.[22] Dieser Wert läßt sich unmittelbar beobachten. Quantifiziert

---

[20] vgl. Pearce, D.; Markandya, A., S.53f.

[21] vgl. Hanusch, H., S.60

[22] vgl. Blöchliger, H., S.14

werden könnte der Erlebniswert dadurch, daß man Eintrittspreise erhebt. Da Naturgüter jedoch die Eigenschaften von öffentlichen Gütern aufweisen, wird hierauf in der Regel verzichtet. Eine weitere Begründung liegt in dem meritorischen Gutscharakter der Natur, wonach eine Nutzung durch Beobachten allen Individuen möglich sein soll und dies auch von staatlicher Seite erwünscht ist.

3.1.3 Der Konsumnutzen

Hierbei handelt es sich um einen direkten Gebrauchswert, der sich auf die Nutzung der natürlichen Ressourcen, welche den Ökosystemen z.B. in Form der Ernte direkt entnommen werden, bezieht. Diese Nutzung kann durch Marktpreise monetär erfaßt werden. Ein Problem stellt sich hierbei auch nicht bei der Übernutzung einer Ressource, wenn sich diese in Privateigentum befindet (s.o.) und der Eigentümer den Verlust dieser Erträge selbst zu tragen hat. Ein damit verbundener möglicher Verlust ökologischer Funktionen dürfte in diesem Fall nicht sonderlich hoch liegen, da es sich bei landwirtschaftlich genutzten Flächen in der Regel um naturferne Ökosysteme handelt, die in naturschutzfachlichen Bewertungen als nicht sonderlich schützenswert eingestuft werden.

3.1.4 Der Produktionsnutzen

Einen wesentlichen Teil der ökonomischen Komponente bilden die Beiträge der Umweltfunktionen zum Produktionsprozeß. Diese können teilweise zu Marktpreisen bewertet werden, welche jedoch nicht die Externalitäten widerspiegeln, welche durch sie verursacht werden. Deshalb sollte man bei deren Bewertung eine Kombination von Marktpreisen und Schattenpreisen wählen, welche die nachhaltige Nutzung dieser Funktionen gewährleisten.[23] Im Zusammenhang mit der Produktionsfunktion der Ökosysteme steht auch der Beschäftigungsgrad. Dieser wird sowohl direkt als auch indirekt durch die Ökosysteme beeinflußt. Eine direkte Abhängigkeit liegt z.B. in der Landwirtschaft und in der Fischerei vor. Indirekt abhängig sind die Arbeitsplätze im Tourismusgewerbe, welche nur bestehen bleiben, wenn die Funktionsfähigkeit der Ökosysteme und ihre landschaftliche Schönheit erhalten werden.

3.2 Intrinsische Werte

3.2.1 Der Existenzwert und der Vermächtniswert

Der Begriff des Existenzwerts bezieht sich auf intangible, intrinsische und ethische Werte, die der Natur zugesprochen werden[24] und wurde durch Krutilla (1967) eingeführt. In enger Verbindung hiermit steht der Vermächtniswert, welcher als ein Maß für die Zahlungsbereitschaft dafür ist, ein unter Umständen selbst nicht präferiertes Gut an die Nachwelt zu vererben. Diese Wertansätze gehen davon aus, daß alleine die Existenz von Lebewesen oder Pflanzen den Indi-

---

[23] vgl. de Groot, R., S.137

[24] vgl. Pearce, D.; Markandya, A., S.75ff.

viduen einen Nutzen stiften kann, unabhängig davon, ob sie diese selbst gesehen haben oder nicht. Bei dieser Kategorie kommt auch die Berücksichtigung von nachfolgenden Generationen zum Ausdruck, für die man Naturgüter erhalten will. Diese Werte gewannen durch die merklich spürbare Verknappung der Umwelt an Bedeutung und gelten heute in der ökonomischen Literatur als allgemein anerkannt.[25] Daß es diese Kategorie gibt, zeigt sich zum einen daran, daß Spenden an Naturschutzorganisationen für den Erhalt von Tier- und Pflanzenarten fließen, ohne daß damit ein konkretes Naturerlebnis entsteht (z.B. für den Erhalt der Wale). Zudem finden auch Abstimmungen über den Erhalt von Naturgütern statt, wodurch z.B. Gebiete durch Betretungsverbot geschützt werden sollen.[26] Hier erfolgt eine Zustimmung durch Individuen, ohne daß diese aufgrund des Verbots einen Erlebniswert haben.Wenn man diese Wertekategorien auf die im vorherigen Kapitel angesprochenen räumlichen Teileinheiten überträgt, läßt sich feststellen, daß Naherholungsgebiete einen hohen Erlebniswert, Schutzgebiete hingegen einen hohen Existenzwert aufweisen.[27]

3.2.2 Der Optionswert

Der Begriff des Optionswert wurde durch Weisbrod (1964) eingeführt.[28] Im Optionswert kommt die Möglichkeit einer potentiellen Nutzung einer Ressource entweder durch die gegenwärtige oder durch die zukünftigen Generationen zum Ausdruck. Dieser Begriff bezeichnet Güter, die entweder gegenwärtig "selten" konsumiert werden, oder die nur zu sehr hohen Kosten wieder beschafft werden können, wenn sie einmal nicht mehr vorhanden sind. Als Beispiel können die amerikanischen Nationalparks angeführt werden, bei denen die laufenden Erlöse aus Eintrittsgeldern nicht ausreichen, die Aufwendungen zu bestreiten. Würde man die Parks schließen (z.B. um eine wirtschaftliche Nutzung in Form von Holzeinschlag zu realisieren), so stünden diese jedoch der gegenwärtigen und den zukünftigen Generationen nicht mehr zur Verfügung. Die Existenz dieses Wertes ist in der Literatur allerdings nicht unumstritten.[29]Eine Bestimmung des Optionswerts ist bereits in der Theorie sehr schwierig, da dieser voraussetzt, daß die Nutzenfunktionen der Individuen und ihre Einstellung gegenüber dem Risiko bekannt sind, also ob sie risikoavers, -neutral, oder -freudig sind. Im Falle, daß ein Individuum risikoavers ist, kann der Optionswert als eine Risikoprämie interpretiert werden. Ein Beispiel hierfür liefert Bishop:[30]Ein Konsument habe die Möglichkeit, eine Option zu erwerben, um in Zukunft ein Umweltgut nutzen zu können. Der Optionspreis (OP) soll größer sein als der Erwartungswert des

---

[25] vgl. Blöchliger, H., S.19
[26] vgl. Blöchliger, H., S.20
[27] vgl. Blöchliger, H., S.23
[28] vgl. Weisbrod, B. A., S.472f.
[29] vgl. Blöchliger, H., S.24
[30] vgl. Bishop, R. C., S.3f.

Gewinns an Konsumentenrente E(CS). Der Optionswert (OV) ist definiert durch die Beziehung OV = OP - E(CS) und somit positiv. Begründet werden kann dies damit, daß sich der Konsument die Sicherheit erkauft, das Umweltgut auch in Zukunft sicher nutzen zu können, wohingegen er ansonsten diese Möglichkeit nicht hätte. Im Falle von Nachfrageunsicherheit ist das Vorzeichen des Optionswerts (OV) nicht unbedingt positiv. Dies ist dann der Fall, wenn sich eine Option als nutzlos erweisen könnte. Beispielsweise könnte eine Gemeinde eine zunehmende Nachfrage nach Erholungsleistungen erwarten und aus diesen Gründen ein auch für industrielle Zwecke wertvolles Gebiet einer solchen Nutzung vorbehalten. Tritt diese Nachfrage dann nicht auf, kann die Gemeinde eine Wohlfahrtseinbuße erleiden, so daß der Optionswert negativ wird.[31] In der South Plate River-Studie (1978) wurde der Versuch einer empirischen Ermittlung von Freizeit- und Erholungsnutzen, Optionswert, Existenzwert und eines Wertes für die Intergenerationen-Vorsorge unternommen. Auf Grund der unterschiedlichen Verwendung der Begriffsinhalte in den jeweiligen Studien, ist ein Vergleich nicht sonderlich ergiebig.[32]

3.2.3 Der Quasi-Optionswert

Der Quasi-Optionswert ist vom Begriff des Optionswerts strikt zu trennen. Der Quasi-Optionswert wird nicht aus dem risikoaversen Verhalten von Individuen abgeleitet, sondern liegt in der Irreversibilität in Verbindung mit dem Auftreten von Unsicherheit begründet.[33] Als Beispiel hierfür wäre die Nutzung eines Moores zur Torfgewinnung zu nennen. Würde man dies tun, so ist der Urzustand auch unter noch so hohen finanziellen Aufwendungen praktisch nicht wieder herzustellen. Unterläßt man hingegen die Ausbeutung, so besteht die Möglichkeit, daß dieses Moor Nutzungen zuläßt, die heute noch gar nicht bekannt sind, z.B. als Genreservoir. Der Quasi-Optionswert ist somit der bedingte Wert an Information, welche im Zeitablauf über den Nutzen der Ressource gewonnen wird, unter der Bedingung, daß die Nutzung der Ressource zunächst einmal unterbleibt. Im Gegensatz zum Optionswert kann der Quasi-Optionswert nur positive Werte annehmen. Das ist auch dann der Fall, wenn für die Individuen ein risikoneutrales Verhalten unterstellt wird.[34] Die Begründung hierfür liegt darin, daß der Wert zusätzlicher Information nicht negativ sein kann.

[31] vgl. Appel V., S.151
[32] vgl. Vauth, W., S.380f.
[33] vgl. Appel, V., S.152
[34] vgl. Appel, V., S.152

4. Verfahren zur Monetarisierung instrumenteller und intrinsischer Werte

4.1 Das Konzept der Zahlungsbereitschaft

Hinsichtlich der Monetarisierungsverfahren kann unterschieden werden im Hinblick auf das zugrunde gelegte Entschädigungskonzept, auf die abgeleitete Fragestellung, sowie auf den Aspekt ihrer Operationalisierung.[35]Bei den Entschädigungskonzepten kann man zwischen der Kompensationsvariation und der Äquivalenzvariation unterscheiden. Die Kompensationsvariation mißt die Veränderungen der Wohlfahrt vor der Durchführung einer Maßnahme, die Äquivalenzvariation nach der Durchführung einer Maßnahme.[36] Diese Entschädigungskonzepte stehen in Zusammenhang mit der daraus abgeleiteten Fragestellung, was durch das Konzept der Zahlungsbereitschaft beschrieben wird. Dies zeigt Abb. 3.4.

Im folgenden sollen zunächst einmal das Konzept der Zahlungsbereitschaft und im Anschluß daran die ökonomischen Verfahren zur Ermittlung des Werts der Umwelt näher erläutert werden. Umweltgüter weisen die Eigenschaft eines öffentlichen Guts auf, was zur Folge hat, daß sich für sie kein Marktpreis bildet.

Abb. 3.4: Beziehungen zwischen Entschädigungskonzepten

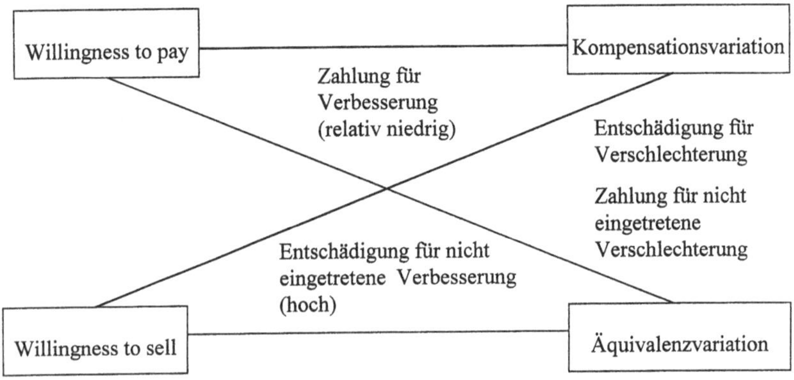

Quelle: Masuhr, K; Wolff, H.; Keppler, J., S.312

Um zumindest annähernd einen monetären Wert der Umwelt zu bestimmen, bedient man sich häufig des Konzepts der Zahlungsbereitschaft. Man kann hierbei unterscheiden zwischen der Willingness to Pay (WTP) und der Willingness to Accept (WTA). Die Willingness to Pay beschreibt, welche Aufwendungen ein Individuum bereit wäre zu tätigen, um in den Genuß einer bestimmten Leistung

[35] vgl. Deutsche Forschungsgemeinschaft (SFB 1657), S.259

[36] vgl. Rennings, K., S.56

zu kommen. Im Fall der Willingness to Accept versucht man zu ermitteln, welchen Betrag man an ein Individuum bezahlen müßte, um einen bestimmten Verlust in Kauf zu nehmen. Mit Hilfe von Abb. 3.5 kann das Konzept der Zahlungsbereitschaft in Form der Willingness to Pay anschaulich dargestellt werden.

Gegeben sei eine normale Nachfragekurve eines Individuums für ein Gut. Beim Preis von p_1 konsumiert es die Menge q_1. Der sich hieraus ergebende Umsatz, den die Fläche I darstellt, wird durch den Markt abgebildet. Unberücksichtigt hingegen bleibt hingegen die Fläche II, welche man als Konsumentenrente bezeichnet. Die Konsumentenrente ist die Differenz zwischen dem Preis, den ein Käufer höchstens zu zahlen bereit ist und dem tatsächlich bezahlten Marktpreis, multipliziert mit der gekauften Menge. Der höchste Preis wäre hier der Preis p_0, den das Individuum bereit wäre, für die erste Einheit des Gutes zu bezahlen. Tatsächlich bezahlt es jedoch auch für die erste Einheit nur den Marktpreis p_1. Die Konsumentenrente ist folglich ein Maß für den zusätzlichen Nutzen, den ein Individuum hat. Die Zahlungsbereitschaft setzt sich aus dem Umsatz und der Konsumentenrente zusammen (Fläche I + II). Im Rahmen der Analyse der Zahlungsbereitschaft wird häufig vom Vorhandensein von Unsicherheit und Irreversibilität abstrahiert. Will man diese mit einbeziehen, wären die Konzepte des Optionswerts und des Quasi-Optionswerts zu berücksichtigen.[37]

Abb. 3.5: Das Konzept der Zahlungsbereitschaft

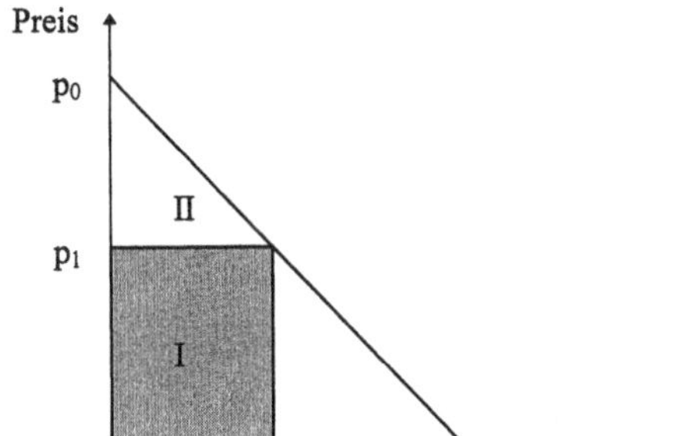

Quelle: Eigene Darstellung

[37] vgl. Appel, V., S.150ff.

4.2 Indirekte und direkte Methoden zur monetären Bewertung von Umweltgütern

Im folgenden soll untersucht werden, durch welche Verfahren Schattenpreise ermittelt werden können, welche diese ansonsten durch den Markt nur unzureichend reflektierten Werte zumindest teilweise wiedergeben können. Hierbei unterscheidet man zwischen indirekten Methoden und direkten Methoden. Indirekte Methoden versuchen, eine Zahlungsbereitschaft aus bereits vorhandenen Marktdaten abzuleiten. Direkte Methoden versuchen, die Zahlungsbereitschaft durch konkrete Befragungen nach der Wertschätzung eines Guts abzuleiten. Einen Überblick über die verschiedenen Methoden gibt Abb. 3.6. Die grundsätzlichen Funktionsweisen dieser Methoden soll im folgenden kurz erläutert werden.

Abb. 3.6: Direkte und indirekte Methoden zur Ermittlung des monetären Werts der Umwelt

Indirekte Methoden				Direkte Methoden	
Vermeidungs-kostenansatz	Produktions- und Einkommens-ausfälle	Marktpreis-methode	Reisekosten-methode	Befragungs-methode	Markt-simulation

Quelle: Rennings, K., S.58

4.2.1 Indirekte Erfassungsmethoden

4.2.1.1 Vermeidungskostenansatz

Die tatsächlichen Ausgaben für die Aufrechterhaltung der Funktionsleistungen von Ökosystemen können als Maß für den ökonomischen Wert dieser Funktionen gesehen werden, den die Gesellschaft diesen beimißt. Ein Beispiel hierfür wäre der Bau von Kläranlagen, durch welche die Wasserqualität aufrecht erhalten oder verbessert werden soll. Wenn dies nicht gelingt, führt der Vermeidungskostenansatz zu einer Unterschätzung der Schäden. Sollten sich aufgrund dieser Maßnahme z.B. bereits verschwundene Fischarten wieder ansiedeln, ist der ausgewiesene Wert zu niedrig.

4.2.1.2 Produktions- und Einkommensausfälle

Eine Verschlechterung der Umweltqualität resultiert häufig in Produktions- und Einkommensausfällen. Dies gilt besonders für Bereiche, die unmittelbar von einer guten Umweltqualität abhängig sind, wie z.B. die Landwirtschaft, die Fischerei oder der Tourismus. Hierfür können Daten aus den Volkswirtschaftlichen Gesamtrechnungen verwendet werden, in denen sich eine solche Entwicklung niederschlägt.[38] Notwendig ist hierfür, daß diese Änderungen eindeutig auf eine Verschlechterung der Umweltqualität zurückzuführen sind und nicht durch

[38] vgl. Rennings, K., S.60

andere Entwicklungen (z.B. Veränderung der Nachfrage oder Verschlechterung der Konjunktur) bedingt sind.

4.2.1.3 Marktpreismethode - Hedonisches Preissystem

Die Marktpreismethode, auch Methode der hedonischen Preisermittlung genannt, versucht über den Marktpreis von privaten Gütern einen Wert für ein Umweltgut zu ermitteln. Dieser Ansatz versucht zu identifizieren, wie hoch die Differenz der Werte ist, welche durch unterschiedliche Umweltqualitäten bedingt ist. Daraus könnte man abzuleiten, wieviel die Individuen zu bezahlen bereit sind, und wie hoch der gesellschaftliche Wert der Verbesserung liegt. Ein Beispiel hierfür bieten die Grundstückspreise oder die Mieten für Wohnungen. In Gegenden, die eine hohe Umweltqualität aufweisen, liegen die Preise für Grundstücke und Wohnungen in der Regel höher, als in Gebieten mit einer höheren Belastung der natürlichen Umwelt, da eine höhere Nachfrage zu höheren Preisen führt. Allerdings sind solche Reaktionen nicht alleine von der Umweltqualität, sondern auch von einer Vielzahl von anderen Faktoren, wie z.B. Arbeitsplätzen, Schulangebot, kulturellem Angebot etc. abhängig.[39]

4.2.1.4 Reisekostenmethode

Bei der Reisekostenmethode (Aufwandmethode) wird versucht, über die Preise für private komplementäre Güter Rückschlüsse auf die Wertschätzung des Umweltgutes zu ziehen. Je höher die privaten zeitlichen und finanziellen Aufwendungen sind, um das Umweltgut zu nutzen, desto höher ist auch die Wertschätzung für dieses. Die Zeitaufwendungen hierfür anzusetzen ist angemessen, da man die Zeit auch dafür hätte verwenden können, ein Einkommen zu erzielen.[40] Häufig werden hierfür die Fahrtkosten und die vor Ort getätigten Ausgaben verwendet. In einer feineren Untergliederung kann man differenzieren, welche Entfernungen verschiedene Nutzergruppen zurückzulegen haben. In der Regel wird es auch so sein, daß die Entfernung und die Häufigkeit der Nutzung dieses Gutes invers miteinander verknüpft ist. Entsprechend würden sich auch verschiedene Nachfragekurven ergeben. Wenn die ökonomische und soziale Struktur der in die Untersuchung einbezogenen Gebiete in weiten Teilen übereinstimmt, kann man die einzelnen Nachfragekurven horizontal aufaddieren, so daß man hieraus die Gesamtnachfragekurve erhält. Durch die Ermittlung der Bruttoausgaben der Besucher, wird somit zumindest die Untergrenze des Nutzens erkennbar.[41] Ein wesentlicher Vorteil der Reisekostenmethode liegt darin, daß sie relativ leicht zu handhaben und vergleichsweise kostengünstig ist.

---

[39] vgl. Pearce, D.; Markandya, A., S.65

[40] Dies zeigt sich bei der Arbeitszeit-Freizeit-Entscheidung in der mikroökonomischen Theorie. Für die theoretische Begründung dieses Zusammenhangs vgl. Maußner, A.; Klaus, J., S.57ff.

[41] vgl. Hanusch, H., S.80

Allerdings treten auch hier Probleme auf. Wenn eine Reise nicht nur wegen des betreffenden Umweltguts unternommen wird, würde sie zu einer Überschätzung des Werts des Umweltgutes führen. Da die Reisekostenmethode jedoch keine Nicht-Gebrauchswerte berücksichtigt, dürfte sie insgesamt zu einer systematischen Unterschätzung des Werts von Umweltgütern führen.[42]

4.2.2 Direkte Erfassungsmethoden

4.2.2.1 Befragungsmethode

Ein wesentliches Problem einer Analyse der Zahlungsbereitschaft für Umweltgüter ist im Fehlen einer Marktnachfragekurve zu sehen. Theoretisch könnte man eine Nachfragekurve über die Befragungsmethode ermitteln. Hierbei wird ein Individuum gefragt, wieviel es denn bereit wäre, für unterschiedliche Mengen eines Guts zu bezahlen, bzw. welche Entschädigung man ihm bieten müßte, um auf die Nutzung des Guts zu verzichten. Hieraus würde man für unterschiedliche Mengen die jeweiligen Preise erhalten und könnte daraus eine Nachfragekurve ableiten, mit deren Hilfe man alle Nutzen und Kosten internalisieren könnte. Die wesentlichen Vorteile dieser Methode liegen in ihrer weitreichenden Anwendbarkeit und in der Möglichkeit, die Höhe von intrinsischen Werten zu bestimmen ("Wieviel ist ihnen der Erhalt einer bestimmten Art wert?").[43] In der Praxis kann bei Befragungen das Problem des strategischen Verhaltens auftreten, da die Individuen ihre Präferenzen verschleiern, wenn sie damit rechnen, zur Finanzierung eines öffentlichen Gutes herangezogen zu werden. Die geäußerte Zahlungsbereitschaft fällt in diesem Fall wahrscheinlich zu niedrig aus, im Falle einer potentiellen Entschädigung dürfte sie oberhalb des tatsächlichen Wert liegen. Teilweise gelöst werden kann dieses Problem dadurch, daß man verschiedene Gruppen bildet, denen man unterschiedliche Finanzierungsvorschläge unterbreitet. So kann man analysieren, welche Menge gewünscht wird, wenn die Individuen an der Finanzierung überhaupt nicht beteiligt werden sollen, oder diese im anderen Fall komplett selbst tragen müßten. Dadurch könnte man zumindest die Spannweite bestimmen, innerhalb derer die tatsächliche Zahlungsbereitschaft liegt.

4.2.2.2 Marktsimulation

Bei diesem Verfahren wird ausgewählten Personen ein bestimmtes Budget zugeteilt, welches sie auf verschiedene Umweltgüter aufteilen können.[44] Der Vorteil dieser Methode liegt darin, daß es aufgrund der Budgetbeschränkung nicht zu isolierten Bewertungen eines Umweltguts mit zu hohen geäußerten Wertschätzungen kommt, wie dies bei den anderen Verfahren der Fall sein kann. Eine Voraussetzung hierfür ist jedoch eine gewisse Kenntnis der Individuen

---

[42] vgl. Rennings, K., S.58f.
[43] vgl. Römer, A., S.416
[44] vgl. Rennings, K., S.64

über die relevanten Zusammenhänge, was in Bezug auf Ökosysteme zumeist nur unzureichend der Fall ist. Zudem ist diese Methode mit sehr hohen Kosten verbunden. Nach den verschiedenen Wertekategorien der Umwelt und den Möglichkeiten zu deren Quantifizierung soll im folgenden auf ökonomische und ökologische Bewertungsverfahren eingegangen werden. Hierbei ist von besonderem Interesse, ob und auf welche Weise ökonomische Bewertungsverfahren ökologische Belange einbeziehen, und wie sie diese bewerten.

5. Ökonomische Verfahren zur Ermittlung von Projektwirkungen

5.1 Die Nutzen-Kosten-Analyse

5.1.1 Aufbau und Vorgehensweise der Nutzen-Kosten-Analyse

Bereits im Jahre 1844 veröffentlichte Jules Dupuit eine der ersten Abhandlungen über den Nutzen von öffentlichen Einrichtungen, welche man als einen Vorläufer der Wirtschaftlichkeitsrechnung im öffentlichen Sektor betrachten kann.[45] Während die Nutzen-Kosten-Analyse (NKA) im anglo-amerikanischen Sprachraum bereits in den dreißiger Jahren unseres Jahrhunderts vor allem im Bereich der Wasserwirtschaft zum Einsatz kam, wurde in der Bundesrepublik dieses Instrument erst gegen Ende der sechziger Jahre angewandt.[46] Durch den §7 Abs. 2 der Bundeshaushaltsordnung (BHO) sowie den §6 Abs. 2 Haushaltsgrundsätzegesetz werden Wirtschaftlichkeitsuntersuchungen, welche von größerer finanzieller Bedeutung sind, verpflichtend vorgeschrieben. Die Nutzen-Kosten-Analyse (NKA) stellt das im öffentlichen Sektor am häufigsten angewandte Verfahren dar, um eine Entscheidung über die Durchführung eines Projekts zu treffen. Im Mittelpunkt steht hierbei das Bemühen, Projekte zu identifizieren, welche den höchsten Nettonutzen aufweisen. Die Ermittlung geschieht entweder in Form des Kriteriums des Netto-Gegenwartswerts oder des Quotientenkriteriums. Beim Nettogegewartswert (NGW) ist die Summe der abdiskontierten Nettoerlöse zu maximieren. Formal bedeutet dies:

$$\mathrm{NGW} = \frac{\sum_{t=0}^{T} B_t - C_t}{(1+r)^t} \rightarrow \text{max.!, mit}$$

B_t = Erlöse zum Zeitpunkt t
C_t = Kosten zum Zeitpunkt t
r = Diskontfaktor

Eine andere Möglichkeit stellt das Quotientenkriterium dar, gemäß dem der Quotient aus abdiskontierten Nutzen- und Kostenpositionen zu maximieren ist.

---

45 vgl. Buck, W., S.46
46 vgl. hierfür ausführlich Recktenwald, H. C., (1970)

Die NKA weist folgende Vorgehensweise auf:[47]

1. Bestimmung der relevanten Nebenbedingungen
   Hier ist zwischen
   - physischen (Ressourcen müssen im erforderlichen Umfang zur Verfügung stehen),
   - budgetären (Kosten müssen sich im Rahmen der vorgegebenen Sätze bewegen),
   - gesetzlichen (sowohl privatrechtliche als auch öffentlich-rechtliche Vorschriften),
   - administrativen (Fähigkeit und Kapazität der öffentlichen Verwaltung) und
   - politischen (das Projekt soll neben der wirtschaftlichen Effizienz bestimmte andere Wirkungen, wie z.B. eine Veränderung der Einkommensverteilung zur Folge haben)

   Beschränkungen zu unterscheiden.

2. Formulierung und Vorauswahl der Alternativen
   In diesem Schritt soll bereits eine Einschränkung auf die Alternativen erfolgen, welche dem Effizienzkriterium am ehesten entsprechen. Diese sind unter Berücksichtigung der angesprochenen Nebenbedingungen zu formulieren.

3. Bestimmung der Projektwirkungen
   Hier erfolgt die Erfassung der positiven und negativen Wirkungen von Alternativen in Form ihrer monetären Nutzen und Kosten.

4. Zeitliche Homogenisierung der Nutzen und Kosten auf dem Weg der Diskontierung
   Durch die Diskontierung, also die Abzinsung von zukünftigen Erträgen und Kosten auf den Nettogegenwartswert, werden diese mit den gegenwärtigen Komponenten vergleichbar gemacht. Hierbei wird unterstellt, daß gegenwärtige Nutzen und Kosten höher eingestuft werden als zukünftige, was durch die Existenz einer positiven Zeitpräferenzrate bedingt ist. Diese ist ein Maß dafür, in welchem Maß gegenwärtiger gegenüber zukünftigem Konsum bevorzugt wird.[48]

5. Gegenüberstellung der Nutzen und Kosten für die verschiedenen Alternativen sowie Synthese zu eindimensionalen Güte- und Entscheidungsmaßen
   Hier werden die relevanten Projektwirkungen monetarisiert, um nachher eine Amalgamation vornehmen zu können.

---

[47] vgl. Hanusch, H., S.6

[48] zur Begründung einer positiven Zeitpräferenzrate vgl. Böhm-Bawerk, E. v., S.328 ff.

6. Berücksichtigung von Risiko und Unsicherheit
Dies kann durch Ansatz von Eintrittswahrscheinlichkeiten bei Risiko, bzw. durch Anwendung von Entscheidungsregeln erreicht werden.[49]

7. Aufstellung einer Rangordnung von Alternativen gemäß der Entscheidungsmaße und Empfehlung von einer oder mehrerer Alternativen.

Die NKA erfreut sich im öffentlichen Bereich einer großen Beliebtheit. Gleichwohl weist sie eine Vielzahl von Problemen auf, welche ihre Aussagekraft erheblich einschränken. Die wichtigsten dieser Mängel sollen auch im Hinblick auf die Berücksichtigung ökologischer Belange kurz erläutert werden.

5.1.2 Mängel der Nutzen-Kosten-Analyse

Ein generelles Problem ist darin zu sehen, daß durch die BHO zwar die Verpflichtung zur Durchführung einer Wirtschaftlichkeitsanalyse besteht, es jedoch im Ermessen der entscheidenden Instanzen liegt, ob sie für eine bestimmte Maßnahme auch "geeignet" und zudem noch von "erheblicher finanzieller Bedeutung" ist. Damit ist ein hoher Interpretationsspielraum für die Behörden gegeben. Verstärkt wird dies noch dadurch, daß von dritter Seite kein Rechtsanspruch auf die Durchführung einer NKA besteht.[50]

Umweltbezogene NKA sind in der Regel sehr zeitaufwendig und mit hohen Kosten verbunden. Dies ist durch die notwendige interdisziplinäre Zusammenarbeit bedingt. Wenn man einen Ökonomen mit der Analyse der ökonomischen Wirkungen und einen Naturwissenschaftler mit der Erforschung der ökologischen Wirkungen beauftragt, ist bei einer durchschnittlichen Laufzeit von zwei Jahren mit mindestens DM 300.000,- an Untersuchungskosten für ein einziges Vorhaben zu rechnen.[51]

Die NKA weist auch eine Reihe struktureller Mängel auf. So geht die NKA grundsätzlich davon aus, daß in dem betrachteten Untersuchungsraum Vollbeschäftigung aller Ressourcen vorliegt. Diese Annahme impliziert, daß sich auf den Güter- und Faktormärkten jeweils ein bestimmter Marktpreis bildet. Dann ist es auch einfacher, die effizientesten Projekte unter verschiedenen Alternativen zu identifizieren. In der Realität liegt jedoch keine Vollbeschäftigung vor und auch die Preise sind unterschiedlich, was dann die Frage aufwirft, wie man diese ungenutzten Ressourcen bewerten soll.

---

[49] vgl. Diller, H., S.23ff.
[50] vgl. Schulz, W.; Schulz, E., S.303
[51] vgl. Schulz, W.; Schulz, E., S.321f.

Die einfache Nutzen-Kosten-Analyse berücksichtigt zudem die Verteilungsfrage nicht, was darin begründet liegt, daß ihr Grundanliegen in der Ermittlung der Effizienz von öffentlichen Investitionsprojekten besteht. Man könnte dies damit rechtfertigen, daß zu jeder effizienten Allokation eine entsprechende Verteilung korrespondiert, und diese Verteilung einfach als die erwünschte angesehen wird. Dieser Mangel wird in Form der erweiterten Nutzen-Kosten-Analyse zu kompensieren versucht, indem Nutzenzuwächse bei den verschiedenen gesellschaftlichen Gruppen unterschiedlich gewichtet werden.[52] So werden häufig die Nutzenzuwächse der sozial schwächeren Gruppen höher gewichtet als bei besser gestellten Gruppen. Neben der Schwierigkeit, einen Grenznutzen des Einkommens zu ermitteln, ist auch hier die Gewichtung relativ willkürlich.

Ein wichtiger Kritikpunkt besteht darin, wie Nutzen und Kosten, die zu unterschiedlichen Zeitpunkten anfallen, bewertet werden. Dieses Problem stellt sich vor allem bei Infrastruktureinrichtungen, die durch eine lange Lebensdauer gekennzeichnet sind und relativ hohe Investitionen zu Beginn eines Projekts erfordern. In späteren Jahren werden die Nutzen eines Projekts seine Kosten übersteigen. Dieses Problem wird scheinbar durch die Diskontierung von Nutzen und Kosten gelöst. Hierbei wird unterstellt, daß gegenwärtig anfallende Nutzen und Kosten höher zu bewerten sind als zukünftige. Dahinter verbirgt sich das Konzept der positiven Zeitpräferenzrate. Die Schwierigkeit besteht jedoch darin, mit welchem Zinssatz diese zu unterschiedlichen Zeitpunkten anfallenden Nutzen und Kosten vergleichbar gemacht werden sollen. Man behilft sich in der Regel mit dem Marktzins, der für risikolose Wertpapiere gewährt wird und die gesellschaftliche Zeitpräferenzrate widerspiegeln soll. Abgesehen davon, daß es "den" Marktzins nicht gibt und aus diesem Grund die Projekte mit unterschiedlichen Zinssätzen durchgerechnet werden, was dann natürlich zu unterschiedlichen Ergebnissen führt, bestehen noch weitere Möglichkeiten der Einflußnahme: So kann man die erwarteten zukünftigen Nutzen und Kosten systematisch zu hoch oder zu niedrig ansetzen, oder die Nutzungsdauer des Projekts variieren. Beides hat Auswirkungen auf den Nettogegenwartswert, der somit noch zusätzlich zu den ohnehin teilweise willkürlichen Ansätzen von Nutzen und Kosten im Sinne des "gewünschten" Ergebnisses manipuliert werden kann.

Im Rahmen dieser Arbeit ist die Einbeziehung ökologischer Belange in ökonomische Bewertungsverfahren von Bedeutung. Die NKA verzichtet explizit auf die Erfassung von sogenannten intagiblen Größen. Dabei handelt es sich um Größen, die nicht monetär meßbar sind.[53] Damit sind viele ökologische Aspekte für die NKA nicht mehr entscheidungsrelevant. Zwar werden intangible Werte zumeist in einem Anhang zur eigentlichen Untersuchung (= Addendum) er-

[52] vgl. Hanusch, H., S. 145
[53] vgl. Hanusch, H., S. 10

wähnt, da sie aber nicht im Mittelpunkt der Untersuchung stehen, besteht die Gefahr, daß sie als unbedeutend vernachlässigt werden. Auch wenn man versucht, die eigentlich intangiblen ökologischen Leistungen des natürlichen Kapitals in eine solche Bewertung zu integrieren, (z.B. durch den Ansatz von Vermeidungskosten), würde hier bei der Diskontierung ein Problem auftreten. Es stellt sich nämlich die grundsätzliche Frage, mit welcher Berechtigung ökologische Leistungen, die nicht unbegrenzt substituierbar sind, abgezinst werden. Ist keine unbegrenzte Substituierbarkeit gegeben, was für viele Leistungen von Ökosystemen unterstellt werden kann, dürfte man eine zeitliche Homogenisierung dieser Leistungen nicht vornehmen. Dies würde nämlich wie bei den Erträgen aus anderen Kapitalarten dazu führen, daß zukünftige Leistungen von Ökosystemen einen geringeren Netto-Gegenwartswert aufweisen und somit deren Zerstörung wahrscheinlicher werden läßt.

Entgegenwirken könnte man diesem Tatbestand, wenn man auf eine Diskontierung dieser Leistungen verzichten würde und hierfür entsprechend einen Zinssatz von 0 ansetzen würde.[54] Eine generelle Senkung des Diskontfaktors erscheint als nicht ratsam, da dies (wenn man eine negative Korrelation der Investitionen mit dem Zins unterstellt) zu einer Erhöhung der Investitionstätigkeit insgesamt führen würde, was eine weitere Belastung der Ökosysteme mit sich brächte.[55]

5.2 Die Nutzwertanalyse

5.2.1 Aufbau der Nutzwertanalyse

Neben der NKA wird im öffentlichen Bereich auch die Nutzwertanalyse (NWA) zur Beurteilung von Projektwirkungen verwendet. Im Gegensatz zur NKA berücksichtigt die NWA nicht nur das Effizienzziel, sondern auch andere Zielvorstellungen, wie z.B. das Verteilungsziel. Sie bezieht auch explizit intangible Größen in die Bewertung mit ein. Deshalb wäre sie auch ein Bewertungsverfahren, welches grundsätzlich für die Integration ökologischer Belange in Frage käme. So könnte man im Rahmen einer NWA beispielsweise berücksichtigen, wie sich ein Projekt auf die Artenvielfalt in einem entsprechenden Gebiet auswirkt. Die Vorgehensweise der NWA weist viele Ähnlichkeiten mit der NKA auf:[56]

Zunächst erfolgt eine Aufstellung eines projektspezifischen Zielsystems unter der Erfassung der relevanten Nebenbedingungen. Anschließend werden die Projektalternativen ermittelt, welche den vorherigen Anforderungen genügen. Die NWA bestimmt für jede Alternative Teilwirksamkeiten, welche in einem näch-

---

[54] vgl. Pearce, D.; Markandya, A., S.138
[55] vgl. Pearce, D.; Markandya, A., S.151
[56] vgl. Hanusch, H., S.168

sten Schritt in eine dimensionslose Größe transformiert werden, z.B. in Form von Punktwerten. Diese einzelnen Punktwerte werden dann mit einem vorher festgelegten Faktor gewichtet. Dabei ist zu beachten, daß die Summe der Gewichte 1 ergeben muß. Anschließend wird eine Amalgamation der gewichteten Teilwirkungen zu einer Gesamtwirkung, dem Nutzwert, vorgenommen. Es ist dann die Alternative zu wählen, welche den höchsten Nutzwert aufweist.

5.2.2 Mängel der Nutzwertanalyse

Bei der NWA ist darauf zu achten, daß die einzelnen Ziele voneinander unabhängig sind, um eine übermäßige Betonung einzelner Aspekte zu verhindern. Auch die NWA setzt eine Substituierbarkeit der einzelnen Teilwirksamkeiten voraus, da ansonsten keine Gewichtung und keine Addition der einzelnen Teilnutzwerte möglich wäre. Dann tritt bei der Integration ökologischer Belange das gleiche Problem auf wie bei der NKA, daß diese zugunsten von ökonomischen Erfordernissen hinten angestellt werden, wenn dieser Aspekt nur mit einem niedrigen Gewichtungsfaktor berücksichtigt wird.

Das Verfahren der NWA unterliegt nicht dem ökonomischen Prinzip, da der Nutzwert auch andere Kriterien beinhaltet und somit nicht unbedingt die effizienteste Alternative begünstigt.[57] Im Gegensatz zur NKA bleiben in der NWA auch die Faktoren Risiko und Unsicherheit unberücksichtigt. Zudem nimmt sie auch keine Diskontierung von Nutzen und Kosten vor. Im Hinblick auf die Berücksichtigung ökologischer Belange ist die fehlende Diskontierung jedoch kein Nachteil (s.o.).

Aus der kurzen Übersicht über die Vorgehensweise sowie die Vor- und Nachteile ökonomischer Bewertungsverfahren kann man das altbekannte Fazit ziehen, daß diese Verfahren eine Scheingenauigkeit vorspiegeln, welche in der Realität so nicht gegeben ist. Gleichwohl sind diese Verfahren, insbesondere die NWA, nicht einfach als ungeeignet anzusehen, da sie sowohl den Analytiker als auch den politischen Entscheidungsträger zu einer systematischen Vorgehensweise zwingen. Der Entscheider muß hierbei seine Präferenzen offenlegen, weshalb er sich für eine bestimmte Alternative entschieden hat. Dies ist bereits ein erster Schritt in Richtung auf eine Demokratisierung von Planung und Entscheidung. Auf zusätzliche institutionelle Änderungen, welche hierfür erforderlich erscheinen, wird im III. Abschnitt dieses Kapitels noch einzugehen sein.

[57] vgl. Witte, H., S.27

6. Ökologische Analysen zur Bestimmung der Auswirkungen von Eingriffen

Eine andere Zielsetzung verfolgen ökologische Bewertungen. "Ökologische Bewertung ist die Aufgabe von Ökologen, eine ökologisch-wissenschaftliche Bewertung von Natürlichkeit, der Abweichung davon und der Auswirkungen von Eingriffen in Ökosystemen zu vollziehen."[58]

Die hierbei angewandten Verfahren versuchen vor allem, mögliche Auswirkungen von menschlichen Eingriffen in die natürlichen Ökosysteme zu prognostizieren. In dieser Hinsicht unterscheiden sie sich von den ökonomischen Verfahren, bei denen vor allem die Ermittlung des Nutzens von Ökosystemen für den Menschen im Vordergrund steht. Es scheint sich somit zunächst um völlig unterschiedliche Fragestellungen zu handeln, was jedoch nicht der Fall ist. Menschliche Eingriffe führen zu einer Veränderung von Ökosystemen, wodurch wiederum die Nutzungsmöglichkeiten durch den Menschen beeinflußt werden können. Ökonomie und Ökologie sind somit untrennbar miteinander verbunden, so daß versucht werden sollte, ökologische Belange in ökonomische Bewertungsverfahren zu integrieren.

Ökologische Bewertungsverfahren lassen sich auf vier Grundmuster zurückführen, die im folgenden näher erörtert werden sollen:
- Die ökologische Eignungsbewertung
- Die ökologische Wirkungsanalyse
- Die Interferenz- und Belastungsanalyse
- Die ökologische Risikoanalyse

6.1 Die ökologische Eignungsbewertung

Der Ursprung der ökologischen Eignungsbewertungen liegt zu Beginn der siebziger Jahre. Die ökologischen Eignungsbewertungen versuchen, die Eignung von Ökosystemen und Landschaften für bestimmte gesellschaftliche Nutzungsansprüche zu bestimmen. An diese soll sich eine Prüfung der ökologischen Verträglichkeit gesellschaftlicher Nutzungsansprüche anschließen. Die meisten dieser Beiträge sind jedoch zumeist rein fachplanerischer Natur und berücksichtigen keine Systemzusammenhänge oder stellen lediglich nicht-nutzungsorientierte ökologische Raumgliederungen dar.[59] Insofern sind diese allenfalls als ein erster Schritt aufzufassen, bei dem die Naturraumpotentiale bestimmt werden.

---

[58] Heydemann, B., S.91

[59] vgl. Barth, H. G., S.162

6.2 Die ökologische Wirkungsanalyse

Die ökologische Wirkungsanalyse versucht den Zusammenhang zwischen Verursacher, Wirkung und Betroffenen systematisch zu erfassen.[60] Auch hier sollen Nutzungsansprüche und (potentielle) Umweltbelastungen einander gegenübergestellt werden. Dieses Verfahren kann sowohl für die Erfassung der ökologischen Wirkungen einer Maßnahme, als auch zur Bestimmung der zusammengefaßten Belastungen in einem Teilgebiet verwendet werden.

Plastisch dargestellt werden diese Zusammenhänge durch eine Verflechtungsmatrix, was Abb. 3.7 zeigt. Die ökologische Wirkungsanalyse umfaßt drei Verfahrensschritte:[61]

1. Erfassung von potentiellen Umweltbeeinträchtigungen durch potentielle oder tatsächliche Nutzungsansprüche mit Hilfe einer Verflechtungsmatrix.

Eine solche Verflechtungsmatrix ähnelt dem Aufbau einer Input-Output-Tabelle der Volkswirtschaftlichen Gesamtrechnung. In den Zeilen stehen die Medien, die Flora und die Fauna, welche durch die Maßnahmen der einzelnen Nutzungsformen (z.B. Landwirtschaft, Industrie, Siedlung, Freizeit etc.) beeinträchtigt werden. Diese werden in den Spalten angeordnet. Auf diese Weise erhält man eine Matrix, in der die verschiedenen Abhängigkeiten dargestellt werden können, nämlich die Wirkungen eines verursachenden Anspruch auf ein Medium, bzw. Fauna oder Flora, sowie die Auswirkungen einer Maßnahme auf den Betroffenen selbst.

2. Festlegung des räumlichen Wirkungsbereichs der Maßnahmen und Transformation der meßbaren Belastungen in dimensionslose Belastungsziffern.

3. Erstellung einer ökologischen Konfliktbewertungsmatrix, in der die Einzelbelastungsziffern zu einer Gesamtbelastungziffer pro festgelegter Gebietseinheit aggregiert werden.

Der Nutzungskonflikt ergibt sich aus der Summe der Beeinträchtigungsintensität multipliziert mit der Flächengröße des Nutzungskonflikts (= Beeinträchtigungsgrad). Dieser wird noch mit einem festgelegten Gewichtungsfaktor der Umweltbeeinträchtigung multipliziert.

Die ökologische Wirkungsanalyse würde aufgrund ihrer Vorgehensweise geeignet sein, die Auswirkungen im Rahmen einer Umweltverträglichkeitsprüfung zu ermitteln.[62] Allerdings bleibt auch hier offen, anhand welcher Größen eine konkrete Bewertung vorgenommen werden soll.

---

[60] vgl. Barth, H. G., S.164f.
[61] vgl. Buchwald, K., S.37
[62] vgl. Barth, H. G., S.166

Abb. 3.7: Verflechtungsmatrix Verursacher - Auswirkungen auf Standort - Betroffener

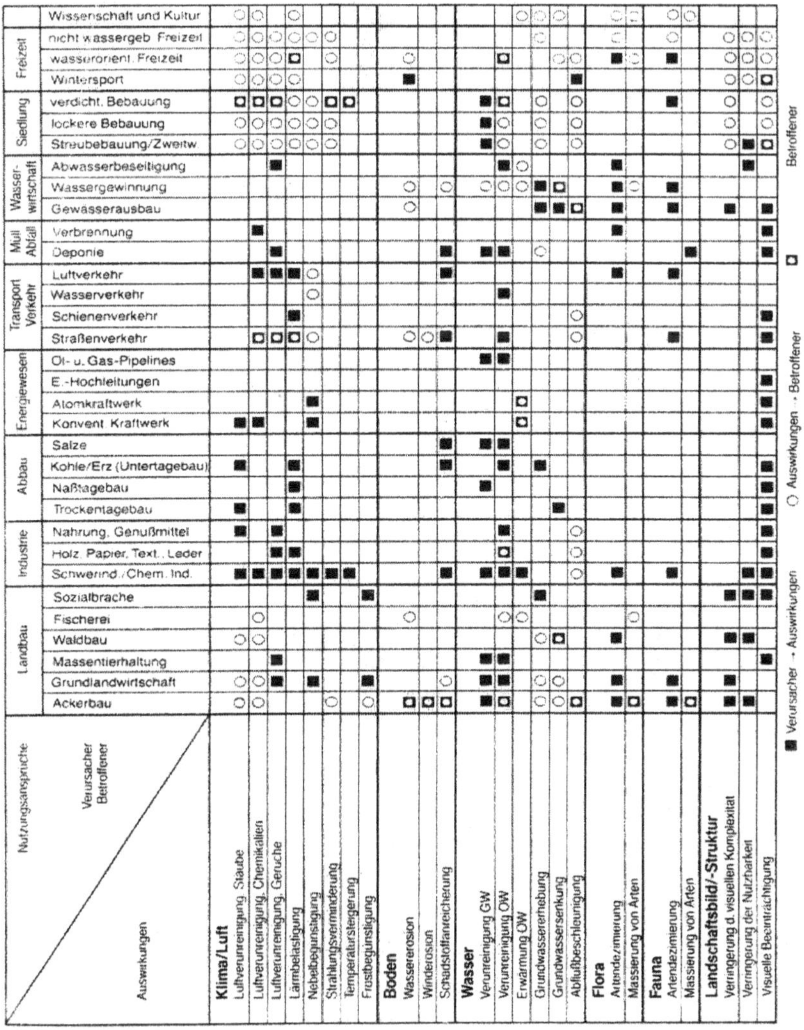

Quelle: Buchwald, K., S.41

6.3 Die Interferenz- und Belastungsanalyse

Im Rahmen der Interferenzanalyse erfolgt zunächst eine Untergliederung der resultierenden ökologischen Probleme der Landschaft aus Nutzungs- und Interessenkonflikten. Diese Probleme können folgendermaßen klassifiziert werden:[63]

1. Beeinträchtigung der eigenen Produktionsgrundlagen durch den landnutzenden Wirtschaftszweig selbst.
2. Konflikte zwischen mehreren Nutzern, bzw. Interessen, die die gleiche Naturressource oder Fläche beanspruchen. Hier tritt ebenfalls der Konflikt zwischen ökonomischer Nutzung und ökologischer Notwendigkeit in den Vordergrund.
3. Ungünstige Konsequenzen für den Menschen als biologisches oder soziales Wesen
4. Beeinträchtigung der Genressourcen und der ökologischen Stabilität (des ökologischen Gleichgewichts) der Landschaft

Die Interferenzanalyse stellt ein Verfahren zur Darstellung der Mehrfachnutzung von Flächen dar. Sie soll die Überlagerung von Wirkungsfeldern, die sogenannten Interferenzfelder, sichtbar machen. Damit würde sie den praktischen Erfordernissen entsprechen, da in der Regel konkurrierende Nutzungsansprüche vorliegen.

Aber auch dieses Verfahren untergliedert letztlich lediglich die Naturressourcen in Teile, für die ein strenger Schutz notwendig ist und in solche, für die solche strengen Schutzerfordernisse nicht bestehen. Diese Einteilung wird wiederum in Form einer ordinalen Skalierung, nämlich in Form von Punktwerten vorgenommen.[64]

Einen anderen Ansatzpunkt bildet die Gegenüberstellung von natürlichen Ressourcen (Wald, Wasser, Genressourcen etc.) und der gegenwärtigen bzw. geplanten Inanspruchnahme (Nutzungsinteressen, sozio-ökonomische Erscheinungen, Nebenwirkungen, Belastungen etc.). Hierbei wird in das "territoriale System ökologischer Streßfaktoren" (Gebiete mit erheblicher Belastung) und in das "territoriale System der ökologischen Stabilität" unterschieden, das durch wenige oder fehlende Störgrößen gekennzeichnet ist. Zwischen diesen beiden Extremtypen liegen dann die weniger problematischen "Übergangsgebiete".

---

[63] vgl. Bastian, O.; Schreiber, K.-F., S.358
[64] vgl. Bastian, O.; Schreiber, K.-F., S.362

6.4 Die ökologische Risikoanalyse

Die ökologische Risikoanalyse verfolgt das Ziel, eine Bewertung der quantitativen und qualitativen Minderung der natürlichen Ressourcen, bedingt durch anthropogene Nutzungsansprüche, vorzunehmen.[65] Sie stellt ein Verfahren dar, das man bei unvollständiger Information anwenden kann. Der Risikobegriff kann aus verschiedenen Blickwinkeln betrachtet werden.[66] In naturwissenschaftlicher Sichtweise versteht man hierunter Unsicherheiten bei der Analyse und Prognose von Wirkungen und die Bestimmung von Eintrittswahrscheinlichkeiten. Aus versicherungstechnischer Sicht wird der Gefahrenaspekt betont und auf die Berechnung einer potentiellen Schadenshöhe abgestellt. In juristischer Sicht wird sowohl die Eintrittswahrscheinlichkeit als auch die Schadenshöhe von staatlichen Eingriffen berücksichtigt. Das ökologische Risiko, welches hier im Mittelpunkt stehen soll, besteht aus einer Aggregatgröße, deren Komponenten die Beeinträchtigungsempfindlichkeit und die Beeinträchtigungsintensität bilden. In diesem Risiko sind auch Werturteile enthalten:

"Die Methode versteht sich politisch, da sie nicht frei von Wertungen ist. Die Suche nach dem akzeptablen Risiko ist kein Problem der naturwissenschaftlich-technischen Optimierung, sondern eher eines der gesellschaftlichen Akzeptanz."[67]

Bei der Einschätzung des Risikos müßten dementsprechend Phasen der wissenschaftlichen Untersuchung mit Phasen der Verhandlung mit den Betroffenen kombiniert werden. Dieser Zusammenhang zwischen Bewertung und institutionellen Gegebenheiten wird sich als eine wesentliche Voraussetzung für die verstärkte Berücksichtigung ökologischer Belange erweisen (vgl. III. Abschnitt).

Die ökologische Risikoanalyse kann im Rahmen einer UVP Anwendung finden. Zwischen der gesetzlichen UVP und der freiwilligen kommunalen UVP besteht ein großer Unterschied.[68] Bei ersterer wird die Öffentlichkeit bei der Festlegung des Untersuchungs- und Bewertungsrahmens (= Scoping)[69] nur ansatzweise und fakultativ durch die Behörden mit einbezogen, ansonsten sogar nur "angehört" (= Informationsrecht). Zudem wird sich häufig lediglich an den zur Gefahrenabwehr notwendigen Vorgaben orientiert. Auf kommunaler Ebene hingegen wird häufiger auf Verhandlungen gesetzt, so daß auf diese Weise eher eine vorsorgeorientierte Handlungsweise erreicht werden kann.

---

[65] vgl. Eberle, D., S.2
[66] vgl. Scholles, F., S.1
[67] Scholles, F., S.1
[68] vgl. Scholles, F., S.3
[69] vgl. Erz, W., S.160

Die ökologische Risikoanalyse wurde 1978 von Bachfischer entwickelt. Sie berücksichtigt zum einen die Komplexität der ökologischen Wirkungsprozesse, als auch die Verfügbarkeit von hierfür erforderlichen Daten. Den Ablauf einer ökologischen Risikoanalyse zeigt Abb. 3.8.. Der Begriff der natürlichen Ressourcen ist relativ weit gefaßt, da er nicht nur konkret meßbare Teile wie z.B. die Artenzahl beinhaltet, sondern auch Bestandteile wie die Erholungseignung oder die Schönheit einer Landschaft.[70]

Abb. 3.8: Ablauf einer ökologischen Risikoanalyse

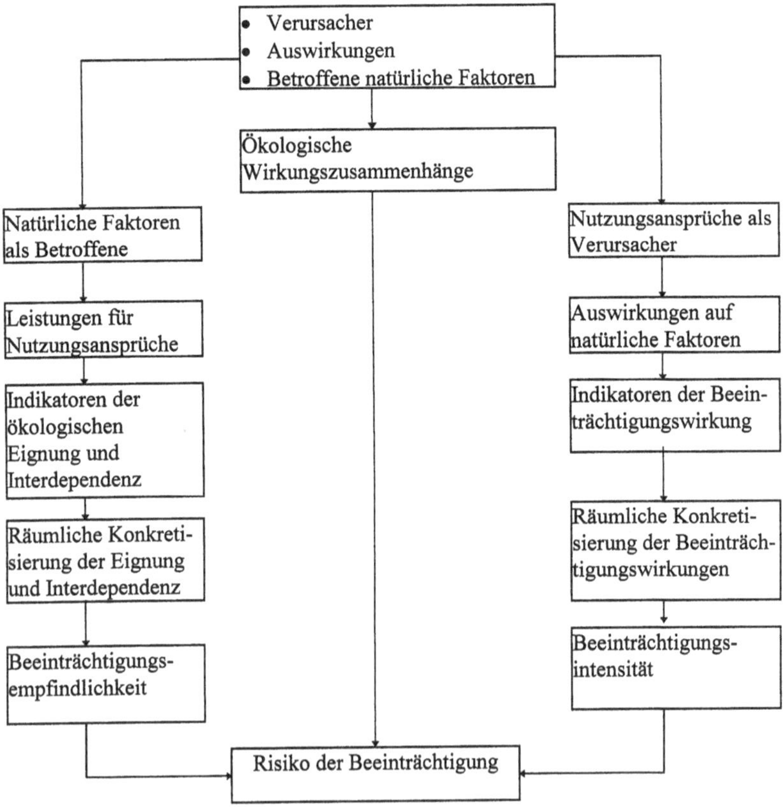

Quelle: Darstellung nach Bachfischer (1978)

---

[70] vgl. Eberle, D., S.3

Die ökologische Risikoanalyse berücksichtigt unterschiedliche Systemzusammenhänge und unterscheidet hierbei zwei Sichtweisen. Zum einen werden die verschiedenen Auswirkungen von Nutzungsansprüchen auf die Ressourcen untersucht, zum anderen wird berücksichtigt, daß die dadurch bedingten ökologischen Folgewirkungen auch wieder Auswirkungen auf die beabsichtigten Nutzungsansprüche aufweisen.

Die ökologische Risikoanalyse besteht aus vier Arbeitsschritten:[71]

a. Zerlegung des komplexen Mensch-Umweltsystems in weitgehend unabhängige Teilsysteme:
Im linken Ast werden hierbei die natürlichen Faktoren identifiziert und mit Indikatoren versehen, welche ihre Leistungen und ihre ökologische Eignung für bestimmte Nutzungsansprüche widerspiegeln sollen. Im rechten Ast werden die verschiedenen Nutzungsansprüche, von denen mögliche Belastungen auf die Ökosysteme ausgehen, definiert, und hierfür Indikatoren festgelegt.

b. Die in jedem Konfliktbereich erzielten Ergebnisse aus Einzeluntersuchungen werden im folgenden zur Größe "Beeinträchtigungsempfindlichkeit" aggregiert (linker unterer Ast).

c. Im rechten Ast werden entsprechend die geplanten Nutzungsbeeinträchtigungen aggregiert und zur Größe "Beeinträchtigungsintensität" zusammengefaßt (rechter unterer Ast). Diese ist von der Quantität und der Qualität der Beeinträchtigungen abhängig. Bis dahin handelt es sich jedoch nur um potentielle Beeinträchtigungen, da es sich um eine Analyse vor der Umsetzung eines konkreten Vorhabens handelt.[72]

d. Im letzten Schritt werden die beiden Äste miteinander verknüpft und so das "Risiko der Beeinträchtigung" identifiziert.

Das Risiko der Beeinträchtigung umfaßt hierbei die Ermittlung der Schadenshöhe, der Eintrittswahrscheinlichkeit, sowie das Gefährdungsrisiko als dem Produkt der beiden Faktoren. Anschließend ist das Risiko zu bewerten (z.B. in Form zusätzlich auftretender Kosten).[73] Für die Faktoren Empfindlichkeit und Beeinträchtigungsintensität sind allenfalls ordinale Skalierungen möglich, obwohl die Risikoanalyse in ihrer Grundform eine kardinale Skalierung erreichen

[71] vgl. Bastian, O.; Schreiber, K.-F., S.346
[72] vgl. Rennings, K., S.138
[73] vgl. Eberle, D., S.16

möchte. Diesen selbst gesetzten Anspruch kann sie jedoch nicht erfüllen.[74] Die ökologische Risikoanalyse weist noch weitere Schwachstellen auf:[75]

1. Fehlende Spezifizierung des Risikobegriffs.
Im Rahmen der Risikoanalyse werden Eintrittswahrscheinlichkeiten nur sehr selten thematisiert, obwohl sie eigentlich ein tragendes Element einer solchen Analyse darstellen.

2. Indikatorprobleme
Hier zeigt sich das Problem, daß es keine allgemeingültigen Indikatoren gibt, welche man generell für eine Untersuchung heranziehen kann. Die Auswahl der Indikatoren erfolgt eher gutachterspezifisch denn regionsspezifisch, so daß durch diese Vorstrukturierung das Ergebnis der Untersuchung massiv beeinflußt werden kann.

3. Klassenbildung
Eine Klassenbildung erfolgt selten sachlich begründet oder entscheidungsorientiert, sondern ist von den Einschätzungen des Gutachters abhängig.

4. Berücksichtigung von Schutzgütern
Auch hier spielt der Gutachter eine wesentliche Rolle, da es von ihm, aber auch von der Verfügbarkeit von Daten abhängig ist, ob diese in der Bewertung entweder bevorzugt oder vernachlässigt werden.

5. Verfahrensfehler
Einer der wichtigsten Verfahrensfehler liegt im Hinblick auf die Abgrenzung des Untersuchungsraumes. Wie bereits angesprochen, sind vor allem die funktionalen Verbindungen zwischen den einzelnen Teilgebieten von Bedeutung. Eine nicht angemessene Abgrenzung des Untersuchungsraums kann somit zu irreführenden Ergebnissen führen.

6. Trennung von Sach- und Wertebene
Es werden Bewertungen innerhalb der UVP vorgenommen, obwohl das UVPG eine strikte Trennung von Beschreibung und Bewertung vorschreibt (vgl. §§6 sowie 11 und 12 UVPG).

7. Regelungsdefizite
Hier zeigen sich die wesentlichsten Schwächen der UVP. Im Prinzip ist die UVP eine Prüfung, in der die Zulässigkeit von bestimmten Maßnahme überprüft wird. Zwar hat die Öffentlichkeit die Möglichkeit, sich hierüber zu informieren,

---

[74] vgl. Eberle, D., S.17
[75] vgl. Scholles, F., S.5

eine Bewertung des Sachverhalts findet jedoch ohne sie statt. Zudem ist es möglich, durch unwesentliche Änderungen oder Plangenehmigungen die UVP zu umgehen, so daß sie nicht unbedingt den an sie gestellten Ansprüchen gerecht werden kann.

Während das Hauptaugenmerk der Ökologie darin besteht, Zusammenhänge innerhalb von Ökosystemen zu erklären, zielt der Naturschutz darauf ab, bestimmte Komponenten von Ökosystemen zu erhalten. Diese Differenzierung wird vielfach einfach ignoriert, wenn man Bewertungen für Naturschutzzwecke mit "ökologischer Bewertung" gleichsetzt. Angebrachter erscheint es, zwischen "biologischer Analyse" von Untersuchungsergebnissen und einer "naturschutzfachlichen Bewertung" zu unterscheiden.[76] Im Gegensatz zu den "ökologischen Bewertungsverfahren", welche eher beschreibend denn konkret wertend sind, wird in den "naturschutzfachlichen Bewertungen" versucht, den Wert von Ökosystemen anhand bestimmter Eigenschaften (siehe Kapitel 1) zu definieren. Die wichtigsten Kriterien hierfür, sowie die konkrete Vorgehensweise sollen im nächsten Abschnitt erläutert werden.

7. Naturschutzfachliche Bewertung von Ökosystemen

7.1 Bewertung von Landschaftskomplexen

Von Seiten des Naturschutzes werden bestimmte Kriterien herangezogen, anhand derer eine naturschutzfachliche Bewertung erfolgt. Die Grundlage für eine Bewertung im Arten- und Biotopschutz bilden die Kriterien Seltenheit und Artenrückgang.[77] Seltenheit kann zum einen naturbedingt (= ursprüngliche Seltenheit), zum anderen durch den Einfluß des Menschen bedingt sein. Daß eine Art selten ist, stellt für sich alleine betrachtet noch keinen hinreichenden Grund dar, Maßnahmen für deren Schutz zu ergreifen. So kann es durchaus wichtiger sein, Arten zu schützen, die im Moment noch relativ zahlreich vorhanden sind, jedoch einen starken Rückgang ihres Bestands aufweisen. Von wesentlicher Bedeutung ist hier die Ermittlung der Ursachen für den Artenrückgang, der zumeist durch die Zerschneidung der Lebensräume bedingt ist, wie bereits erläutert wurde. Eine weitere wichtige Rolle spielt die Beurteilung der Ersetzbarkeit und der Regenerationsfähigkeit von Ökosystemen.

Im Falle von Eingriffen zum Zweck der Landschaftspflege oder des Naturschutzes sind die Wirkungen dieser Eingriffe auf das Gesamtsystem von Bedeutung. Für eine Bewertung der Auswirkungen von Eingriffen auf eine Landschaft ist diese unzulässigerweise - jedoch aus methodischen Gründen unabdingbar - in ihre einzelnen Komponenten zu zerlegen.[78] Dies geschieht im Grunde bei jeder

[76] vgl. Erz, W., S.136
[77] vgl. Kaule, G., S.250
[78] vgl. Kaule, G., S.250

Modellbildung, die auf abstrakte Weise die Wirklichkeit vereinfacht und die "überflüssigen" Komponenten weg läßt. Bei der Komplexität von Ökosystemen ist jedoch eine solche ceteris-paribus Analyse mit besonderen Problemen verbunden. Gleichwohl erscheint bei dem momentanen Stand der Forschung eine andere Vorgehensweise nicht möglich. Die einzelnen Komponenten werden im Rahmen eines sinnvollen Bezugssystems bewertet. Diese Einzelbestandteile werden im Anschluß daran zu einem Landschaftsgefüge zusammengestellt und als eine größere ökologische Einheit bewertet. Eine Gliederung der Landschaft könnte gemäß Abb. 3.9 vorgenommen werden:

Abb. 3.9: Gliederung der Landschaft in bewertbare Einheiten

Gliederung der Landschaft in Einzelbestandteile	**Herausarbeitung von hinreichend homogenen Landschaftskomplexen**
Schutzwürdige Biotope Vorrangflächen für den Naturschutz Ausgleichsflächen der Nutzökosysteme	 biologisch überdurchschnittlich wertvolle Landschaftskomplexe
	"durchschnittliche" Landschaft
Nutzflächen	
für Artenschutz noch bedeutend für Artenschutz unbedeutend für Artenschutz negativ	 biologisch mehr oder weniger stark verarmte Landschaft

Quelle: Kaule, G., S.252

Bei dieser Einteilung bleibt jedoch zu klären, anhand welcher Kriterien eine Landschaft beurteilt werden soll. In der Literatur findet sich zwar eine nahezu unübersehbare Zahl von Einzeluntersuchungen, aus welchen sich jedoch kaum Verallgemeinerungen für die Vorgehensweise oder den Inhalt einer naturschutzfachlichen Bewertung von Ökosystemen ableiten lassen.

Sowohl die Einzelteile als auch der gesamte Komplex sind in einem räumlichen und einem zeitlichen Bezug zu bewerten.[79] Für die Bewertung von Ökosystemen und Arten würde sich als räumliches Bezugssystem eine biologische Gliederung gut eignen. Hierzu könnte man sich der vorhandenen Biotopkartierungen bedienen. Da jedoch der praktische Naturschutz wiederum an administrativen Gebietseinheiten und dementsprechenden politischen Verantwortlichkeiten ausgerichtet ist, zeigt sich auch hier das gleiche Dilemma wie in der regionalen Wirtschaftspolitik. Ein zeitliches Bezugssystem ist notwendig, da sich Ökosysteme im Zeitablauf verändern und zu unterschiedlichen Zeitpunkten das

[79] vgl. Kaule, G., S.252

Ausmaß der Veränderung von Ökosystemen dementsprechend verschieden ist. Auch weisen jüngere und ältere Ökosysteme unterschiedliche Eigenschaften auf (vgl. Abb. 1.6). Für die Ermittlung der im Zeitablauf eingetretenen Veränderungen kann man sich teilweise an alten (soweit vorhandenen) Luftbildern orientieren.

7.2 Bewertung der Gefährdung von Arten

Das Hauptziel des Naturschutzes liegt in dem Erhalt möglichst aller Tier- und Pflanzenarten. Häufig bildet die Seltenheit (verbunden mit der Repräsentanz) den Ausgangspunkt für den Schutz einer Art. Den mit am häufigsten verwandten Ansatz stellen die roten Listen dar, gemäß denen die gefährdeten Arten klassifiziert werden. Hierfür werden fünf Klassen gebildet, wie Abb. 3.10 zeigt:

Abb. 3.10: Definition der Gefährdungsgrade

Klasse	Gefährdungsgrad
0	ausgestorben oder verschollen
1	vom Aussterben bedroht
2	stark gefährdet
3	gefährdet
4	potentiell gefährdet

Quelle: Vereinfachte Darstellung nach Kaule, G., S.255

Wenn man eine Bewertung über die roten Listen vornimmt, ist bei der konkreten Bewertung zu berücksichtigen, in welchem geographischen Rahmen eine Art gefährdet ist. Hierzu kann man sich der Gewichtung bedienen. Das Gewicht sollte um so höher liegen, je höher ihr Gefährdungsgrad ist und in welcher Gebietsabgrenzung dies der Fall ist, also ob z.B. eine Art nicht nur regional, sondern auch überregional gefährdet ist. Für die Rote-Liste-Arten wird von Auhagen (1982) folgender Bewertungsschlüssel vorgeschlagen:

Abb. 3.11: Gewichtungsvorschlag für Rote-Liste-Arten

		Bezugsraum	Region	Land	Bund	Europa
Gefährdungskategorie	**Gewicht**		1	5	10	25
3	1		1	5	10	25
2 und 4	5		5	25	50	125
0 und 1	25		25	125	250	625

Quelle: Auhagen in Kaule, G., S.259

Den Ausgangspunkt der Gewichtung bildet die Klasse 3, welche den Gewichtungsfaktor 1 erhält. Die Gefährdungsgrade 0 und 1 werden in einer Klasse zusammengefaßt, da man davon ausgehen kann, daß eine verschollene Art, die wieder auftaucht, vermutlich nach wie vor vom Aussterben bedroht sein dürfte.

Diese Gefährdungsgrade sollen um das 25-fache höher bewertet werden als der Gefährdungsgrad 3 (= gefährdet). Der Gefährdungsgrad 4 sollte für Arten vergeben werden, die zwar momentan nicht gefährdet sind, jedoch aufgrund einer Bedrohung ihrer Lebensbedingungen. Der Gefährdungsgrad 2 (= stark gefährdet) sollte gemäß diesem Vorschlag wie der Gefährdungsgrad 4 (= potentiell gefährdet) mit dem Faktor 5 gewichtet werden. Dies erscheint insofern sinnvoll, damit aus einer potentiellen Gefährdung keine tatsächliche wird und bereits im Vorfeld Maßnahmen zum Schutz der betreffenden Art ergriffen werden.

Auf regionaler Ebene nimmt das Gewicht immer weiter zu, je größer die betrachtete Raumeinheit gewählt wird. Sie liegt laut diesem Vorschlag zwischen dem Faktor 1 für die Region und dem Faktor 25 für eine europäische Betrachtung. Alleine auf dieser Einteilung sollte keine naturschutzfachliche Bewertung beruhen, sie stellt jedoch in Kombination mit anderen Kriterien, welche im folgenden näher ausgeführt werden sollen, zumindest eine brauchbare Annäherung dar.

7.3 Bewertung der Regenerationsfähigkeit und Ersetzbarkeit

Für eine naturschutzfachliche Bewertung spielt auch die Regenerationsfähigkeit und die Ersetzbarkeit von Ökosystemen eine entscheidende Rolle. Besonders schützenswert sind nach herrschender Ansicht Ökosysteme, die einen hohen Reifegrad erreicht haben, welcher positiv mit dem Alter korreliert. Aus dieser Aussage läßt sich jedoch nicht einfach ableiten, daß ein junger Lebensraum weniger wert ist, als ein entwickelter, da Ökosysteme keine statischen Systeme sind, sondern in Form der Sukzession eine eigene Dynamik entwickeln. Bei der naturschutzfachlichen Bewertung von Ökosystemen kann man zwischen primären, nutzungsbedingten und sekundären Ökosystemen unterscheiden.[80] Primäre Ökosysteme sind vom Menschen nicht oder kaum beeinflußt und sind auch kaum durch ihn entwickelbar. Insofern kann man diese Systeme als natürlich bezeichnen. Nutzungsbedingte und sekundäre Systeme sind vom Menschen geschaffen. Erstere können mehrere Jahrhunderte alt sein (z.B. entstanden durch den Anbau bestimmter Kulturen), während sekundäre Systeme (dazu gehören z.B. Kies- oder Sandgruben) relativ leicht geschaffen werden können. Vor allem Ökosysteme, die sich als nicht wiederherstellbar erweisen, müssen entsprechend hoch bewertet werden. Es können auch Ökosysteme höherer Wertigkeit in Form von Ausgleichs- und Ersatzmaßnahmen durch den Menschen geschaffen werden. Bei der Schaffung von Lebensräumen für gefährdete Arten ist auch darauf zu achten, daß die Tierarten die Räume auch erreichen können, was z.B. durch die Zerschneidung der Landschaft nicht immer gewährleistet ist.

[80] vgl. Kaule, G., S.264

Eine Bewertung der Regenerationsfähigkeit und der Ersetzbarkeit von Ökosystemen erfordert die Bildung von Altersklassen sowie eine entsprechende Zuordnung der Ökosysteme. Das Alter von Ökosystemen ist deshalb von Bedeutung, da es nicht künstlich hergestellt werden kann.[81] Ökosysteme mit einem Alter von 150 Jahren und mehr erweisen sich faktisch als nicht ersetzbar. Ökosysteme zwischen 80 und 150 Jahren gelten langfristig als "machbar", jüngere Systeme können bei richtiger Planung mittelfristig entstehen.

Damit sich neue Biozönosen bilden können, müssen auch Tier- und Pflanzenarten bestimmte Eigenschaften aufweisen. Bei den Pflanzenarten sollte eine hohe Keimfähigkeit vorliegen und sie sollten sich rasch verbreiten können. Die Tierarten sollten die Fähigkeit haben, diese neuen Standorte auch aus einer größeren Entfernung erreichen zu können.

7.4 Bewertung von Gebietseigenschaften

Bei konkreten Bewertungen von Ökosystemen werden oftmals die Homogenität, die Komplexität sowie die Größe eines Gebiets als Kriterien zugrunde gelegt. Dazu kommt noch die Berücksichtigung der Beziehungen eines Systems mit seinen Außenfaktoren.[82]

Bei der Diskussion um erforderliche Gebietseigenschaften wird zum einen die Bedeutung von vielfältigen Gebieten betont, zum anderen aber auch die Größe eines einheitlichen und nur wenig strukturierten Gebiets als bedeutend erachtet. Homogenität und Komplexität sind jedoch nur scheinbar ein widersprüchliches Begriffspaar, da diese Kriterien vom jeweiligen Ökosystem und dessen Artenausstattung abhängig sind.

Ein weiterer Ansatzpunkt liegt in der Größe des Gebiets. Über die Größe eines Ökosystems kann man keine allgemeingültige Aussage treffen, da dies vor allem von den in ihm beheimateten Arten abhängig ist. So ist der Flächenbedarf von Kleintieren natürlich niedriger als der von Greifvögeln, deren Revier viele Hektar umfassen kann. Die Flächengröße sollte allenfalls bei Naturschutzgebieten als zusätzliches Kriterium herangezogen werden. Wichtiger erscheint, daß diese Systeme zumindest in einem lockeren Verbund miteinander stehen, so daß eine Wanderung der Arten zwischen diesen auch möglich ist (vgl. Kapitel 2).

[81] vgl. Kaule, G., S.268
[82] vgl. Kaule, G., S.268ff.

7.5 Bewertung von Landschaftskomplexen

Bei der Bewertung von Landschaftskomplexen sind die vorher isoliert betrachteten Bestandteile wieder zu einem Ganzen zusammenzufügen. Das Problem ist jedoch auch hier, daß ein komplexes Ökosystem wiederum Eigenschaften aufweist, welche bei einer Einzelbetrachtung nicht vorhanden waren.

Es lassen sich drei Arten voneinander relativ unabhängiger Bewertungsverfahren unterscheiden:[83]

1. Konzept der differenzierten Bodennutzung, Größe von Monostrukturen, Nutzungsmischung
2. Bewertung nach Anteil besonders schutzwürdiger Biotope an der Gesamtfläche
3. Bewertung über Artengruppen (deren Aktionsraum nach bestimmten Kriterien definiert ist)

Für die Bewertung von kleinflächigen Strukturen können Pflanzen und niedrige Bodentiere verwandt werden, da deren Mobilität nicht hoch ist. Für größere Landschaftskomplexe werden Arten benötigt, die einen Ortswechsel vornehmen. Diese sind insbesondere bei der Mischnutzung eines Gebiets geeignet. So gibt es Arten, die unterschiedliche Biotoptypen als Schlafplatz und als Nistplatz suchen. Dies ist auch im Brombachgebiet im sogenannten Wiesmet der Fall. Bei Vorhandensein von Arten, die großräumige und weitgehend ungestörte Gebiete benötigen, bzw. an eine Kombination von bestimmten Biotoptypen gebunden sind, ist die Qualität eines Gebiets von allein gegeben. Bei Tierarten ist zu beachten, daß diese sich häufig gegenseitig beeinflussen, z.B. in Form der Räuber-Beute-Beziehung. Auch daraus resultiert ein Verbreitungsmuster von bestimmten Tierarten. Deshalb sind bei der Bewertung von Landschaftskomplexen zwei Aspekte zu berücksichtigen:

- Eine Bewertung sollte nicht von einer Art allein abhängig gemacht werden
- Es sollten möglichst verschiedene Tier- und Pflanzengruppen herangezogen werden

7.6 Probleme der Anwendung von Forschungsergebnissen

Die Anwendung von Ergebnissen ökologischer Forschungsarbeiten sind mit einer Vielzahl von Problemen verbunden: Zum einen beruhen deren Ergebnisse zumeist auf punktuellen Untersuchungen von Fauna und Flora eines (wie auch immer) abgegrenzten Teilgebiets. Die Gesamtzusammenhänge innerhalb des untersuchten Systems bleiben dadurch jedoch weitgehend unberücksichtigt, was gerade von Interesse wäre. Angesichts der Komplexität der Systemzusammenhänge ist dies beim gegenwärtigen Stand der Forschung allerdings ein nahezu aussichtsloses Unterfangen.

---

[83] vgl. Kaule, G., S.328ff.

Wenn man diese Zusammenhänge auch nicht vollständig erfassen oder zumindest nicht mit einiger Sicherheit hinreichend quantifizieren kann, ist bei Eingriffen in ein Ökosystem Vorsicht erforderlich und bei einer hohen Unsicherheit bezüglich der Auswirkungen zu unterlassen.

Um zumindest Teile eines Systems erfassen und beurteilen zu können, werden oftmals Indikatoren gebildet. Über Indikatoren wird definiert, was nach Wissenschaft und dem gegenwärtigen Stand der Technik erreicht werden soll. Bei der Verwendung von Indikatoren treten verschiedene Probleme auf.[84] Jede anerkannte Bewertungsmethode ist nämlich dreifach selektiv, und zwar hinsichtlich der verwendeten Indikatoren, deren Gewichtung sowie den angewandten Verknüpfungsregeln:

1.Auswahl von Indikatoren
Durch die vorherige Selektion der Bewertungsgegenstände sowie der als relevant erachteten Meßgrößen ergibt sich von vornherein eine Einschränkung bezüglich der Aussagekraft einer Bewertung. Aus pragmatischen Gründen (Kosten- und Zeitaufwand) ist dies allerdings auch notwendig. Man sollte jedoch versuchen, für bestimmte Kriterien die gleichen Indikatoren zu verwenden, damit auch zwischen einzelnen Untersuchungen zumindest ansatzweise eine Vergleichbarkeit zwischen den jeweiligen Studien gewährleistet ist (Einzeluntersuchung versus allgemeinen Aussagen).

2. Das Gewichtungs- und Verknüpfungsproblem
Nur Merkmale, die alle die gleiche Dimension aufweisen, lassen sich auch aggregieren. So muß auch hier zunächst eine Transformation aller Merkmale vorgenommen werden, um dies zu ermöglichen. Zudem sind nicht alle Zielkriterien von gleicher Bedeutung. Man versucht diesen Tatbestand zu berücksichtigen, indem man eine Gewichtung der einzelnen Merkmale vornimmt. Eine solche Gewichtung erscheint als willkürlich. Allerdings spiegeln sich hierin auch die Präferenzen der Entscheidungsträger wider, so daß sich die Transparenz der getroffenen Entscheidungen erhöht. Auch sollten die Indikatoren so gewählt sein, daß sie voneinander unabhängig sind, also keine Korrelation untereinander aufweisen. Wäre dies der Fall, erhält der betreffende Sachverhalt unter Umständen ein zu hohes Gewicht.[85]

Die Berücksichtigung ökologischer Belange durch eine Integration in Bewertungsverfahren alleine erscheint jedoch nicht ausreichend zu sein. Von nicht zu unterschätzender Bedeutung ist auch die Beteiligung der Öffentlichkeit an der Entscheidung über umweltrelevante Projekte.

---

[84] vgl. Klemmer, P.; Karl, H., S.27
[85] vgl. Klemmer, P.; Karl, H., S. 48 ff.

II. Institutionelle Änderungserfordernisse

1. Mängel der institutionellen Regelungen im Hinblick auf die Nutzung der Umwelt

Entscheidungen im Bereich der Technologie und der Umwelt sind aus drei Gründen mit Problemen behaftet:[86]

1. Sehr hohe Komplexität in humaner, sozialer und moralischer Dimension
2. Hohes Maß an Handlungsunsicherheit
3. Hohe Reichweite der Entscheidung (auch in zeitlicher Hinsicht)

Ökologische Erfordernisse werden bei politischen Entscheidungen zumeist nur unzureichend berücksichtigt. Dies ist darauf zurückzuführen, daß im politischen Bereich generell eher kurzfristig orientierte Konzeptionen von Bedeutung sind. In Demokratien sind die politischen Entscheidungsträger gezwungen, sich der Wiederwahl zu stellen, wenn sie ihre Positionen behalten wollen. Da sich die Politiker gemäß den Aussagen der Neuen Politischen Ökonomie als Stimmenmaximierer verhalten[87], werden sie vor allem Rücksicht auf die Interessen ihrer Klientel nehmen und eher kurzfristige Erfolge anstreben. Bei umweltrelevanten Vorhaben trifft dies um so mehr zu, da Verschlechterungen der Umweltqualität häufig erst langfristig spürbar werden, die Erträge aus einer Nutzung jedoch früher anfallen.

Es wäre aber nicht angebracht, die politischen Entscheidungsträger für diese Entwicklungen alleine verantwortlich zu machen. Die Politiker sind in einer Zeit zunehmender Komplexität immer mehr auf die Unterstützung durch die Behörden (= administrativer Bereich) angewiesen und sind von diesen in hohem Maße abhängig. Von Seiten der Behörden werden Lösungen angeboten, welche diese vorher erarbeitet haben. Somit wäre es möglich, daß bevorzugt Vorschläge unterbreitet werden, die für die Behörden mit dem geringsten Aufwand erbracht werden können, bzw. welche sich rasch abwickeln lassen, ohne langwierige Einsprüche befürchten zu müssen.[88] Erschwerend kommt noch hinzu, daß die jeweiligen Entscheidungsbereiche eine optimale Lösung für ihren speziellen Bereich anstreben, so daß die Gefahr besteht, daß der Blick für den Gesamtzusammenhang verloren geht und sich eine insgesamt suboptimale Lösung ergibt.

Damit haben die politischen Entscheidungsträger (zum Teil auch unmerklich) im Grunde die eigentliche Entscheidungsbefugnis verloren. Von der Zielset-

---

[86] vgl. Zilleßen, H.; Barbian, T., S.7

[87] Dies wird durch das Downs-Modell beschrieben.

[88] Das Niskanen-Modell der Neuen Politischen Ökonomie unterstellt, daß die Bürokraten eine Maximierung ihres Budgets, bzw. ihres diskretionären Entscheidungsspielraums anstreben.

zungsfunktion der Politik ist nur noch die Lenkung des Zielfindungsprozesses übrig geblieben.[89]

2. Integration der Betroffenen in den Entscheidungsprozeß

Ein weiteres wesentliches Manko ist darin zu sehen, daß die Beteiligung von Betroffenen einer öffentlichen Maßnahme am Entscheidungsprozeß und an der Entscheidung selbst als unzureichend zu erachten ist. Raum- und umweltwirksame Entscheidungen werden durch Parlamente und Gremien getroffen, um Transaktionskosten zu senken, sowie das Wissen der Experten zu nutzen. Diese Entscheidungen beruhen auf einem Planfeststellungsverfahren, welches (vereinfacht) folgende Vorgehensweise aufweist:

1. Vorverhandlungen zwischen den Genehmigungsbehörden und der Antragsstellerin untereinander, was man als "informales Verwaltungshandeln" bezeichnet.
2. Ausliegen der Pläne zur Einsicht und Einspruchsmöglichkeit
3. Abwägung der Einsprüche innerhalb der Behörde sowie Entscheidung durch dieselbe.

An keiner Stelle im Ablauf des Planfeststellungsverfahrens ist jedoch eine Möglichkeit vorgesehen, bereits im Vorfeld Einwendungen gegen Vorhaben zu beseitigen. Als Folge dieser Regelungen resultiert eine zunehmende Zahl von Klagen vor den Verwaltungsgerichten, was zu einer hohen Belastung derselben führt und - falls die Klage abgelehnt wird - zumindest Verzögerungen bei der Realisierung von Projekten mit sich bringt.

Dieses fehlende Zusammenspiel zwischen den Beteiligten stellt einen zentralen Forschungsgegenstand in der Institutionenökonomie dar. Diese betont den Holismus, die Interdisziplinarität, die Rolle der Akteure und berücksichtigt die zugrundeliegenden Machtverhältnisse. Im Hinblick auf die in der Ökonomie dominierende neoklassische Theorie läßt sich feststellen, daß diese mit der Institutionenökonomie vereinbar ist, da auch diese eine Optimierung innerhalb eines gegebenen Rahmens anstrebt. Die Institutionenökonomie stellt insofern eine Erweiterung dar, da sie die Institutionen nicht wie die neoklassische Theorie als gegeben hinnimmt, sondern auch die Rolle der beteiligten Akteure sowie die vorherrschenden Machtverhältnisse und ihre Auswirkungen mit einbezieht.[90]

Institutionen dienen vor allem dazu, Unsicherheiten zu verringern. Es soll durch sie gewährleistet werden, daß sich alle an entsprechend vorgegebene Regelungen halten. Gleichzeitig bieten sie die Möglichkeit, sich aktiv an einem

---

[89] vgl. Zilleßen, H.; Barbian, T., S.4

[90] Einen guten Überblick über die Forschungsgegenstände der Neuen Institutionenökonomik gibt Richter (1996).

Entscheidungsprozeß zu beteiligen und eigene Vorstellungen einzubringen. Speziell im ökologischen Bereich, bzw. im Naturschutz sind institutionelle Regelungen von großer Bedeutung und sind eher in der Lage, ein gesellschaftlich erwünschtes Optimum herbeizuführen.[91] Es existieren durchaus Möglichkeiten, um eine wesentliche Verbesserung des Abstimmungs- und Entscheidungsprozesses zu erreichen.[92] Hierfür ist die Beteiligung und Abstimmung dreier Ebenen notwendig:

1. Beteiligung des Bürgers
Grundsätzlich könnte man davon ausgehen, daß der Bürger mit seiner "Laienlogik" nicht über das notwendige Fachwissen über die Zusammenhänge verfügt, so daß eine Beteiligung unter diesem Aspekt als nicht sinnvoll erscheint. Diese Laienlogik könnte man jedoch auch als Alltagswissen, bzw. Alltagserfahrung interpretieren. Damit ist er in manchen Bereichen den Experten als auch den Politikern überlegen.

2. Beteiligung der Planer
Der Planer soll mit seinem Sachverstand die Informationsbasis der betroffenen Bürger als auch der politisch Verantwortlichen erweitern. Von Bedeutung hierbei ist vor allem die Rolle des Landschaftsplaners. Dieser sollte der Anwalt der Umwelt und gleichzeitig gegenüber Bürgern und Politikern verantwortlich sein. Probleme ergeben sich jedoch, weil der Planer während der Durchführungsphase kein Mitspracherecht besitzt, da ein Landschaftsplan mit seinem Entwurf als abgeschlossen gilt.[93]

3.Beteiligung der Politiker
Die Politiker haben das Mandat von den Bürgern erhalten, um für diese stellvertretend Entscheidungen zu treffen.

Diese Vorgehensweise könnte man als einen Ansatz zur Umsetzung des Verbundprinzips betrachten, da in der momentanen Konstellation die Beteiligten lediglich in relativ loser Verbindung zueinander stehen. Die Politiker haften zumeist nicht für getroffene Entscheidungen und können deshalb auch später nicht zur Rechenschaft gezogen werden (allenfalls indirekt, indem sie nicht wiedergewählt werden). Zudem sind sie häufig durch Gutachten der Planer gedeckt, auf deren Basis sie ihre Entscheidung getroffen haben. Die Planer wiederum erhalten ihre Aufträge von den politisch Verantwortlichen. Deshalb erweist es sich als notwendig, eine bessere Verknüpfung zwischen den Beteiligten herzustellen. Würden diese Ebenen zusammenarbeiten, sollten eigentlich Ergebnisse zustande

---

[91] vgl. Rothgang, M., S.107 ff.
[92] vgl. Schluchter, W., S.2
[93] vgl. Kaule, G., S.368

kommen, welche für alle Beteiligten Vorteile mit sich brächten. Die Bürger hätten die Möglichkeit, ihre Ideen einzubringen, welche von Experten auf ihre Umsetzbarkeit (z.B. im Hinblick auf rechtliche oder finanzielle Hemmnisse) geprüft und gegebenenfalls modifiziert würden. Diese könnten dann von den politisch Verantwortlichen umgesetzt werden. Dies würde einer aktiven Bürgerbeteiligung nahekommen, während man die derzeit praktizierte Methode nicht ganz unberechtigt als Bürgerverwaltung bezeichnen könnte.

Gegen dieses Verfahren würde zunächst einmal sprechen, daß die Präferenzen der einzelnen Bürger grundverschieden voneinander sein können[94] und diese Vorgehensweise somit zu keinem Ergebnis führen würde. Dem wäre entgegenzuhalten, daß die Beteiligung von Bürgern freiwillig und ehrenamtlich ist, da sie in deren Freizeit erfolgt. Deshalb erscheint es gerechtfertigt anzunehmen, daß sie auch bereit sind, sich zu engagieren. Wichtig ist hierbei, daß die Bürger auch das Gefühl vermittelt bekommen, daß ihre Mühe gewürdigt und nicht einfach ignoriert wird, da ansonsten ihre Bereitschaft zur Beteiligung relativ rasch erlahmen dürfte. Auch von rechtlicher Seite liegen gegen eine Anwendung dieses Verfahrens keine begründeten Einwendungen vor.[95]

Grundlegend für dieses Konzept ist der win-win-Gedanke. Es soll also versucht werden, eine Konstellation zu erreichen, in der durch eine Entscheidung zumindest niemand schlechter gestellt wird, als in der Ausgangssituation. Dies würde dem Pareto-Kriterium der Wirtschaftstheorie entsprechen. Neben dieser grundsätzlichen Modifizierung der institutionellen Entscheidungsstrukturen ist zu fragen, auf welche Weise nun diese Vorstellungen konkret umgesetzt werden können. Deshalb soll im folgenden die Eignung von Mediationsverfahren als Instrument zur Umsetzung des vorher diskutieren Rahmenmodells näher erörtert werden.

3. Mediation als Instrument innovativer Entscheidungsvorbereitung

3.1 Grundlagen der Mediation

Hoheitliche Entscheidungen werden fast immer dazu führen, daß es zu Bevorzugung oder Benachteiligung von Individuen oder Interessengruppen kommt, ganz egal ob und in welcher Form man die Betroffenen am Entscheidungsprozeß beteiligt. Probleme lassen sich jedoch durch Verhandlungen möglicherweise rascher lösen und können zu besseren Lösungen für alle Beteiligten führen. Es lassen sich verschiedene Arten von Verhandlungsmodellen unterscheiden:

---

94 Interessant ist hierbei das sogenannte NIMBY-Phänomen (not in my backyard), wonach die Bürger zwar grundsätzlich für eine bestimmte Maßnahme sind, diese jedoch tunlichst nicht in ihrer unmittelbaren Umgebung vollzogen wird, wie sich dies z.B. bei Abfalldeponien zeigt.

95 vgl. Schluchter, W., S.4

a. Expertenmodelle

Bei diesen Verfahren sind lediglich Experten unterschiedlicher Fachrichtungen beteiligt. Die Öffentlichkeit ist jedoch bei diesen Verfahren grundsätzlich von der Entscheidungsfindung sowie der Entscheidung selbst ausgeschlossen. Dies ist dann im Grunde jedoch nichts recht viel anderes als die bisherige Vorgehensweise von einem Planfeststellungsverfahren bis zur konkreten Realisierung eines Projekts, da hier bereits in informellen Zusammenkünften und Gesprächen der Beteiligten Entscheidungen schon vorstrukturiert werden.

b. Dezisionistische Modelle

Bei diesen Modellen geben Experten ihr Wissen an die entsprechende politische Entscheidungsinstanz weiter, welche dann die Entscheidung trifft. Dies entspricht einer konventionellen Vorgehensweise, bei der Probleme vorher in den zuständigen Ausschüssen erörtert und durch die Politiker entschieden werden. Ein schwerwiegendes Problem liegt hierbei darin, daß die Experten hier nicht mehr beteiligt sind und politische Kompromisse geschlossen werden, welche nicht immer unbedingt der vorher empfohlenen Vorgehensweise entsprechen.

c. Marktmodelle

Diese Modelle basieren auf den Arbeiten von Coase, wonach über Verhandlungen pareto-optimale Lösungen erreicht werden.[96] In der Theorie würde dies zu einer pareto-optimalen Lösung führen, aber aufgrund der sehr restriktiven Annahmen ist eine Realisierung in der Praxis nicht ohne weiteres möglich. So wird z.B. unterstellt, daß alle Beteiligten über vollständige Information verfügen und keine Transaktionskosten bei den Verhandlungen anfallen.[97] Besonders der letzte Aspekt ist von Bedeutung, da mit zunehmender Zahl der Teilnehmer an den Verhandlungen eine effiziente Marktlösung immer unwahrscheinlicher wird.[98]

d. Modelle für eine gemeinsame Entscheidungsfindung

Diese Verfahren werden in Deutschland unter dem Kooperationsprinzip praktiziert. Die von einem Problem betroffenen gesellschaftlichen Gruppen sollen bei der Lösung eines Problems beteiligt werden. Je nach Wahl des Teilnehmerkreises können sich diese Verfahren durch Fachwissen oder direkte Beteiligung der Betroffenen gekennzeichnet sein. Diese kann man als Mediationsmodelle bezeichnen.

Ihren Ursprung haben Mediationsverfahren in den USA und Kanada. In der Bundesrepublik wurden bislang Mediationsverfahren in der Praxis noch kaum

---

[96] vgl. Coase, R. H. (1960)
[97] vgl. Coase, R. H., S.717
[98] vgl. Neumann, M. (Band 2), S.250

angewandt. Unter Mediation versteht man eine Art "runder Tisch", bei der bereits während der Planungsphase eines Projekts die betroffenen Beteiligten versuchen, unterschiedliche Meinungen im Vorfeld zum Ausgleich zu bringen, oder zumindest einander anzunähern, um dadurch langwierige und kostspielige Einspruchsverfahren möglichst zu vermeiden. Ähnliches wird bereits seit langem in Schweden in Form des Ombuds-Mannes praktiziert, der zivilrechtliche Streitigkeiten auf außergerichtlichem Weg schlichten soll.

Die Mediation kann als ein Versuch der Umsetzung des Coase-Theorems angesehen werden, bei der durch Verhandlungen ein für alle Beteiligten optimales Maß an Umweltqualität erreicht werden soll. Man könnte die Mediation auch als eine Neuakzentuierung des Vorsorgeprinzips im Rahmen der Umweltpolitik betrachten, wonach Umweltschäden von vornherein vermieden werden, bzw. jegliche Handlungen solange als gefährdend angesehen werden, bis das Gegenteil erwiesen ist. Für Planfeststellungsverfahren stellt die Mediation eine interessante Lösung dar, da sie den Betroffenen das Gefühl gibt, einer Entscheidung "von oben herab" nicht einfach wehrlos gegenüber zu stehen, sondern diese aktiv in ihrem Sinne beeinflussen zu können.

3.2 Ablauf eines Mediationsverfahrens

Den allgemeinen Ablauf eines Mediationsverfahrens zeigt Abb. 3.12. Ein Mediationsverfahren ist jedoch nicht ohne weiteres durchzuführen, sondern bringt auch einige Anforderungen mit sich.

Abb. 3.12: Ablauf eines Mediationsverfahrens

Phase der Vorverhandlungen
- Beginn der Gespräche
- Repräsentation der Betroffenen
- Bestimmung von Sachthemen und Verfahrensablauf
- Gemeinsame Suche nach Daten und Fakten

Phase der Verhandlungen
- Entwicklung von win-win-Optionen
- Paketlösungen
- Entwurf einer schriftlichen Vereinbarung
- Rückbindung der Parteien an die Übereinkunft
- Ratifizierung

Phase des Vollzugs bzw. der Nachverhandlungen
- Transformation informaler in formale Ergebnisse
- Kontrolle und Überwachung
- Bedingungen für Nachverhandlungen festsetzen

Quelle: Susskind, L.E.; Cruishank, J., S.95

3.3 Anforderungen und Voraussetzungen einer Mediation

1. Anforderungen an den Konflikt selbst

Der Konflikt selbst muß bestimmte Voraussetzungen erfüllen, um eine Lösung durch ein Mediationsverfahren erreichen zu können, was mit Hilfe von Abbildung 3.13 erläutert werden soll. Diese zeigt ein Box-Diagramm mit den Personen 1 und 2 sowie einem Gut 1 und 2. Die Indifferenzkurven von Person 1 werden von links unten nach rechts oben angetragen, wobei höher liegende Indifferenzkurven einen höheren Nutzen bedeuten. Für Person 2 gilt dies analog. Die Verbindungslinie zwischen A und B stellt die sogenannte Kontraktkurve dar, auf der alle pareto-optimalen Zustände liegen. Dies wären hier die Zustände X, Y und Z. Hier ist es nicht möglich, eine Erhöhung des Nutzens für eine Person zu erreichen, ohne dabei gleichzeitig die andere Person schlechter stellen zu müssen. Es würde sich hier um ein Nullsummenspiel handeln. Alle Verteilungen sind zwar im Sinne des Pareto-Kriteriums effizient, jedoch die Verteilung der Nutzen unterschiedlich.

In einer solchen Situation sind die Chancen einer Einigung durch Mediation als gering einzustufen, da sich hier die stärkere Partei durchsetzen kann, falls keine Eingriffsmöglichkeiten für den Mediator vorliegen. Das gleiche gilt in den Punkten A und B, welche reine Entweder-Oder-Situationen darstellen. Hierbei handelt es sich vor allem um Fragestellungen, die auf Werturteilen beruhen und die nur mit Ja oder Nein zu beantworten sind.

Abb. 3.13: Theoretische Anwendungsmöglichkeiten einer Mediation

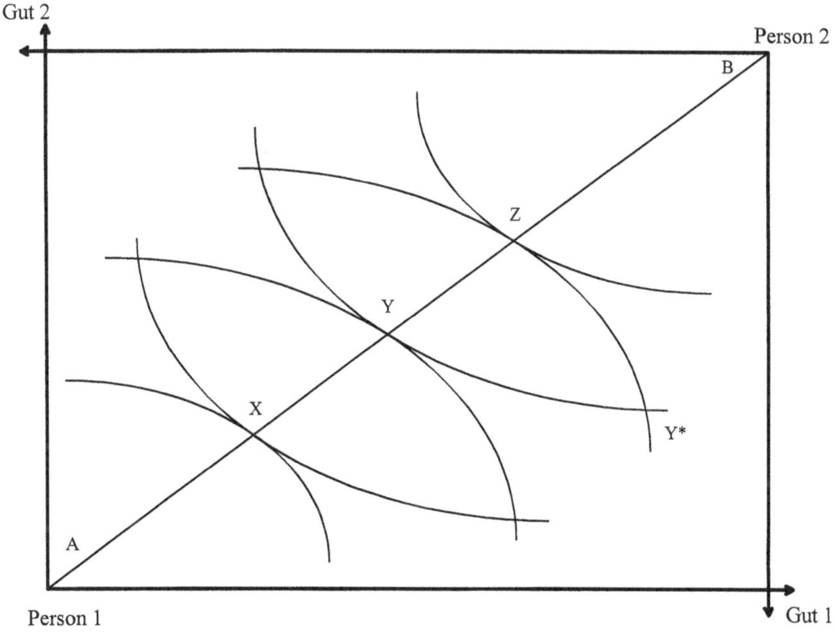

Quelle: Holzinger, K., S.191

Größere Chancen für eine Einigung liegen vor, wenn die Ausgangssituation Y* vorliegt, was durch fehlende Information beider Seiten bedingt sein kann. Hier ist es möglich, durch Verhandlungen zumindest eine der beiden Parteien besser zu stellen. Es stellt sich hierbei nur die Frage, wie die Nutzenverbesserungen auf die Parteien zu verteilen sind, was auch zu Problemen führen kann, wenn sich eine Seite übervorteilt fühlt. Die Erfolgsaussichten eines Mediationsverfahrens sind in dieser Situation jedoch wesentlich besser.

2. Zeit- und Kostenaufwand

Der Zeitaufwand variiert von wenigen Sitzungen bei kleinen Verfahren bis zu ca. 100 Sitzungsterminen bei Großprojekten wie dem (mittlerweile abgelehnten) Großflughafen Berlin Brandenburg International.[99] Bei großen Verfahren ist eine überproportionale Zunahme des Arbeitsaufwands zu erwarten, da die Koordination von komplexen Sachverhalten immer schwieriger wird. Die Kosten können sich bei großen Vorhaben rasch auf mehrere hunderttausend DM belaufen, welche meistens von staatlicher Seite her getragen wurden. Allerdings dürfen diese Kosten nicht automatisch das Ende jeglicher Überlegungen über Mediation darstellen, da Opportunitätserlöse anfallen können. So können z.B. potentielle Investoren ihre Projekte rascher umsetzen, falls die Betroffenen auf mögliche Rechtsmittel (z.B. Klagen) verzichten.

3. Anforderungen an die Beteiligten und den Mediator

Da unter Umständen eine Vielzahl unterschiedlichster Interessen zum Ausgleich zu bringen ist, sollten die Beteiligten an Mediationsverfahren folgende Anforderungen erfüllen:[100]

- persönliche Integrität
- hohes Engagement
- fachliches Wissen
- Ausdauer, Geduld und Konzentrationsfähigkeit
- Verhandlungsgeschick und Überzeugungsfähigkeit

Von besonderer Bedeutung ist die Neutralität des Mediators, da diese eine grundlegende Voraussetzung für einen Erfolg eines Mediationsverfahrens darstellt. Die Neutralität eines Vermittlers kann auf zwei Arten bestimmt werden: Entweder bestimmt man eine Person, die entsprechende formelle und materielle Kriterien erfüllt, oder es wird jemand bestimmt, der von allen Beteiligten als neutral erachtet wird (dies wird z.B. bei der Bestimmung von Schlichtern in Tarifverhandlungen praktiziert).[101]

In der Praxis sind die bislang in Deutschland durchgeführten Mediationsverfahren recht erfolgreich: Bei bislang 25 abgeschlossenen Verfahren wurden 6 Verfahren abgebrochen, 5 blieben erfolglos, da man sich über inhaltliche Fragen

---

[99] vgl. Zillessen, H.; Barbian, T., S.8f.

[100] vgl. Pfingsten, K., S.69

[101] vgl. Gusy, C., S.360

nicht einigen konnte, bzw. keine gemeinsame Arbeitsform gefunden wurde. Für die anderen 14 Verfahren lassen sich jedoch Erfolge nachweisen.[102]

3.4 Mediationsverfahren und Zweckverbände

Entscheidend für den Erfolg von Verhandlungslösungen sind auch die zugrunde liegenden Machtverhältnisse. Bei hoheitlichen Entscheidungen wäre es möglich, daß sich eine Behörde durch die Anwendung von Rechtsvorschriften durchsetzt. Hiervon wird vor allem bei Enteignungsverfahren Gebrauch gemacht, um öffentliche Vorhaben durchzusetzen. Dies kann jedoch eine sehr langwierige Angelegenheit werden, falls die Betroffenen gegen eine solche Entscheidung vor dem Verwaltungsgericht Klage erheben und ein Verfahren mehrere Instanzen durchläuft. Eine Möglichkeit, hoheitliche Befugnisse mit Elementen von Mediationsverfahren zu kombinieren, liegt in der Einrichtung von Zweckverbänden. Ein Zweckverband ist ein Zusammenschluß von Gemeinden oder Gemeindeverbänden zur gemeinsamen Erfüllung bestimmter Aufgaben, zu deren Durchführung sie berechtigt oder verpflichtet sind.[103] Zweckverbände werden häufig im Bereich der Abfallentsorgung oder der Wasserversorgung gebildet, da solche Aufgaben die Finanzkraft einzelner Gemeinden übersteigen würden und möglicherweise Größenvorteile realisiert werden können. Durch die Zweckverbände sollen auch die unterschiedlichen Interessen der Beteiligten zum Ausgleich gebracht werden. Dies gilt sowohl für die Mitglieder der Zweckverbände als auch für die externen Betroffenen. Für die Realisierung des Neuen Fränkischen Seenlands wurden spezielle Zweckverbände gegründet, welche eine solche Verbindung anstrebten. In diesem speziellen Fall könnte man von einer vertikalen und einer horizontalen Koordination sprechen. Vertikal bedeutet, daß verschiedene föderale Ebenen (Bezirk, Landkreise und Kommunen) eine Abstimmung untereinander erreichen wollten, horizontal beinhaltet die Abstimmung der Interessen zwischen dem Zweckverband als Ganzes und den extern Betroffenen, wie z.B. den Landwirten, den Naturschützern etc.. Der Erfolg dieser Lösung (vgl. Kapitel 4) spricht für eine Übertragung dieser Vorgehensweise auf andere Großprojekte ähnlicher Art.

III. Umfassende Ansätze: Konzepte zur Integration von Planung, Bewertung und Beteiligung

1. Das Multiple Objective Planning (MOP)

1.1 Ursprung und Vorgehensweise des MOP

In den USA existieren im Vergleich zur Bundesrepublik schon seit langer Zeit Bewertungsstandards für wasserwirtschaftliche Großprojekte, in denen mehrdimensionale Zielvorstellungen berücksichtigt werden. Den Beginn dieser Ent-

[102] vgl. Jeglitza, M., S.3
[103] vgl. Gabler-Wirtschaftslexikon, S.2952

wicklung bildet der Flood Control Act (1936), welcher die Vorschrift zur Anwendung einer Nutzen-Kosten-Analyse enthält, wonach die Nutzen größer sein sollen als die Kosten. Ergänzt wurde dieser durch das "Green Book" (1958), welches detailliertere Verfahrensvorschriften enthält und eine monetäre Bewertung der Projekteffekte in den Vordergrund stellt. Als Grundlage einer mehrdimensionalen Bewertung ist letztlich der National Environmental Policy Act (1969) zu sehen, durch den der Umweltqualität die gleiche Bedeutung beigemessen werden soll, wie den ökonomischen Zielvorstellungen.[104] Die zentrale Vorschrift für wasserwirtschaftliche Vorhaben bilden heute die Principles & Standards (1973/1979) des Water Resource Councils. In den Principles erfolgt eine Festlegung der Grundkonzeption der Planung im Sinne genereller Rahmenbedingungen, welche zu berücksichtigen sind. In den Standards soll die Einheitlichkeit und Konsistenz der Bewertung verschiedener wasserwirtschaftlicher Projekte sichergestellt werden.[105]

Im Gegensatz zu einer einfachen NKA kann man beim MOP von einem umfassenden Ansatz sprechen, da dieses mehr umfaßt als die bloße Bestimmung der Vorteilhaftigkeit eines öffentlichen Vorhabens durch das Effizienzkriterium. Beim MOP werden nicht nur wesentlich mehr Kriterien in die Entscheidungsfindung mit einzogen, sondern es ist auch der gesamte Entscheidungsprozeß, also von der Planung über die Auswahl einer Alternative und deren Durchführung sowie die Kontrolle aus einer anderen Perspektive zu betrachten. Die wesentlichen Unterschiede kann man folgendermaßen zusammenfassen:[106]
1. Integration der mehrdimensionalen Bewertung in den Planungsprozeß
2. Erweiterung des Planungsinhalts
3. Administrative Organisation der Planung und umfassende Beteiligung der Öffentlichkeit

Ein charakteristisches Merkmal des MOP liegt darin, daß die Bewertung eines Projekts nicht einfach am Ende vorgenommen wird, sondern daß diese bereits in das Planungskonzept eingebunden wird.[107] Man könnte dies auch als eine rollierende Planung bezeichnen und könnte dies mit dem umfassenden Konzept des Controllings auf einzelwirtschaftlicher Ebene vergleichen. Die Planungsschritte des MOP zeigt Abb. 3.14. Die Planungsschritte 1-5 bilden beim MOP die "screening-Phase". Im ersten Schritt sind die planungsrelevanten Zielkomponenten zu identifizieren. Für ökologische Belange würde dies bedeuten, daß zunächst die Leistungsfähigkeit und die Belastbarkeit einer Landschaft zu bestim-

[104] vgl. Pflügner, W., S.338
[105] vgl. Pflügner, W., S.340
[106] vgl. Pflügner, W., S.342
[107] vgl. Pflügner, W., S.341

men sind, aus denen dann bestimmte Nutzungsformen resultieren könnten (vgl. Abb. 2.4).

Abb. 3.14: Vorgehensweise des MOP

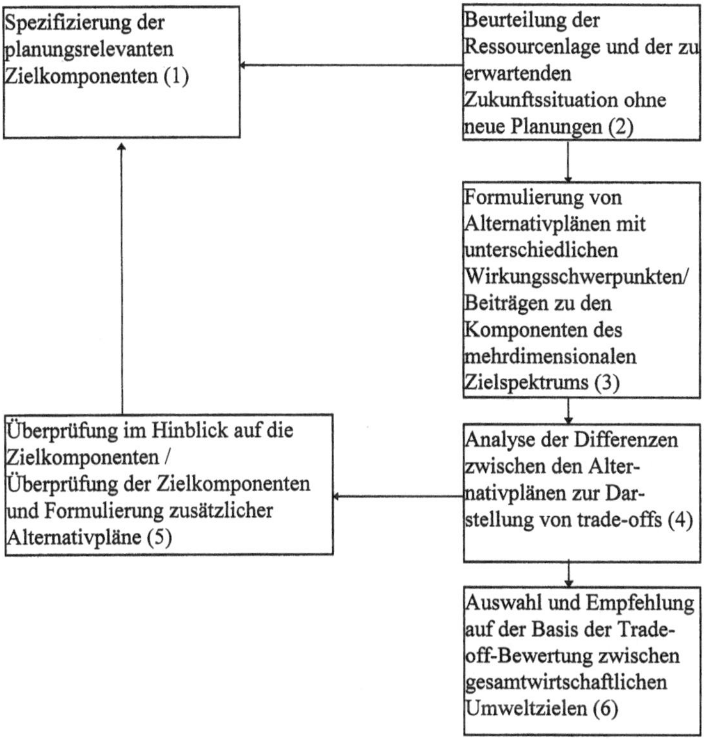

Quelle: Principles and standards (1973), S.91

Im nächsten Schritt sind verschiedene Alternativen zu formulieren, wie die gesetzten Ziele erreicht werden können. Da eine Alternative in der Regel zu Zielkonflikten führt, besteht die Verpflichtung zur Bildung von mindestens zwei Schwerpunktalternativen, wobei die eine das Hauptaugenmerk auf die ökonomische Entwicklung, die andere auf die Realisierung einer höchstmöglichen Umweltqualität legen soll. Seit 1979 ist auch die Konzeption einer nicht-baulichen Alternative vorgeschrieben, welche man als Nullvariante bezeichnen könnte. Diese soll die Entwicklung prognostizieren, die ohne das Projekt vermutlich eintreten würde. Dies würde dem with-or-without-Prinzip der Nutzen-Kosten-Analyse entsprechen. Allerdings bedeutet Nullvariante nicht, daß man hier keine

Aufwendungen tätigen muß. So kann es durchaus erforderlich sein, wenn man sich entschließt ein Projekt nicht zu realisieren und stattdessen ein Schutzgebiet ausweist, daß man auch hierfür Aufwendungen tätigen muß, z.B. wenn man hierfür Flächen erwerben muß. Konten für andere Bewertungskategorien werden nur dann erstellt, falls es zweckmäßig (= appropriate) erscheint.[108] Aufgrund der mangelnden Quantifizierbarkeit wurde in den USA auf diese Konten zumeist verzichtet.

Der Suchprozeß im Rahmen des MOP beginnt mit komplementär wirkenden Planelementen bezüglich des Effizienzziels und des Umweltziels. Durch diese Vorgehensweise kann somit die Schaffung einer gemeinsamen Ausgangsbasis gewährleistet werden. Im folgenden werden nach und nach konkurrierende Bestandteile mit eingefügt. Auch die Aufgabenstellung des Planers ist unter einem anderen Aspekt zu sehen. Die Hauptaufgabe des Planers im Planungsprozeß besteht nicht im Auffinden der "besten Lösung" sondern einer "besseren Lösung", da es in der Regel nie eine Alternative gibt, die gegenüber allen anderen zumindest gleichwertig ist. Es sind jedoch zumindest die trade-offs sichtbar machen, damit auch eine unabhängige und keine vorstrukturierte Entscheidung getroffen wird. Dies dürfte in der Praxis jedoch nicht ganz zu vermeiden sein, da auch die Bürokratie bereits eine Vorauswahl vornimmt und dem Politiker als dem letztlich verantwortlichen Entscheidungsträger nur die von ihr als relevant erachteten Alternativen vorlegt (s.o.).

Durch das MOP soll durch Vereinheitlichung der Vorgehensweise die vertikale Koordination der Planung über die verschiedenen Ebenen hinweg sichergestellt werden. Im folgenden soll aufgezeigt werden, welche Zielvorstellungen im Rahmen des MOP berücksichtigt werden können und welche Möglichkeiten zu ihrer Quantifizierung bestehen.

1.2 Aufbau und Inhalte des Vier-Konten-Systems

Als Oberziel soll gemäß den Principles und Standards eine Verbesserung der Lebensqualität erreicht werden, was formal einer Maximierung der gesellschaftlichen Nutzenfunktion (s.o.) und auch den Zielen der Raumordnung entspricht. Dieses Oberziel wird nun in vier Teilbereiche aufgespalten, welche dann analog in vier Konten abgebildet werden. Diese Zielbereiche zeigt Abb. 3.15.

Im Effizienzkonto wird nur eine rein monetäre Bewertung vorgenommen. Die Erfassung dieser Effekte ist relativ am weitesten entwickelt, da hier die Nutzen-Kosten-Analyse als Bewertungsverfahren herangezogen werden kann. Die Umweltsituation wird anhand physischer Meßgrößen erfaßt. In diesem Kontenbereich könnte man durchaus eine Mischform der Erfassung verwenden. Ob es

[108] vgl. Pflügner, W., S.349

Abb. 3.15: Die Bestandteile des 4-Konten-Systems

Quelle: Water Resources Council (1973)

sich hier um monetäre oder physische Größen handelt, sollte zunächst einmal zweitrangig sein. Eine monetäre Größe würde die Vergleichbarkeit mit den Effizienzgrößen erleichtern und könnte die Durchsetzbarkeit von ökologischen Zielkriterien erhöhen. Aber auch aus physischen Kriterien läßt sich eine ungefähre Ermittlung der Größenordnung der Projektwirkungen ableiten. Im Rahmen einer Nutzwertanalyse, deren Ergebnis letztlich eine dimensionslose Größe darstellt, könnten diese Wirkungen adäquat mit einbezogen werden. Auf die Konten Regionale Entwicklung und Soziales Wohlbefinden soll an dieser Stelle etwas detaillierter eingegangen werden, da diese beiden Teilbereiche auch im empirischen Teil der Arbeit angesprochen werden und deshalb an dieser Stelle zumindest in Grundzügen diskutiert werden sollen. Im Konto Regionale Entwicklung werden regionalspezifische Einkommensveränderungen, Art und Zahl der Arbeitsplätze, Änderungen der regionalen Bevölkerungsverteilung, Veränderung der regionalspezifischen Umweltsituation etc. erfaßt.

Es weist dementsprechend auch unterschiedlich dimensionierte Kriterien auf. Mit Hilfe dieses Kontos soll versucht werden, die raumstrukturierende Relevanz von Infrastrukturinvestitionen zu berücksichtigen, wobei auch physische oder nur deskriptive Projektwirkungen in das Kalkül mit eingehen.Bislang wurde aus regionalpolitischer Sicht die Alternative als die beste angesehen, welche dem raumordnungspolitischen Ausgleichsgedanken am ehesten gerecht wird. Wichtig ist dieses Konto somit insofern, da es die zwischen dem Verteilungsziel und Allokationsziel vorliegende Zielkonkurrenz aufzeigt. Somit wird zumindest deutlich, in welchem Maße man auf Effizienzvorteile verzichtet, um eine wirtschaftlich schlechter gestellte Region an besser entwickelte Gebiete heranzuführen.

Da die Projekteffekte in verschiedenen Regionen anfallen, erweist es sich als notwendig, eine Untergliederung in eine Projektregion, in Anliegerregionen und in den "Rest der Nation" vorzunehmen.[108] Die Kenntnis der geographischen Inzidenz kann zu einer Versachlichung der Debatte darüber beitragen, auf welcher Ebene Nutzen und Kosten einer Maßnahme anfallen. Dies wäre ein weiterer Schritt in Richtung der Umsetzung des Verbundprinzips. Vor allem bei wasserwirtschaftlichen Projekten wie dem Neuen Fränkischen Seenland ist dies von Bedeutung, da hiervon mehrere Teilregionen tangiert werden. So gibt es auch hier Regionen, die das Wasser liefern (= Südbayern) und solche, die das Wasser nutzen (Regnitz-Main-Gebiet). Diese wasserwirtschaftlichen Regionen sind jedoch nicht deckungsgleich mit Verwaltungsregionen oder sonstigen funktionalen Beziehungen.[109]

---

[108] vgl. Schöttner, G., S.396

[109] vgl. Klemmer, P.; Karl, H., S.174

Das Konto Soziales Wohlbefinden stellt einen Versuch dar, vor allem nur schwer quantifizierbare gesellschaftliche Aspekte in eine Projektbewertung mit einzubeziehen. Seine Erstellung ist jedoch im Gegensatz zum Effizienzkonto und zum Umweltkonto nicht unbedingt verpflichtend. Das MOP ist jedoch der bislang einzige Ansatz, der auch eine Erfassung dieser Projektwirkungen enthält.[111]

Mit wachsendem Wohlstand verändern sich auch die Bedürfnisse der Individuen. Dies hat einen Wechsel innerhalb des Zielsystems zur Folge.[112] Das Oberziel besteht in der Erhöhung der Wohlfahrt, welche im Rahmen des MOP nicht mehr durch das Sozialprodukt, sondern durch den Begriff der Lebensqualität definiert wird. Der Begriff Lebensqualität wurde zum ersten Mal von Galbraith (1963) in seiner These vom privaten Reichtum und der öffentlichen Armut verwendet. Auch der Begriff der Lebensqualität ist nur sehr schwer faßbar. Er kann aus zwei unterschiedlichen Betrachtungsweisen gesehen werden, nämlich aus einer subjektivistischen und einer objektivistischen Position. Die subjektivistische Position beinhaltet, daß nur ein einzelnes Individuum für sich selbst urteilen kann, die objektivistische Position hingegen beruht auf vorher klar definierten Bedürfnissen. Wer dies jedoch definiert und welche Bedürfnisse denn erfüllt werden sollen, bleibt hier jedoch ungeklärt.[113]

Das Streben nach einer verstärkter Berücksichtigung gesellschaftlicher Anliegen war auch in der Bundesrepublik während der siebziger Jahre zu beobachten, als die Diskussion über die mangelhafte Eignung des Sozialprodukts als Wohlfahrtsindikator zur Entwicklung eines Systems sozialer Indikatoren führte.[114] Der Begriff "sozial" ist hier im Sinne von gesellschaftlich zu verwenden.

Im Konto Soziales Wohlbefinden dominiert die verbal-qualitative Beurteilung gegenüber den quantitativen Kennziffern. Da sich viele dieser Komponenten nicht unmittelbar monetär bewerten lassen, werden sie bei den anderen Verfahren wie der NKA allenfalls in einem Anhang berücksichtigt. Wenn man diese Komponenten transformiert, wie dies z.B. im Rahmen einer NWA geschieht, besteht wiederum die Gefahr, daß soziale Wirkungen einfach mit den anderen Wirkungen verrechnet werden.

In den Principles und Standards wird der Begriff des sozialen Wohlbefindens in einem ersten Schritt folgendermaßen untergliedert:

---

[111] vgl. März, F., S.444

[112] Im individuellen Bereich beschreibt dies die Maslow`sche Bedürfnispyramide.

[113] vgl. März, F., S.447

[114] Ausführlich mit dieser Problematik befaßte sich bereits Zapf (1972)

a. Verteilung der Realeinkommen
b. Schutz des Lebens, Gesundheit und Sicherheit
c. Bildung, Kultur und Erholung
d. Nationale Wohlstandsvorsorge.

In den USA wurden verschiedene Projektstudien durchgeführt, um näheren Aufschluß über den Inhalt des sozialen Wohlbefindens zu erlangen. Dieser Versuch wird jedoch heute als gescheitert angesehen. Aus folgenden Problemen heraus resultiert der vergleichsweise geringste Konkretisierungsgrad im Rahmen des MOP:[115]

1. Unzureichende Datenbasis
2. Ungenügende Abgrenzung des Ziels
3. Ungenügende Zahl interdisziplinär ausgebildeter Mitarbeiter
4. Zu hohe Kosten für Fachkräfte und die Datenermittlung.

Es werden auch kaum Hinweise gegeben, durch welche Indikatoren diese Teilbereiche quantifiziert werden könnten. Da im Sozialkonto monetäre und physische Maßeinheiten sowie rein verbale Beschreibungen gleichzeitig eingesetzt werden, weist dieses Konto zwangsweise die höchste Heterogenität auf. Neuere Studien (1984) gingen sogar zur hauptsächlich qualitativen Beschreibung über, was jedoch praktisch keine Aufschlüsse über die Auswirkungen mehr zuläßt.[116] Am ehesten dürften noch die Auswirkungen bezüglich Bildung und Kultur zugänglich sein. Hier könnte man sich dadurch behelfen, ob durch eine Infrastrukturmaßnahme das Angebot zumindest quantitativ zugenommen hat, wie z.B. die Zahl von Ausstellungen oder Konzerten, bzw. die Zahl von Bildungseinrichtungen oder Kursen.

Eine bessere Möglichkeit zur Ermittlung des sozialen Wohlbefindens stellt das Social Assessment Manual (SAM) dar. Hierbei wird eine Untergliederung der Projektwirkungen auf das personale Systeme (vgl. Maslow Pyramide) und das gesellschaftliche System vorgenommen. Dies dient dazu, die Abhängigkeiten der Teilsysteme voneinander zu verdeutlichen. Die gleichzeitige Messung von Wirkungen im personalen und im sozialen System macht die Ableitung einer einheitlichen Maßzahl jedoch unmöglich.

Die Zusammenhänge im Rahmen des SAM sollen durch Abbildung 3.16 deutlich gemacht werden:

[115] vgl. März, F., S.450
[116] vgl. März, F., S.456

Abb. 3.16: Darstellung der zusammengefaßten Bewertungen und trade-offs im Rahmen des SAM

	Bewertungskategorien	Null-Variante	Ökonomische Variante	Umweltvariante	Empfehlungen
	Individuelle Ebene				
	Gruppen-/ Gemeindeebene				
	Regionale Ebene				
	Nationale Ebene				
	Aggregierte soziale Effekte				
Trade-offs	Gegenüberstellung direkter und indirekter Wirkungen				
	Gegenüberstellung kurz- und langfristiger Wirkungen				
	Räumliche Inzidenz				
	Gruppenspezifische Inzidenz				

Quelle: März, F.: S.465

Das System besteht aus 5 Ebenen: Die Individuen, die Gemeinden, die Regionen und die nationale Ebene entsprechen hierbei den Vorstellungen über den Aufbau der Gesellschaft. Die Ebene aggregierte soziale Effekte bildet eine Art Zusammenfassung der Wirkungen auf Individuen und Institutionen sowie der Verteilung positiver und negativer Effekte auf die einzelnen gesellschaftlichen Gruppen. Den jeweiligen Ebenen sind bestimmte Bewertungskategorien zugeordnet, z.B. der individuellen Ebene die Kategorien Leben, Gesundheit, Familie oder die natürliche Umwelt, der Gruppenebene z.B. öffentliche Dienste, Wohnverhältnisse oder Kultur. Die Wirkungen einer Variante werden dann in eine ordinale Skalierung (++, +, 0, -, --) transformiert. Anschließend erfolgt die Gegenüberstellung der jeweiligen Wirkungen sowie die Vermittlung der trade-offs. Dies sind direkte/indirekte Wirkungen, kurz-/langfristige Wirkungen, die räumliche Inzidenz sowie die gruppenspezifische Inzidenz. Somit läßt sich zeigen, welche Alternative einer bestimmten Vorstellung besonders dienlich ist. Diese Wirkungen werden rein verbal dargestellt. Als letztes erfolgt die Auswahl und Empfehlung einer bestimmten Alternative auf Basis der vorherigen Bewertung. Hierbei ist zu berücksichtigen, daß erkennbar bleibt, aufgrund welcher Tatbestände man sich für oder gegen eine bestimmte Variante entschieden hat. Deshalb sollte auf eine Amalgamation der ordinalen Kriterien durch den politischen

Entscheider verzichtet werden.[116] Ein Fortschritt des SAM im Vergleich zu den Principles und Standards ist darin zu sehen, daß es Anweisungen zum Verfahrensablauf gibt, die im MOP nicht vorhanden sind. Zu kritisieren hingegen ist die Tatsache, daß es für die Zuordnung der Bewertungskategorien auf die jeweiligen Ebenen keine einleuchtende Begründung gibt. So wird beispielsweise die Gesundheit auf individueller Ebene, die Kategorie Religion der Gemeindeebene zugeordnet.[117]

1.3 Vorteile des MOP

1. Interdisziplinäre Zusammenarbeit von technischen Planern und ökonomischen/ökologischen Bewertern[118]

Durch diese Zusammenarbeit können bereits im Vorfeld viele Probleme beseitigt werden, da man sich auch mit den Ansätzen und Denkweisen von anderen Fachdisziplinen auseinandersetzen muß. Am Anfang ist dies häufig mit großen Schwierigkeiten verbunden, da man sich erst an ungewohnte Terminologien und unterschiedliche Herangehensweisen an Problemen gewöhnen muß.

2. Systematische Integration von Planung und Bewertung

Durch ein erhöhtes Angebot an Informationen wird eine frühere Problemerkennung möglich und durch die Rückkopplung zwischen Planung und Bewertung können notwendige Anpassungserfordernisse rascher erkannt und vollzogen werden.

3. Schaffung von Transparenz

Kein Bewertungsverfahren kann den Anspruch erheben, die einzige und absolut richtige Lösung für Probleme zu liefern, was auch für das MOP gilt. Daneben kann eine subjektive Komponente, welche in den Präferenzen des Entscheidungsträgers besteht, niemals völlig eliminiert werden. Durch das Vier-Konten-System wird jedoch eine Reduktion auf eine einzige entscheidungsrelevante Zielgröße vermieden, was alle Beteiligten zwingt, ihre Präferenzen zu erkennen zu geben. Durch die vorgesehene Beteiligung der interessierten Öffentlichkeit kann auch eine Demokratisierung hinsichtlich der Planung und Bewertung von Infrastrukturmaßnahmen erreicht werden.[119]

1.4 Probleme des MOP

1. Zeitaufwand und Kosten

Die umfassende Beteiligung von Betroffenen als auch von Experten unterschiedlicher Fachrichtungen führt zwangsläufig zu einem höheren Zeitaufwand

---

[116] vgl. März, F., S.467
[117] vgl. März, F., S.460
[118] vgl. Pflügner, W., S.357f.
[119] vgl. Pflügner, W., S.358

und Kosten, um die jeweiligen Interessen aufeinander abzustimmen. Dies ist jedoch dadurch zu rechtfertigen, daß durch diese Vorgehensweise Widerstände von negativ Betroffenen abgebaut werden und diese auf mögliche Rechtsmittel gegen eine Entscheidung verzichten. Somit werden Verfahrenskosten und Kosten, die durch die Verzögerung der Umsetzung eines Projekts bedingt sind, vermieden.

2. Standardisierung des MOP

Ein wesentliches Merkmal eines Bewertungsverfahrens besteht darin, daß feste Vorschriften für eine bestimmte Vorgehensweise bestehen. Eine Standardisierung würde ein einheitliches Vorgehen und damit auch eine höhere Akzeptanz des Verfahrens gewährleisten. Eine allzu hohe Standardisierung des MOP sollte jedoch nicht unbedingt angestrebt werden, da es ja gerade eine Eigenheit des MOP ist, auf spezifische Probleme eine Lösung anzubieten.[120] Wohl aber sollte sie in Teilbereichen erfolgen, in denen eine weitgehende Übereinstimmung herrscht, was auch zur Beschleunigung des Verfahrens beitragen würde.

3. Problem der Zuordnung der Projektwirkungen

Bei der Anwendung des MOP ist darauf zu achten, daß bei einer Entscheidung eine Kenngröße kein übermäßiges Gewicht erhält, da einige Kenngrößen durchaus in verschiedenen Konten erfaßt werden könnten. So sind beispielsweise die Größen Einkommen, Beschäftigung und Bevölkerungsbewegungen nicht unabhängig voneinander. Es ist aber auch nicht angebracht, bereits bei der Erfassung eine strikte Trennung durchzuführen, wenn Wirkungen auch in einem anderen Teilbereich auftreten. Das Kontensystem hat schließlich die Aufgabe, die Auswirkungen eines Projekts auf die unterschiedlichen gesellschaftlichen Bereiche abzubilden und die Informationsbasis zu erweitern.

4. Verdrängung des Effizienzkriteriums

Bei einer zu hohen Bedeutung der ökologischen und gesellschaftlichen Zielgrößen besteht die Gefahr, daß das Effizienzkriterium in den Hintergrund gedrängt wird und sich somit für die verantwortlichen Entscheidungsträger ein Schlupfloch auftut, um die im öffentlichen Sektor vergleichsweise häufiger auftretenden Ineffizienzen[121] durch die anderen Zielgrößen zu rechtfertigen. Ebenso wie eine monofinale Ausrichtung der traditionellen Nutzen-Kosten-Analyse auf das Effizienzkriterium, ist eine unzureichende Berücksichtigung desselben zu vermeiden. Eine Überbetonung des Effizienzkriteriums könnte zur Folge haben, daß den übrigen Konten eine Art "Mülleimerfunktion" zugewiesen würde. Diesen Aspekten würde dann wohl das gleiche Schicksal drohen, wie in der einfachen Nutzen-Kosten-Analyse.

---

[120] vgl. Pflügner, W., S.361

[121] Recktenwald spricht in diesem Zusammenhang von R-Ineffizienz

1.5 Gesamtbeurteilung des MOP

Man sollte versuchen, im Rahmen des MOP einen Weg zu finden, für bestimmte Kriterien, die eine allgemein hohe Akzeptanz aufweisen, Standardverfahren für deren Bewertung zu entwickeln. Andererseits ist aber auch auf spezifische Einzelheiten Rücksicht zu nehmen. Eine Amalgamation über alle Konten ist aus meßtheoretischen Gesichtspunkten (unterschiedliche Skalierung der einzelnen Merkmals) bedenklich[122] und ist im System des MOP auch nicht vorgesehen. Sie ist auch nicht um jeden Preis anzustreben, da es äußerst fraglich ist, ob dadurch der Entscheidungsprozeß überhaupt begünstigt wird. Zudem kann eine zu hohe Komplexität eines Bewertungsverfahrens die Fähigkeit der entscheidenden Gremien überfordern.[123]

Die Entscheidung für eine bestimmte Projektalternative erfolgt durch gewählte Politiker oder durch die Verantwortlichen in der Verwaltung, die auf der Basis der vorgeschlagenen Alternativen die ihrer Meinung nach beste auswählen. Ob es sich dann um die beste Alternative handelt, kann mit Hilfe des Vier-Konten-Systems nicht geklärt werden, da die Projekteffekte hier lediglich abgebildet werden. Eine eindeutige Lösung würde sich somit nur ergeben, wenn eine Alternative existieren würde, die in allen Bereichen zumindest nicht schlechter ist als eine andere, was in praxi kaum vorkommt. Die Vier-Konten-Systematik erweitert aber zumindest die Informationsbasis, anhand derer Entscheidungen getroffen werden. Die Transparenz der Entscheidungsfindung wird merklich erhöht, da offengelegt wird, aus welchen Gründen man sich für eine bestimmte Alternative entschieden hat. Gegenüber den einfachen ökonomischen Verfahren ist das MOP daher insgesamt als ein überlegenes System zu betrachten.

2. Die Positional Analysis

2.1 Ausgangspunkte der Entwicklung der Positional Analysis

In die ähnliche Richtung wie das MOP zielt die Positional Analysis von Söderbaum. Der Ausgangspunkt für die Entwicklung der Positional Analysis liegt in der mangelnden Eignung des Marktmechanismus zur Lösung der relevanten Umweltprobleme, wie es durch die neoklassische Theorie vorgeschlagen wird.[124]

Die Hauptschwäche der neoklassischen Theorie im Umgang mit der natürlichen Umwelt liegt für Söderbaum in der Monetarisierung und der damit verbundenen Diskontierung im Rahmen der Nutzen-Kosten-Analyse. Die Schwäche der monetären Bewertung sieht er darin, daß "...die Vorstellung, daß nicht-monetäre Wirkungen in unterschiedlichen Perioden auf einen Zeitpunkt über eine

---

[122] vgl. Lindstadt, H.-J., S. 59
[123] vgl. Schmidtke, R. F., S.72
[124] vgl. Söderbaum, P., S.142

Berechnung von Gegenwartswerten zusammengeführt werden können, absurd ist, wenn wir unterstellen, daß wir wissen wollen, was wir tun."[125] Rein monetäre Ansätze weisen den Vorteil auf, daß es bei der Bewertung nur eine Dimension gibt, so daß eine Amalgamation prinzipiell möglich ist. Schwerwiegend gegenüber diesen monodimensionalen Verfahren ist der Einwand, daß rein monetäre Ansätze eine Scheingenauigkeit vorgaukeln können, welche so nicht gegeben ist.

Ein wesentliches Problem ist auch in der Irreversibilität von Eingriffen in die Umwelt zu sehen.[126] Dies ist deshalb von Bedeutung, da dies hauptsächlich zukünftige Generationen und deren Wahlmöglichkeiten betrifft. So kennt man deren Präferenzen nicht, welche sich von denen der gegenwärtigen Generation durchaus unterscheiden können. Aber auch die gegenwärtige Generation würde auf eventuell vorhandene Entwicklungsmöglichkeiten verzichten (s.o).

2.2 Grundlagen und Vorgehensweise der Positional Analysis

Gemäß Söderbaum sind Bewertungen von Umweltgütern immer durch Multidimensionalität und Multidisziplinarität gekennzeichnet. Da jede Sichtweise jeweils unterschiedliche Aspekte für wichtig erachtet, kann es *die* Bewertung überhaupt nicht geben. Bei der Bewertung von Umwelt erweisen sich interdisziplinäre Ansätze und holistische Sichtweisen als unabdingbar. Söderbaum untergliedert Bewertungsverfahren im Hinblick auf die Nutzung der Umwelt gemäß Abb. 3.17.

Abb. 3.17: Ansätze zur Umweltbewertung

Bewertungsansätze	**Beispiele**
I. Hochaggregierte Ansätze	
a. Zielfunktion in monetären Kategorien	einfache Nutzen-Kosten-Analyse revidierte Versionen der Nutzen-Kosten-Analyse
b. Zielfunktion in anderen Kategorien	Nutzwertanalyse
II. Mischformen	Kosten-Wirksamkeitsanalyse
III: Hoch disaggregiert	Environmental Impact Statement Positional Analysis Ashfords Trade-Off-Analysis

Quelle: Söderbaum, P., S.144

Die Nutzen-Kosten-Analyse wird in die Gruppe der hochaggregierten Ansätze eingeordnet, da alle Projektwirkungen monetarisiert werden und letztlich eine einzige Zielgröße ermittelt wird. Die revidierten Versionen der Nutzen-Kosten-

[125] Söderbaum, P., S.151
[126] vgl. Söderbaum, P., S.143

Analyse unterscheiden sich hiervon lediglich insofern, als politisch festgelegte Preise verwendet werden, da die Ermittlung von Marktpreisen oftmals nicht möglich ist. Auch die Nutzwertanalyse wird zu den hochaggregierten Ansätzen gerechnet, da auch sie nur eine einzige Zielgröße (den Nutzwert) ermittelt, hierbei jedoch auch nicht-monetäre Kriterien mit einbezieht. In die Kategorie II wird die Kosten-Wirksamkeits-Analyse eingeordnet, da sie die Projektwirkungen in physischen Einheiten ausweist, die Inputseite (= Kosten) in monetären Größen.[127] Auf eine Aggregation der von ihr ermittelten Teilwirksamkeiten wird jedoch verzichtet. Die Kategorie III, welche hoch disaggregierte Ansätze umfaßt, entsprechen einer institutionenökonomischen Sichtweise, da sie multidimensional und holistisch sind.

Anstelle ein Problem zu "lösen", indem man es einfach in eine rechnerische Form bringt, sollte man eher versuchen, relevante Informationen durch systematische Untersuchungen zu schaffen und dadurch die Konflikte, Unsicherheiten und Komplexitäten zu verdeutlichen.[128] Dabei sollte das Problem aus den unterschiedlichsten Perspektiven angegangen werden. Die Informationen sollten auch nicht nur den politischen Entscheidungsträgern, sondern allen in irgendeiner Form Betroffenen zur Verfügung stehen. Diesen Anforderungen soll durch die Positional Analysis entsprochen werden. Die Positional Analysis weist folgende Vorgehensweise auf:[129]

1. Beschreibung und Formulierung der Ausgangssituation
2. Identifizierung des Problems und Sichtweisen der verschiedenen Akteure
3. Entwicklung von Alternativen und Formulierung des Problems
4. Identifizierung der Systeme die unterschiedlich von einer jeweiligen Alternative betroffen werden
5. Identifizierung von monetären und nicht-monetären Effekten und Vergleiche der Alternativen
6. Studie möglicher Trägheit (inertia) und Irreversibilitäten
7. Analyse der Interessen in Bezug zur Entscheidungssituation
8. Analyse der verbliebenen Risiken und Unsicherheiten
9. Schaffung einer Informationsbasis für Entscheidungen im Hinblick auf Effekte und Interessen
10. Bedingte Schlußfolgerungen, bei denen erwartete Einflüsse von Alternativen zu den möglichen Werten (Einstellungen zu Risiko und möglichen Unsicherheiten eingeschlossen) in Beziehung gesetzt werden.

[127] zu Aufbau und Vorgehensweise der Kosten-Wirksamkeits-Analyse vgl. Hanusch, H., S.153ff.

[128] vgl. Söderbaum, P., S.14f.

[129] vgl. Söderbaum, P., S.153f.

Die Vielseitigkeit der Betrachtung könnte man als eine Verringerung des Risikos der Manipulation durch den Analysten sehen, da dieser nicht - wie bei der NKA möglich - nur einen einzigen monetären Wert zu berücksichtigen hat. Man sollte sich auch von der Vorstellung lösen, alles in monetären Einheiten ausdrücken zu können. Monetäre Werte sind zwar wichtig, jedoch führt die Monetarisierung von physischen Größen nicht zu einem höheren Wissen. Von wesentlicher Bedeutung ist hierbei auch, daß man die Inhalte der Begriffe Wirtschaft, Ressource, Kapital, Kosten und Erträge in einem weiteren Sinne interpretiert und nicht nur auf die monetäre Skalierung bezieht.[130] So ist z.B. der Begriff Kapital auch im Sinne von biologischem oder genetischem Kapital zu interpretieren. Kosten und Erträge sollen als positive oder negative Folgen aus Sicht der jeweils Betroffenen angesehen werden.

Die Positional Analysis ist durch drei Eigenheiten gekennzeichnet, nämlich dem Denken in Systemen, der Verwendung von Strom- und Bestandsgrößen, sowie der Analyse der Interessen aller Beteiligten. Das Denken in Systemen zeigt sich darin, daß nicht nur die Auswirkungen einer Alternative auf einen Teilbereich (System) untersucht werden, sondern möglichst alle betroffenen Bereiche erfaßt werden sollen. Solche Systeme können z.B. die Umwelt, das ökonomische System oder ein sonstiges gesellschaftliches System sein. Dann könnte untersucht werden, wie sich eine konkrete Alternative auf ein bestimmtes System auswirkt. So führt z.B. die Abholzung von Tropenwäldern (= Alternative) zu lokal begrenzten Einkommenswirkungen (= ökonomisches System), bringt jedoch in Form des Treibhauseffekts klimatische Auswirkungen auf globaler Ebene mit sich. Dies zeigt Abb. 3.18.

Abb. 3.18: Räumliche Ausdehnung des erfaßten Systems

Räumliche Ausdehnung des erfaßten Systems				
	lokal	regional	national	global
Umwelt	x	x	x	x
Ökonomisches System	x			

Quelle: Modifizierte Darstellung in Anlehnung an Söderbaum, P., S.156

Zusätzlich zur Unterscheidung in monetäre und physische Einheiten wird in der Positional Analysis auch eine Unterscheidung in Stromgrößen und Bestandsgrößen vorgenommen, so daß sich vier verschiedene Kategorien ergeben, wie Abbildung 3.19 zeigt:

130 vgl. Söderbaum, P., S.156

Abb. 3.19: Systematik der Erfassung in der Positional Analysis

	Stromgröße (bezogen auf den Zeitraum)	Bestandsgröße (bezogen auf den Zeitpunkt)
Monetär	I	II
Nicht-monetär	III	IV

Quelle: Söderbaum, P., S.12

Dabei handelt es sich um monetäre Strom- und Bestandsgrößen sowie physische Strom- und Bestandsgrößen. Die Bestandsgrößen sind vor allem deshalb wichtig, da sie eine Kontrollfunktion erfüllen. Als Beispiel hierfür könnte man die Konzentration von Schwermetallen in Fischbeständen anführen. So ist es nicht ausreichend, lediglich die Ausbringung von Schadstoffen (= Stromgröße) zu reduzieren, sondern es ist auch eine Überwachung der Entwicklung der Bestände erforderlich. So könnte es sein, daß trotz Schadstoffreduktion eine Anreicherung der Schadstoffe erfolgt, die zu einer weiteren Bestandsabnahme führen kann.

Maßnahmen zur Beeinflussung der Umweltqualität sollten auch nicht unbedingt als einmalig und endgültig aufgefaßt, sondern eher als ein schrittweiser Anpassungsprozeß verstanden werden. So sollen die möglichen Auswirkungen einer Maßnahme untersucht werden im Hinblick auf

a. die erwarteten Auswirkungen während der Planungs- und Implementierungsphase
b. die erwarteten Wirkungen nach der Umsetzung der Alternative
c. die erwarteten Wirkungen auf zukünftige Optionen.

Darstellen könnte man diese Entwicklungen z.B. mit Hilfe von Entscheidungsbäumen.[131]

Ein weiteres Element der Positional Analysis liegt in der Identifikation und Analyse der unterschiedlichen Interessen in einer Entscheidungssituation. Hierfür sind zunächst einmal die Präferenzen der Individuen oder Organisationen, die von einer Alternative betroffen werden, zu identifizieren. Für jede Alternative werden im Hinblick auf die Zielrichtung Annahmen getroffen und aus der Sicht einer jeden Gruppe eine Präferenzordnung erstellt, anhand derer die Wirkung einer jeden Alternative getestet wird. Die Messung dieser Wirkungen soll anhand einer ordinalen Skalierung erfolgen, z.B. durch die Vergabe von Punkten.

Söderbaum erachtet eine gesetzliche Verpflichtung zur Durchführung eines solchen Verfahrens für notwendig, da es seiner Meinung nach ansonsten von

[131] vgl. Söderbaum, P., S.159

den politischen Entscheidungsträgern nicht angewandt wird.[132] Der Grund hierfür liegt darin, daß hierbei auch deutlich wird, was nicht erreicht oder negativ beeinträchtigt wird.

2.3 Kritik an der Positional Analysis

Söderbaum identifiziert die wesentlichen Mängel einer Bewertung der natürlichen Umwelt durch monetäre Größen. Das Argument, daß eine rein monetäre Bewertung der Umwelt nur eine Scheingenauigkeit vorspiegelt, ist nicht von der Hand zu weisen. Jedoch gibt er keine Anhaltspunkte, wie Wirkungen auf die Umwelt konkret darzustellen und möglicherweise zu quantifizieren wären. Der Ansatz des Denkens in Systemen ist zwar als ein Schritt in die richtige Richtung zu sehen, jedoch fehlt eine genauere Konkretisierung, was zumindest teilweise durch eine Abbildung der Auswirkungen mit Hilfe eines Kontenrahmens wie im MOP erreicht werden könnte.

3. Integration von Bewertungsverfahren und institutionellen Elementen

Für die Berücksichtigung ökologischer Belange stellen eine Erweiterung der traditionellen ökonomischen Bewertungsansätze sowie eine Beteiligung der interessierten Öffentlichkeit notwendige Voraussetzungen dar. Man sollte lediglich eine Monetarisierung von Sachverhalten zulassen, welche einer solchen auch tatsächlich zugänglich sind. Ansonsten sollten nicht-monetäre Größen verwendet werden. Damit wird dem verantwortlichen Entscheidungsträger deutlich, daß seine Entscheidungen unterschiedlichste Bereiche beeinflussen, da es zu keinem Informationsverlust kommt, wie dies bei der Amalgamation verschiedener Teilbereiche möglich ist.

In Abb. 3.20 ist dargestellt, wie eine solche Kombination von Bewertungsansätzen und dem institutionellen Bereich aussehen könnte. Als Teilbereiche zur Quantifizierung der Projektwirkungen bietet sich die Aufgliederung gemäß dem Vier-Konten-System an. In den einzelnen Teilkonten werden die einzelnen Projektwirkungen in monetären und physischen Indikatoren aufgelistet. Im einem nächsten Schritt könnte man sich der Bewertungsverfahren für einzelne Teilbereiche bedienen, um Projektwirkungen erkennbar zu machen. Entscheidend ist jedoch die Trade-Off-Analyse, bei der die Präferenzen der Beteiligten, die z.B. durch Mediationsverfahren ermittelt werden können, mit den konkreten Projektwirkungen konfrontiert werden. Auf dieser Basis sollte dann eine Entscheidung getroffen werden. Diese Vorgehensweise schafft eine höhere Transparenz und dürfte somit auch ein höheres Maß an gesellschaftlicher Akzeptanz aufweisen.

---

[132] vgl. Söderbaum, P., S.162

Bei der Realisierung des Neuen Fränkischen Seenlands wurde eine solche Vorgehensweise in ihren Grundzügen praktiziert, wie in Kapitel 4 gezeigt werden wird.

Abb. 3.20: Integration von Bewertung und institutionellen Gegebenheiten

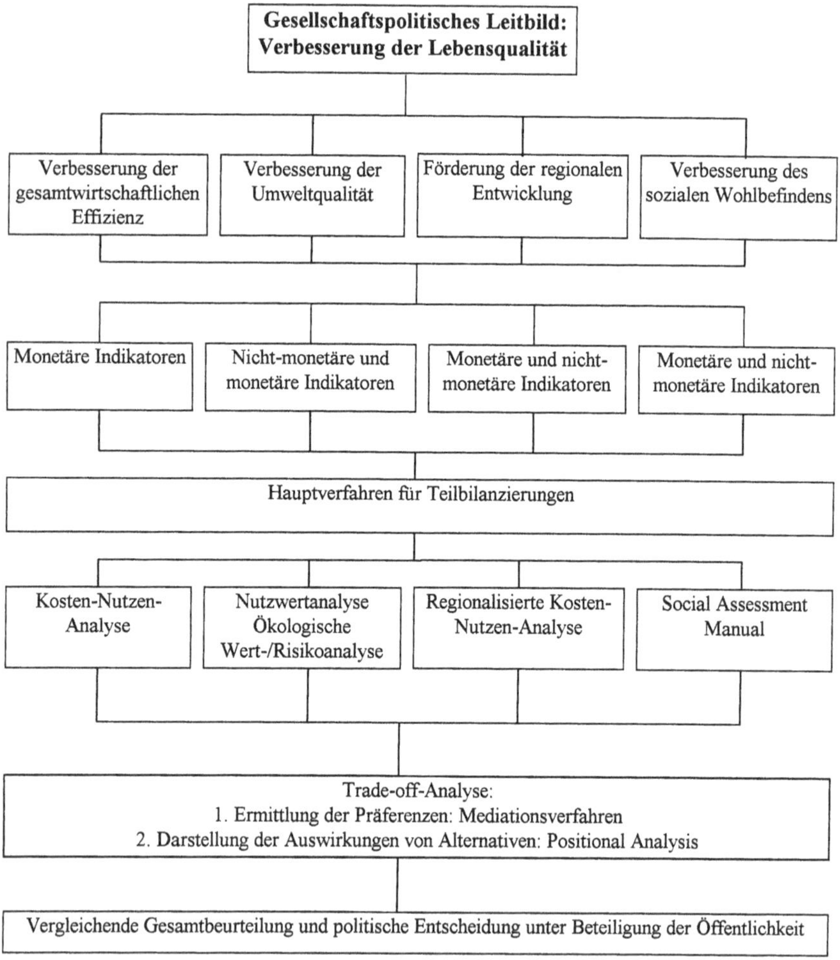

Quelle: Eigene erweiterte Darstellung in Anlehnung an Schmidtke, R., S.9

Kapitel 4
Das Neue Fränkische Seenland - Eine empirische Analyse

I. Strukturelle Gegebenheiten des Untersuchungsgebiets und Entwicklung des Überleitungsprojekts

1. Strukturelle Gegebenheiten der Planungsregionen (7) und (8)

In diesem Abschnitt soll anhand des Brombachgebiets, welches einen wesentlichen Teil des Neuen Fränkischen Seenlands (NFSL) bildet, untersucht werden, ob das Projekt „Überleitung von Altmühl- und Donauwasser in das Regnitz-Main-Gebiet", welchem durch eine Nutzen-Kosten-Analyse aus dem Jahre 1971 die Wirtschaftlichkeit bescheinigt wurde, auch tatsächlich einen Beitrag zu einer wirtschaftlichen Entwicklung dieses Gebiets leistet. Hierbei ist von besonderem Interesse, inwieweit auch ökologische Belange bei der Umsetzung dieses Vorhabens Berücksichtigung fanden.

Ehe eine konkrete Darstellung und Analyse des Untersuchungsgebiets erfolgt, erscheint es zweckmäßig, einen kleinen Überblick über die Größe sowie die wirtschaftliche Lage der übergeordneten Planungsregionen (7) und (8) der Bayerischen Landesentwicklungsplanung zu geben. Die Planungsregion (7) des Bayerischen Landesentwicklungsprogramms wird als Industrieregion Mittelfranken, die Planungsregion (8) als Westmittelfranken bezeichnet. Hinsichtlich der Fläche und der Bevölkerungsdichte unterscheiden sich die Planungsregionen erheblich voneinander, wie Tab. 4.1 zeigt:

Tab. 4.1: Fläche und Bevölkerung der Planungsregionen (7) und (8)

	Fläche (km^2)	Bevölkerung	Bevölkerungsdichte (Einwohner/km^2)
Planungsregion (7)	2.935,27	1.264.172	431
Planungsregion (8)	4.310,43	410.110	95
Bayern	70.551,56	12.043.869	171

Quelle: Mittelfranken in Zahlen 1998, S.36

Den Kernbereich der Planungsregion (7) bildet das Städtedreieck Nürnberg, Erlangen und Fürth. Die peripheren Gebiete der Planungsregion (7) sind in hohem Maße von diesem Zentrum abhängig, wie sich an der Zahl der Pendler zeigt. Auch aus der Planungsregion (8) pendeln viele Arbeitnehmer in den Großraum ein. Eine Analyse der Pendelwanderungen der sozialversicherungspflichtig Beschäftigten des Jahres 1989 der LAA-Bezirke Ansbach, Nürnberg und Weißenburg zeigt, daß im Untersuchungsraum der Bezirk Nürnberg einen positiven Pendlersaldo (+60.724 Personen) aufweist. Dabei pendeln 75.861 Beschäftigte nach Nürnberg ein, 15.137 Beschäftigte aus.[1]

[1] vgl. Mittelfranken in Zahlen 1992, S.44

Auch die Beschäftigungsstruktur der Planungsregionen (7) und (8) ist im Hinblick auf die Sektoren recht unterschiedlich, wie aus Tab. 4.2 hervorgeht:

Tab. 4.2: Struktur der Beschäftigten gegliedert nach Wirtschaftssektoren

	Land- und Forstwirtschaft (in %)	Produzierendes Gewerbe (in %)	Dienstleistungsbereich (in %)
Planungsregion 7	2,0	43,8	53,9
Planungsregion 8	10,3	41,8	47,9
Bayern	4,8	37,9	57,3

Quelle: Mittelfranken in Zahlen 1998, S.50

Das Verhältnis von primärem und sekundärem zum tertiären Sektor entspricht weder in der Planungsregion (7) noch in der Planungsregion (8) dem bayerischen Landesdurchschnitt. In beiden Planungsregionen weist das Produzierende Gewerbe im Vergleich zum Landesdurchschnitt ein überdurchschnittliches Gewicht auf. Deshalb ist besonders die Planungsregion (7) durch den momentanen Strukturwandel stark betroffen, was sich in den hohen Arbeitslosenquoten des Arbeitsamtsbezirks Nürnberg äußert. Eine Erhöhung der Beschäftigungsmöglichkeiten im tertiären Sektor erscheint deshalb dringend erforderlich, um einen weiteren Anstieg der Arbeitslosigkeit zu verhindern.

Besonders der Anteil der Land- und Forstwirtschaft in der Planungsregion (8) ist immer noch außergewöhnlich hoch, obwohl bereits ein starker Rückgang zu verzeichnen war. Am stärksten von diesem Rückgang waren Betriebe betroffen, deren Betriebsgröße höchstens 30 ha betrug, während der Anteil größerer Betriebe zunahm.[2] Dieser Trend wird sicherlich weiter anhalten, so daß nur noch wenige große Betriebe übrig bleiben werden, die Landwirtschaft im Haupterwerb betreiben können. Eine Vielzahl von Betrieben wird bereits zum jetzigen Zeitpunkt nur noch im Nebenerwerb fortgeführt.[3] Ein ähnliches Bild ergibt sich, wenn man den Anteil der einzelnen Sektoren an der Bruttowertschöpfung betrachtet, was Tab. 4.3 zeigt.

Tab. 4.3: Bruttowertschöpfung gegliedert nach Wirtschaftssektoren (1994)

	Land- und Forstwirtschaft (in %)	Produzierendes Gewerbe (in %)	Dienstleistungsbereich (in %)
Planungsregion 7	0,4	36,6	63,0
Planungsregion 8	3,3	38,7	58,0
Bayern	1,0	35,3	63,7

Quelle: Mittelfranken in Zahlen 1998, S.72

---

[2] vgl. Mittelfranken in Zahlen 1998, S.66

[3] So werden auch unrentable Betriebe weitergeführt, damit ältere Landwirte Anspruch auf die volle Rente haben.

Das Neue Fränkische Seenland befindet sich in den Planungsregionen (7) und (8) des Bayerischen Landesentwicklungsprogramms. Durch den Begriff „Neu“ wird verdeutlicht, daß sich in diesen Gebieten bislang keine Gewässer befunden haben, sondern daß diese vollkommen neu angelegt worden sind. Der Altmühlsee sowie der Große Brombachsee mit seinen Vorspeichern Kleiner Brombachsee und Igelsbachsee befinden sich in der Planungsregion (8) im Landkreis Weißenburg-Gunzenhausen, wohingegen der Rothsee, der in der Planungsregion (7) liegt, zum Landkreis Roth gehört. Eine Übersicht über die Lage der Seen gibt Abb. 4.1

Abb. 4.1: Lage des Untersuchungsgebiets

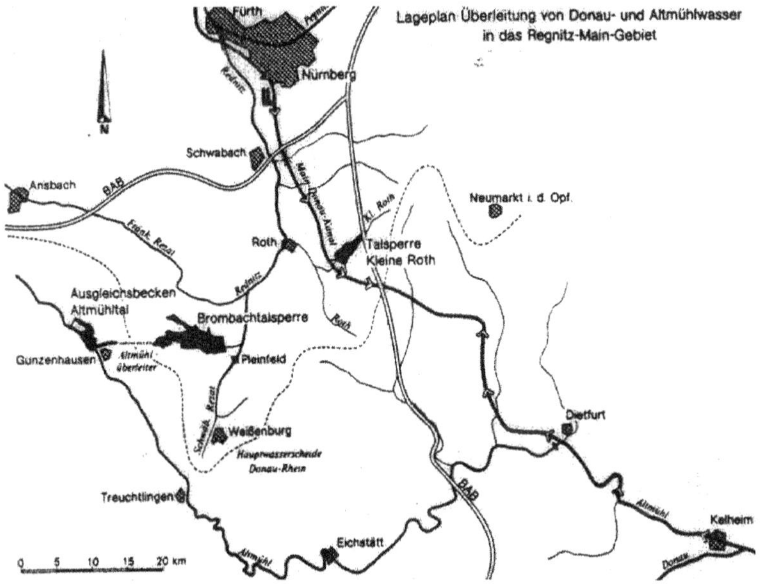

Quelle: Talsperren-Neubauamt

Die Seen sind über Autobahnen oder ausgebaute Bundesstraßen mit dem PKW gut erreichbar. Für die Naherholer aus dem Städtedreieck Nürnberg, Erlangen und Fürth, welche einen hohen Anteil der Besucher stellen, beträgt die Fahrzeit in das Brombachgebiet weniger als eine Stunde. Damit kommt diesem Raum im Rahmen einer räumlich funktionalen Aufgabenteilung die Funktion für Freizeit- und Erholungszwecke zu.[4]

[4] vgl. Mayr, L.; Wenzl, J., S.826

Die Analyse der ökologischen Auswirkungen der Überleitung soll sich hauptsächlich auf das Brombachtal beschränken, welches ca. 50 km südlich von Nürnberg liegt und sich an den Gebietsgrenzen der Landkreise Weißenburg-Gunzenhausen und Roth befindet. Daneben soll auf das Wiesenbrütergebiet Wiesmet, welches im Rahmen der Ersatzmaßnahmen für den Bau des Brombachsees von Bedeutung ist, sowie auf die weithin bekannte Vogelinsel im Altmühlsee eingegangen werden, da diese Gebiete in einem engem funktionalen Zusammenhang stehen.

Hinsichtlich der ökonomischen Wirkungen werden teilweise auch die Auswirkungen im Bereich des Rothsees mit einbezogen. Diese sind wesentlich geringer als im Brombachgebiet, da der Rothsee vor allem von der Bevölkerung aus dem Ballungsraum für die Naherholung genutzt wird, so daß in diesem Gebiet wesentlich geringere Umsätze in Zusammenhang mit dem Fremdenverkehr zu verzeichnen sind.

2. Chronologische Entwicklung und Funktionen des Überleitungsprojekts

Die Idee, eine von der Nordsee bis zum Schwarzen Meer durchgehende Wasserstraße zu bauen, ist bereits mehr als ein Jahrtausend alt. Bereits zu Zeiten von Kaiser Karl dem Großen wurde versucht, eine solche Verbindung zu schaffen. Reste der für die damaligen technischen Voraussetzungen immensen Leistungen sind heute noch in der Form der „Fossa Carolina“ (Karlsgraben) zu sehen. Eine Umsetzung dieser Idee erfolgte letztlich durch den heutigen Main-Donau-Kanal, der auch für das Neue Fränkische Seenland von hoher Bedeutung ist.

Aufgrund unterschiedlich hoher Niederschlagsmengen und insbesondere der Bodenbeschaffenheit steht einem Bewohner Südbayerns bis zu dreimal soviel Wasser zur Verfügung, wie einem Bewohner Nordbayerns. So liegt die durchschnittliche jährliche Niederschlagsmenge im Maingebiet bei ca. 715 mm - gebietsweise nur bei 600 mm - wohingegen sie im Donaugebiet im Jahresdurchschnitt 940 mm beträgt. Erschwerend kommen noch die unterschiedlichen Bodenverhältnisse hinzu. Im Regnitz-Main-Gebiet sind vor allem Sandböden vorherrschend, welche die Niederschläge nicht so gut zurückhalten können, so daß auch die Grundwasservorkommen weniger ergiebig sind als in Südbayern.[5] Deshalb spricht man auch von der „Fränkischen Trockenplatte“.

Diese Umstände wurden Ende der sechziger Jahre als maßgebliche Engpaßfaktoren für die künftige wirtschaftliche Entwicklung Nordbayerns erachtet, da die Wasserversorgung der zu diesem Zeitpunkt noch expandierenden Industrie sowie der Landwirtschaft nicht gewährleistet schien. Auch qualitätsmäßig wa-

[5] vgl. TNA, Broschüre 1981

ren Defizite zu beklagen, was durch die Einleitungen von Abwässern des Großraums Nürnberg-Fürth-Erlangen in die Gewässer bedingt wurde. Zudem erhöhte sich durch das Großkraftwerk Franken die Wassertemperatur auf stellenweise bis zu 28 Grad Celsius, was die Qualität der Regnitz wesentlich verschlechterte.[6]

Aus diesen Gründen wurde von der Obersten Baubehörde eine Arbeitsgruppe eingerichtet, um Lösungsvorschläge zu erarbeiten, wie diese unterschiedlichen Wasserverhältnisse zu Ausgleich gebracht werden konnten. Das Ergebnis war schließlich das Projekt "Überleitung von Altmühl- und Donauwasser in das Regnitz-Maingebiet“. Am 16. Juli 1970 stimmte der Bayerische Landtag (Beilage 3279) dem Überleitungsprojekt ohne Gegenstimme zu:

„Er ersucht die Staatsregierung,
1. die zur Überleitung von Altmühl- und Donauwasser in das Regnitz-Main-Gebiet erforderlichen Bauwerke nach dem in der Studie aufgezeigten Zeitplan zu errichten,
2. die für den baldigen Bau des Überleitungssystems erforderlichen finanziellen, organisatorischen und technischen Voraussetzungen zu schaffen und
3. dafür Sorge zu tragen, daß die Gewässer im Überleitungssystem für die Erholung der Bevölkerung erschlossen und die Ufergrundstücke, insbesondere an den Stauseen, in das Eigentum der öffentlichen Hand übergeführt werden, um den freien Zugang und Gemeingebrauch sicherzustellen.“

Die Struktur und Funktionsweise des Überleitungssystems soll mit Hilfe von Abb. 4.2 erläutert werden. Durch die Überleitung soll erreicht werden, daß der Abfluß der Regnitz unterhalb von Nürnberg, der am Pegel Hüttendorf lediglich 12 m^3/s beträgt, auf bis zu 27m^3/s gesteigert werden kann. Das gesamte Überleitungssystem besteht aus zwei voneinander unabhängigen Teilsystemen, der Kanalüberleitung und der Brombachüberleitung, die zentral gesteuert werden. Über das Teilsystem Kanalüberleitung wird bei Kelheim Wasser aus der Donau entnommen und über den Main-Donau-Kanal in den Rothsee geleitet. Ist der Abfluß der Regnitz zu niedrig, wird aus dem Rothsee die zusätzliche Wassermenge zugeführt. Insgesamt können der Donau auf diese Weise im Durchschnitt ca. 125 Mio. m^3 Wasser pro Jahr entnommen werden. Technisch wäre eine Entnahme von bis zu 300 Mio. m^3 Wasser pro Jahr möglich. Dieses Teilsystem ist seit 1993 in Betrieb. Entscheidend für die Entnahme durch das System Kanalüberleitung ist der Abfluß der Donau am Pegel Kelheim. Sinkt der Abfluß auf unter 140m^3/s, muß die Überleitung über dieses Teilsystem eingestellt werden, um ein Trockenfallen der Donau in den unteren Abschnitten zu vermeiden. Dies tritt bei normalen Niederschlagsverhältnissen an ca. 30-40 Ta-

[6] vgl. Regionalplan Industrieregion Mittelfranken (7), S. 357

gen im Jahr auf. In diesem Fall soll die Wasseraufhöhung durch das Teilsystem Brombachüberleitung übernommen werden.

Abb. 4.2: Funktionsweise des Überleitungssystems

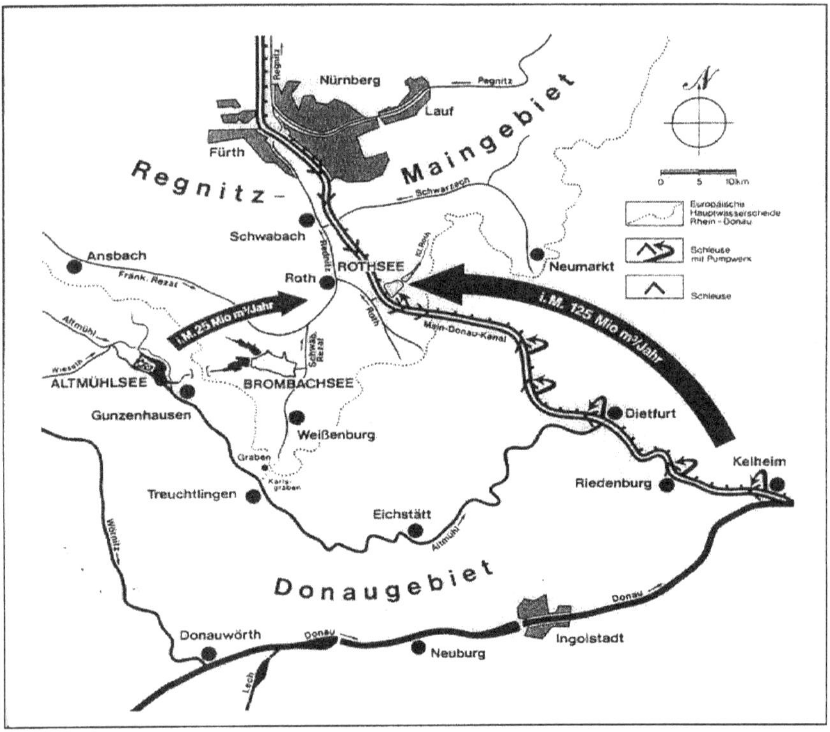

Quelle: Talsperren-Neubauamt

Dieses wird aus den Frühjahrs- und Herbsthochwässern der Altmühl gespeist. Die Altmühl weist eine höchst unterschiedliche Wasserführung auf, welche zwischen 0,4 m^3/s in Trockenzeiten und zwischen 40-150 m^3/s bei starken Hochwässern schwankt.[7] Diese Hochwässer führten häufig zu einer Überflutung von landwirtschaftlich genutzten Flächen und hatten somit einen Ausfall der Ernte zur Folge, was nun durch die Überleitung verhindert werden kann. Die Hochwässer werden zunächst in den Altmühlsee und über den 8,9 km langen Altmühlüberleiter, der die Europäische Wasserscheide durch einen 2,6 km langen unterirdischen Stollen quert, in den Kleinen Brombachsee geleitet.

[7] vgl. Lehner, J., S.116

Dieser wiederum bildet zusammen mit dem Igelsbachsee den Zufluß für den Großen Brombachsee, der zum gegenwärtigen Zeitpunkt noch geflutet wird.

Der Große Brombachsee, der mit einem Stauvolumen von ca. 124 Mio. m^3 den mit Abstand größten Wasserspeicher bildet, wurde im Jahre 1999 komplett geflutet. Über eine Seenkette, welche durch den Abbau von Sand- und Kiesvorkommen entstanden ist und sich harmonisch in die Landschaft einfügt, soll dann über die Schwäbische Rezat an die Rednitz Wasser abgegeben werden. Hierfür erwies es sich auch als notwendig, die Gewässer Brombach, Schwäbische Rezat und Rednitz unterhalb des Großen Brombachsees umzugestalten, damit diese auch die zusätzlichen Wassermengen aufnehmen können.[8] Bei der Gestaltung der Talräume wurde kein umfassender Schutz vor Hochwasser angestrebt, um eine Nutzungsänderung von Grünland in Ackerland zu verhindern. So behielten die Gewässer ihre Linienführung weitgehend bei, wobei abgeschnittene Flußschlingen zu Altwässern umgestaltet wurden. Diese dienen zum einen als natürlicher Hochwasserschutz, zum anderen sind sie als ökologisch hochwertige Lebensräume einzustufen. Auch wurde überall ein mindestens 5m breiter Uferstreifen angelegt, um eine Pufferzone gegenüber den landwirtschaftlichen Nutzflächen zu bilden. Dies entspricht der im theoretischen Teil angesprochenen Erfordernis, Pufferzonen zum Schutz von Ökosystemen zu schaffen. Das Überleitungssystem ist zwar in einem Gesamtzusammenhang zu sehen, gleichwohl weisen die einzelnen Seen unterschiedliche Aufgaben auf:

Der Altmühlsee hat die Aufgabe, die Frühjahrs- und Herbsthochwässer der Altmühl kurzzeitig zurückzuhalten und im Rahmen des überregionalen Wasserausgleichs in den Brombachsee einzuleiten. Eine weitere Aufgabe besteht in der Aufhöhung der Altmühl bei Niedrigwasser, um deren Abfluß zu verbessern.

Der Kleine Brombachsee und der Igelsbachsee bilden die Vorsperren des Großen Brombachsees und dienen dazu, ein Trockenfallen großer Uferteile zu verhindern, wenn einmal aus dem Großen Brombachsee Wasser abgegeben wird. In diesem Bereich liegen deshalb Räume für Ausgleichsmaßnahmen, da hier eine Konstanz der Lebensbedingungen für Tier- und Pflanzenarten gewährleistet werden kann.

Der große Brombachsee, dessen Auswirkungen im Mittelpunkt der Analyse stehen soll, hat folgende wasserwirtschaftliche Aufgaben:[9]

- Wasser der oberen Altmühl zu speichern und in Niedrigwasserzeiten über die Schwäbische Rezat an die Rednitz abzugeben
- Teilweisen Hochwasserschutz für das Tal der mittleren Altmühl durch Überleiten in den Brombachsee zu ermöglichen

---

[8] vgl. www.gunnet.baynet.de/tna/Gew.html, (Veröffentlichung des TNA)

[9] Landschaftsplan Brombachsee, S.1

- Als Reserve bei Störungen im Kanal den Betrieb der Überleitung sicherzustellen.

Der Rothsee bildet den wichtigsten Speicher des gesamten Systems, da über ihn weitaus mehr Wasser übergeleitet wird, als über das andere Teilsystem. Auch er ist in eine Vorsperre und eine Hauptsperre untergliedert. Am Ende der Vorsperre befindet sich ein Naturschutzgebiet, welches von Spaziergängern umwandert oder mit dem Fahrrad umfahren werden kann. Durch einen Damm, der die beiden Sperren voneinander trennt, wird auch hier in Zeiten hoher Wasserabgabe ein Schwanken des Wasserspiegels weitgehend verhindert, um die Konstanz der Lebensbedingungen für Tier- und Pflanzenarten zu gewährleisten. Der Rothsee dient vor allem der Naherholung der Bewohner des Ballungsraums. Da er für die Langzeiterholung eine wesentlich geringere Bedeutung aufweist als das Brombachgebiet, und auch die in Anspruch genommenen Flächen geringer waren, wird der Rothsee im folgenden nur noch am Rande Berücksichtigung finden. Eine Überblick über die Größe der einzelnen Seen gibt Abb. 4.3.

Abb. 4.3: Übersicht über die Größe der Seen

	Altmühlsee	Kleiner Brombachsee	Igelsbachsee	Großer Brombachsee	Rothsee Vorsperre	Rothsee Hauptsperre
Stauraum (Mio. m^3)	13,9	12,9	4,4	124,0	1,5	10,0
Wasserfläche (km^2)	4,5	2,5	0,9	9,1	0,5	1,7
Dammlänge (km)	12,5	1,1	0,6	1,7	0,5	1,6
Dammhöhe (m)	5,5	15,9	14,0	38,0	15,5	18,4
Uferlänge (km)	12,5	8,5	17,5	17,5	5,2	6,7
Wassertiefe (m)	2,5	13,4	11,5	33,0	8,5	15,4

Quelle: Daten Talsperren-Neubauamt

Für das Überleitungsprojekt existieren bislang zwei Gutachten, deren wesentliche Aussagen im folgenden kurz dargestellt werden sollen. Dabei handelt es sich um das Gutachten zum wirtschaftsfördernden Wert der Überleitung selbst, sowie um ein Marketing-Gutachten, in welchem Entwicklungsmöglichkeiten der hiervon betroffenen Gemeinden untersucht wurden.

II. Auswirkungen des Überleitungsprojekts

1. Gutachten zum Neuen Fränkischen Seenland

1.1 Ergebnisse des Gutachtens von 1971

Für das Überleitungsprojekt wurde 1970 eine Nutzen-Kosten-Analyse erstellt, um den wirtschaftsfördernden Wert des Überleitungprojekts zu ermitteln. Der wirtschaftsfördernde Wert des Projekts wurde anhand folgender Zielkriterien erfaßt:[10]

1. Allgemeine Strukturverbesserung

Unter allgemeiner Strukturverbesserung wurde zum einen eine Verbesserung der Produktionsbedingungen aller Wirtschaftssektoren verstanden, wozu die Erhöhung des Wasserangebots als notwendige Voraussetzung betrachtet wurde. Zum anderen wurde das Fehlen von großen Wasserflächen in Mittelfranken zur Erholung als wesentliches Manko angesehen. So sind in den anderen Teilen Bayerns, die in dieser Hinsicht durch die Natur mehr begünstigt sind, viel mehr Wasserflächen vorhanden. Die Ausstattung mit Möglichkeiten zum Wassersport wurde als notwendig erachtet, um einen Ausgleich zwischen Arbeitswelt und Vitalsphäre zu gewährleisten. Diese Aussagen haben sich bewahrheitet, da die Erholungsfunktion in Zukunft vermutlich noch an Bedeutung gewinnen dürfte.

2. Realisierung eines (wasserwirtschaftlich) störungsfreien Wachstums der gewerblichen Wirtschaft

Das Wachstumspotential der Region erschien durch den Wassermangel eingeschränkt. In den siebziger Jahren erbrachte das Verarbeitende Gewerbe, die höchsten Beiträge zur Bruttowertschöpfung. So betrug sein Anteil im Jahr 1970 im Bundesdurchschnitt noch 51,7%.[11] Um die damals prognostizierten weiteren Nachfragezuwächse in der mit Industrie stark besetzten Planungsregion (7) auch befriedigen zu können, wurde die quantitative und qualitative Wasserknappheit als ein Engpaßfaktor betrachtet. Dieser Sektor ist heute zwar nicht mehr von solcher Bedeutung wie damals, gleichwohl liegt der Dienstleistungsanteil in diesen Regionen immer noch unter dem Durchschnitt (s.o.).

3. Beitrag zur Energiegewinnung

Durch die Erhöhung des Abflusses kann im Rednitz-Regnitz-Main-Gebiet zusätzlich Energie gewonnen werden. Auch wenn man die Verluste an der Donau dagegen aufrechnet, da hier entsprechend weniger Wasser zur Verfügung steht, wurde ein Nettogewinn im Gesamtwert von 35,3 Mio. DM errechnet.[12]

---

[10] vgl. Klaus, J.; Blankenburg, W.; Lerch, B., S.2ff.

[11] vgl. Institut der Deutschen Wirtschaft (1998), Tabelle 27

[12] kumulierte undiskontierte Gewinne bis zum Jahre 2001

4. Unterstützung von strukturbedingten Umstellungen in der Landwirtschaft
Dies bezieht sich auf die Struktur der landwirtschaftlichen Produktion. Durch die Überleitung steht im sogenannten "Knoblauchsland" mehr Wasser zur Verfügung, so daß auch bewässerungsintensive und höherwertige Kulturen angebaut werden können. Der Absatz dieser Produkte erscheint durch den Großraum Nürnberg-Fürth-Erlangen als gesichert.

5. Hochwasserschutz für Siedlungen, Verkehrswege und Kulturflächen
Unter diesen Punkt fallen der Mehrerlös infolge der Ertragssicherung und Verbesserung der landwirtschaftlichen Produktionsbedingungen, die Ersparnisse der Kommunen bei Aufwendungen für Hochwasserschäden und Schutzvorrichtungen, sowie die Ertragszuwächse infolge von Gebäude- und Bodenwertsteigerungen. Diese wurden auf rund 0,9 Mio. DM/a taxiert.

6. Schaffung von Erholungsmöglichkeiten und Förderung des Fremdenverkehrs
Die zunehmende Verstädterung und die positive Einkommensentwicklung in Verbindung mit wachsender Freizeit führt zu einer Zunahme der Nachfrage nach Erholungsleistungen. Die Einkommen aus dem Fremdenverkehr sind für das Brombachgebiet von großer Bedeutung. Diese wurden anhand unterschiedlicher Ausgabensätze für Langzeiturlauber und Naherholer geschätzt. Desweiteren wurde mit Hilfe einer Multiplikatoranalyse versucht, sekundäre Einkommenseffekte zu quantifizieren. So wurde die Wertschöpfung durch den Fremdenverkehr auf ca. 14,2 Mio. DM/a geschätzt. Diese Zahl beinhaltet auch den Rothspeicher, bei dem jedoch die Wirkungen wesentlich geringer sind, da er vor allem von Naherholern genutzt wird, die nicht übernachten und deren Tagessätze niedriger liegen. So wurden für das Gebiet um den Rothspeicher die Ausgaben nur auf 1/6 des Brombachgebiets und zudem ein niedrigerer Einkommensmultiplikator angesetzt.[13] Die Umweltbelastungen, die der Fremdenverkehr mit sich bringt (z.B. Emissionen von Kraftfahrzeugen), blieben in dieser Analyse unberücksichtigt, da solche Belastungen intangible Werte sind, die in einer NKA unberücksichtigt bleiben.

7. Erleichterung der Trinkwassergewinnung an Regnitz und Main
Durch die Überleitung kann auf den Bau von Aufbereitungsanlagen oder Fernleitungen verzichtet werden. Dies ist somit ein indirekter Nutzen des Überleitungsprojekts.

8. Beitrag zu einer geordneten Beseitigung der Haushalts- und Industrieabwässer
Durch die Überleitung werden die Kapazität von Rednitz und Pegnitz als Vorfluter erhöht, so daß eine Erhöhung der Produktion sowie der Einwohner-

---

[13] vgl. Klaus, J.; Blankenburg, W.; Lerch, B., S.34

zahlen in der Agglomeration ohne Probleme möglich ist. Eine Bewertung dieser Effekte wäre hier über Vermeidungskosten möglich (vgl. Kapitel 3).

In Tab. 4.4 sind die prognostizieren monetären Projektwirkungen zusammengefaßt.

Tab. 4.4: Gegenüberstellung von prognostizierten Nutzen und Kosten

Direkte Nutzen	Durchschnitt-licher jährlicher Nutzen (in Mio. DM)			Gesamtnutzen (undiskontiert in Mio. DM)	Direkte Kosten	Durchschnittliche jährliche Kosten (in Mio. DM)			Gesamt-kosten (undiskontiert)
	1981	1991	2001	1981-2001		1981	1991	2001	
Betriebswasser-versorgung	8,2	12,3	20,4	275,1	Kapital-zinsen	25,5	28,1	28,1	698,8
Wert der Energiemehrung in den Wasser-kraftwerken	1,4	1,6	2,3	35,3	Unterhalt, Bedienung	3,7	3,9	4,6	86,1
Einsparungen durch den Hoch-wasserschutz	0,9	0,9	0,9	18,9					
Nutzen für die Erholung	8,2	11,0	14,6	234,3					
Nutzen für die Trinkwasser-versorgung	0	5,0	15,0	132,5					
Nutzen für den Gewässerschutz	0	3,0	8,0	74,0					
Insgesamt	18,7	33,8	61,2	770,1		29,2	32,0	32,7	784,9

Quelle: Klaus, J., Blankenburg, W.; Lerch, B., S.42

Die Rentabilität wurde durch das Quotientenkriterium errechnet, welches die absolute Höhe des Nettonutzens unberücksichtigt läßt. Vorteilhaft ist ein Projekt gemäß dem Quotientenkriterium dann, wenn die Nutzen-Kosten-Relation größer ist als 1. Bis 1981 weist das Projekt eine Nutzen-Kosten-Relation von kleiner 1 auf, erst in den späteren Jahren wird diese positiv. Im konkreten Fall erfolgte hier eine Festlegung des Diskontsatzes auf 5%. Dieser Zins wird erst bei einer Nutzungsdauer von mehr als 40 Jahren erwirtschaftet. Die Wahl dieses Zeitraums erscheint aber als angemessen, da Infrastrukturprojekte durch eine sehr lange Lebensdauer gekennzeichnet sind (vgl. Kapitel 3).

Das Überleitungsprojekt ist in hohem Maße vom Main-Donau-Kanal abhängig, so daß im Grunde eine Totalanalyse unter Einbeziehung des Kanals vorgenommen werden müßte. Diese Funktion des Kanals wird von seinen Befürwortern auch als Argument für dessen Wirtschaftlichkeit angeführt, welche durch die auf ihm verschiffte Tonnage nicht gewährleistet ist, da das tatsächliche Frachtaufkommen weit hinter den prognostizierten Werten zurückgeblieben ist und diese auch in Zukunft nicht erreicht werden dürften. So war 1972 noch ein Frachtaufkommen von ca. 20 Mio. Tonnen pro Jahr prognostiziert worden. Mittlerweile geht das Bundesverkehrsministerium mittelfristig von ca. 5,7 Mio. Tonnen aus.[14]

1.2 Die Ergebnisse des Marketing-Gutachtens von 1983

Dieses Gutachten wurde erstellt, um den Anliegergemeinden Ratschläge zu geben, wie sie ihr Angebot gestalten sollten, um von dem erwarteten Aufschwung des Fremdenverkehrs am meisten profitieren zu können. Hierfür wurden die Gemeinden in sogenannte Isochronen eingeteilt. Diese gliedern sich in[15]

a. Seenahe Gemeinden
b. Gemeinden mit ausgeprägtem Mittelgebirgscharakter
c. Gemeinden im mittelbaren Einflußbereich der Seen, deren Marktchancen in der Ansprache spezifisch motivierter Gästegruppen liegen
d. Gemeinden mit relativ hohem Fremdenverkehr ohne direkten Bezug zu den projektierten Seen
e. Gemeinden mit begrenzten Entwicklungsmöglichkeiten

Die wichtigsten Aussagen dieses Gutachtens sollen an dieser Stelle nur kurz aufgegriffen werden, da sie für die vorliegende Analyse von geringer Bedeutung sind und das Gutachten zumeist ohnehin nur allgemein gehaltene Ratschläge enthält. So sollten die Infrastruktureinrichtungen und das gewerbliche Angebot zeitlich auf den Ausbau der einzelnen Seebereiche abgestimmt und weitgehend für den Fremdenverkehr benutzt werden. Eine Konsumtion der Landschaft sowie Wochenend- und Freizeitrummel und der Bau von „Bettenburgen“ sollte vermieden und der Ökologie Priorität vor ökonomischen Aspekten eingeräumt werden. Damit auch die Gemeinden, die nicht direkt an den Seen liegen, an der allgemeinen Entwicklung partizipieren, sollten diese insbesondere versuchen, ihre kulturhistorische Vergangenheit in den Vordergrund zu stellen, um auf diese Weise Besucher anzuziehen.

Als wesentliches Problem wurde die Kürze der Sommersaison erachtet. So erfolgt die Nutzung der Seen zum Baden oder für sonstigen Wassersport vor allem im Frühjahr und im Sommer, wohingegen während des restlichen Jahres die Besucherzahlen zurückgehen. Deshalb soll versucht werden, die Saison

---

[14] vgl. hierzu „Gerade wie der Strich durchs Dollar-Zeichen“, in: Die Welt, S.3, vom 25.09.1997

[15] vgl. Marketing-Gutachten S.136fff.

durch Einrichtung von zusätzlichen Attraktionen möglichst zu verlängern, um die Auslastung der Beherbergungsbetriebe zu erhöhen und somit dauerhafte Einkommensmöglichkeiten zu schaffen. Eine Einrichtung einer Freizeitanlage zwischen dem Kleinen Brombachsee und dem Igelsbachsee wurde durch den Zweckverband Brombachsee ins Auge gefaßt und durch die Verbandsversammlung eine Änderung der Flächennutzung beantragt. Aufgrund fehlender rechtlicher Voraussetzungen wurde dieses Ansinnen jedoch durch das Innenministerium zurückgewiesen.[16] Zudem steht zu befürchten, daß hierdurch vor allem Naherholer angezogen werden, was nicht zu einer Lösung dieser Problematik beiträgt. Ob es gelingt, z.B. durch kulturelle Angebote ein auch für die Wintermonate attraktives Angebot zu schaffen, wie es durch das Marketing-Gutachten vorgeschlagen wird, ist eher pessimistisch zu beurteilen.

2. Empirische Analyse der Projektwirkungen

Den folgenden Ausführungen liegen die Grundgedanken der Vier-Konten-Systematik zugrunde, welche hier den Erfordernissen einer konkreten Bewertung angepaßt wurde. Abbildung 4.4 zeigt, welche ausgewählten Projektwirkungen im folgenden dargestellt und erläutert werden sollen.

Eine Beschränkung erweist sich hier als erforderlich, da nur für wenige Aspekte auch aussagekräftiges Datenmaterial vorliegt. Im folgenden sollen vor allem die Wirkungen im Brombachgebiet im Vordergrund stehen, wohingegen die Wirkungen auf die Altmühl nur am Rande angesprochen werden sollen. Die Wirkungen im Regnitz-Main-Gebiet sind lediglich der Vollständigkeit halber aufgeführt. Eine Schätzung der monetären Größenordnung eines Teils dieser Wirkungen wurde im Gutachten von 1971 vorgenommen (s.o.).

[16] vgl. Bericht in Nürnberger Nachrichten vom 20.08.1996, S.13

Abb. 4.4: Topologie der Projekteffekte auf der Nutzenseite

	Hochwasserschutz Altmühl incl. Gewässerausbau	Wirkungen im Brombachgebiet	Wirkungen im Regnitz-Main-Gebiet
Effizienzwirkungen	Reparaturersparnisse • Gebäude • öffentliche Flächen Aufwertung der Uferstreifen der Altmühl	Ökonomische Wertigkeit der Flächen • Baulandpreise • Mieten Wertschöpfung durch die Wasserflächen • Schiffahrt • Strandanlagen • Steuerkraftmeßzahl	Schutz vor Überschwemmung Kühlwasser Bewässerungswasser Trinkwasser
Wirkungen auf die regionale und örtliche Entwicklung		Sektorale Entwicklungen • Landwirtschaft • Fremdenverkehr • Sozialversicherungspflichtig Beschäftigte	
Gesellschaftliche Auswirkungen		Urteile der Unternehmen Urteile der Gäste	
Auswirkungen auf Ökologie und Landschaft	Gewässerqualität Renaturierung	Gewässerschutz Artenvielfalt Vielfalt der Landschaft Erholungseignung der Landschaft	Gewässerschutz

Quelle: Eigene Darstellung

2.1 Effizienzwirkungen des Überleitungsprojekts

2.1.1 Direkte Kosten des Überleitungsprojekts

Die Kosten des Überleitungsprojekts belaufen sich auf insgesamt ca. 882 Mio. DM, wovon 762 Mio. DM vom Freistaat Bayern und 120 Mio. DM von der Bundesrepublik Deutschland getragen werden. Die einzelnen Kostenbestandteile zeigt Tab. 4.5.

Tab. 4.5: Einzelkosten der einzelnen Systemteile

	Kosten
Altmühlsee	ca. 107 Mio. DM
Altmühlüberleiter	ca. 62 Mio. DM
Kleiner Brombachsee	ca. 78 Mio. DM
Igelsbachsee	ca. 31 Mio. DM
Großer Brombachsee:	ca. 205 Mio. DM
Rothsee	ca. 114 Mio. DM
Gewässerausbau	ca. 54 Mio. DM

Quelle: Daten Talsperren-Neubauamt (Stand Mai 1995)

Für den Erwerb von ca. 2620 ha Fläche mußten zusätzlich ca. 120 Mio. DM aufgewendet werden. Diese monetären Bestandteile stellen Einkommenseffekte dar, welche durch das Projekt direkt hervorgerufen wurden. Mit größeren Problemen ist die Quantifizierung der Kapazitätseffekte der Überleitung verbunden, welche das eigentlich entscheidende Kriterium sind, um eine selbsttragende wirtschaftliche Entwicklung zu ermöglichen. Mit dem Überleitungsprojekt entstand ein Gebiet von hohem Erholungswert, wodurch sich für die dort lebende Bevölkerung Einkommensmöglichkeiten im Fremdenverkehrsbereich eröffnen.

Sowohl die Quantifizierung der monetären Ströme und noch viel mehr der grundsätzlich nicht monetär bewertbaren Größen, also der gesellschaftlichen und ökologischen Auswirkungen, erweist sich als sehr schwierig. Daß auch solche Effekte in eine Projektbewertung einbezogen werden müssen, sollte aus den vorherigen Ausführungen deutlich geworden sein.

2.1.2 Wirkungen auf der Nutzenseite

2.1.2.1 Hochwasserschutz Altmühl

Bei den Gemeinden und den privaten Haushalten entfallen durch das Überleitungsprojekt die Aufwendungen für die Beseitigung der Hochwasserschäden, wie z.B. das Reinigen von öffentlichem Grundbesitz oder das Auspumpen von Kellerräumen sowie deren Renovierung. Dies könnte man als Opportunitätserlöse bezeichnen. Im Vergleich zu den sonstigen Projektwirkungen sind diese Auswirkungen jedoch nicht von allzu hoher Bedeutung.

Durch die Überleitung werden ca. 2700 ha Land vor den Sommerhochwässern der Altmühl geschützt.[17] Es handelt sich hierbei vor allem um Grünland, welches zumindest teilweise landwirtschaftlich genutzt wird. Auf eine monetäre Bewertung wird hier verzichtet, da dies davon abhängig ist, was angebaut

[17] vgl. Klaus, J.; Blankenburg, W.; Lerch, B., S.24

wird und wie hoch die jeweiligen Erlöse sind. Aufgrund der Überschußproduktion in der Landwirtschaft und der Tendenz zur Flächenstillegung erscheinen diese Erträge als nicht sonderlich relevant.

2.1.2.2 Ökonomische Wertigkeit von Grundstücken und Gebäuden

Da die seenahen Grundstücke durch die zuständigen Zweckverbände erworben wurden, konnten negative Erscheinungen wie an den oberbayerischen Seen vermieden werden. Auf diese Weise wurde eine Bebauung von privater Seite unterbunden und ein dauerhafter Zugang zu den Seen für alle Bürger ermöglicht, so wie dies im Artikel 141 Abs. 3 der Bayerischen Verfassung verlangt wird. Wie notwendig dies war, läßt sich daran ersehen, daß z.B. in Ramsberg mittlerweile über 800 DM/m^2 für einen Bauplatz bezahlt werden, der einen Blick zum Großen Brombachsee erlaubt.[18] Durch die Seen kam es zu einem merklichen Preisanstieg für Bauland, wie sich beispielhaft an Absberg zeigt, welches durch seine exponierte Lage oberhalb des Großen Brombachsees hiervon mit am meisten profitierte, wie Tab. 4.6 zeigt.

Tab. 4.6: Entwicklung der Baulandpreise in DM je Quadratmeter

	1980	1982	1990	1996
Absberg	21 DM/qm	98 DM/qm	111 DM/qm	185 DM/qm

Quelle: Daten Statistisches Landesamt Bayern

Eine nicht ganz so extreme Entwicklung zeigt sich in Ornbau (am Altmühlsee), wo sich die Baulandpreise innerhalb der letzten 15 Jahre verdoppelt haben.[19] Eine ähnliche Tendenz zeigt sich auch bei der Preisentwicklung für Eigentumswohnungen. Dort stieg der Quadratmeterpreis innerhalb weniger Jahre von 3.800,- DM auf 4.400,- DM, was dadurch bedingt ist, daß durch Beschränkungen im Bebauungsplan nur noch maximal sechs Wohnungen pro Bauplatz errichtet werden dürfen.[20]

2.1.2.3 Wertschöpfungspotential der Wasserflächen

Für den Altmühlsee wurde durch den Zweckverband Altmühlsee das Motorschiff „Gunzenhausen" mit einer Kapazität von ca. 80 Personen für DM 150.000- angeschafft. Die „Gunzenhausen" beförderte im Jahr 1997 auf dem Altmühlsee ca. 41.000 Fahrgäste, welche ca. DM 231.000- Umsatz erbrachten. Nach Abzug der Kosten verblieb für den Zweckverband Altmühlsee ein Überschuß von ca. DM 182.000-[21] Der Bund Naturschutz hatte gegen die Schiffahrtslinie Klage vor dem Bayerischen Verwaltungsgerichtshof erhoben

---

[18] Dies ergab sich aus einem Gespräch mit dem Geschäftsführer des Zweckverbands Brombachsee

[19] vgl. Arbeitsgemeinschaft FUTOUR (Band I), S.37

[20] vgl. Bericht im Wochenspiegel vom 9. Juni 1997

[21] vgl. Schneider, M., S.46

und zunächst eine Einstellung des Betriebs erreicht, da die Route innerhalb der Fluchtdistanz einzelner Brut- und Zugvögelarten verlief.[22] Diese Entscheidung wurde später wieder aufgehoben. Von Seiten des Landesbunds für Vogelschutz werden mittlerweile gegen den Betrieb der Schiffahrtslinie kaum noch Einwendungen geltend macht, da sich gezeigt hat, daß diese zu keinen gravierenden Störungen der Brutgebiete führt. Dies dürfte darauf beruhen, daß sich die Vögel an die Gleichförmigkeit des Ablaufs gewöhnt haben und nur bei ungewöhnlichen Vorkommnissen mit Flucht reagieren (vgl. Kapitel 2).[23] An diesem Beispiel zeigt sich auch, daß die Naturschützer nicht immer einheitliche Meinungen vertreten. In diesem Fall dürfte dies darauf zurückzuführen sein, daß durch die Vogelinsel speziell den Interessen einer Gruppe nahezu vollkommen entsprochen worden ist.

Eine ähnliche Entwicklung der Schiffahrt dürfte im Bereich des Großen Brombachsees möglich sein, der eine wesentlich größere Fläche einnimmt. Durch die 800 Liegeplätze am Großen Brombachsee (es waren einmal über 2000 im Gespräch) für private Segelboote entstehen für den Zweckverband Brombachsee Einnahmen. Die Kosten für die Anlagen werden auf ca. 8,25 Mio. DM geschätzt.[24] Die Erlöse aus diesen Liegeplätzen betragen bei einem Preis von DM 1.000-/a für einen der 330 Wasserliegeplätze und DM 400-/a für einen der 470 Landliegeplätze ca. DM 518.000-. Die Nachfrage nach diesen Plätzen erscheint als gesichert, so daß sich diese Investition relativ rasch amortisieren dürfte. Auch ist die Einrichtung einer Schiffahrtslinie wie auf dem Altmühlsee geplant, was zu zusätzlichen Einnahmen führen dürfte.

Die Wasserflächen dürften auch für die Betreiber der Strandanlagen (Kioske, Fahrradverleih etc.) ein erhebliches Wertschöpfungspotential aufweisen. Über die konkrete Höhe können keine Angaben gemacht werden, da hierfür keine Daten vorliegen.

2.1.2.4 Entwicklung der Steuerkraftmeßzahl

Die Steuerkraftmeßzahl (sie wird auch als Steuereinnahmekraft bezeichnet) definiert Artikel 4 Absatz 1 Finanzausgleichsgesetz (FAG) als die Summe der Steuerkraftzahlen. Die Steuerkraftzahlmeßzahl ist gemäß Artikel 2 Absatz 2 FAG ein Maß für die Steuerkraft einer Gemeinde. Sie ist vor allem für die Höhe der Schlüsselzuweisungen an die Gemeinden von Bedeutung. Gemäß Artikel 4 Absatz 2 FAG werden die Grundbeträge (mit jeweils unterschiedlichen Faktoren) der Grundsteuer, der Gewerbesteuer, sowie der Gemeindeanteil an der Einkommensteuer als Steuerkraftzahlen angesetzt. Diese Grundbeträge werden

---

[22] vgl. Bericht der Roth-Hilpoltsteiner Volkszeitung vom 28.07.1995

[23] Dies ergab sich aus einem Gespräch mit der Leiterin des Naturschutzzentrums Altmühlsee anläßlich einer Besichtigung der Vogelinsel.

[24] vgl. Schneider, M., S. 46 und Roth-Hilpoltsteiner Volkszeitung vom 19.07.1995

gemäß Artikel 4 Absatz 4 FAG ermittelt, indem das Istaufkommen einer Gemeinde durch den für das jeweilige Jahr festgesetzten Hebesatz geteilt wird. Die Steuereinnahmekraft der Gemeinden der Zweckverbände Brombach und Altmühl, welche einen Teil des Landkreises Weißenburg-Gunzenhausen bilden, entwickelte sich im Vergleich zum Bayerischen Landesdurchschnitt überdurchschnittlich, wie Abb. 4.5 verdeutlicht. Besonders zu Beginn der neunziger Jahre war ein starker Anstieg zu verzeichnen, als der Fremdenverkehr sich zu entwickeln begann.

Abb. 4.5: Entwicklung der Steuerkraftmeßzahl im Vergleich

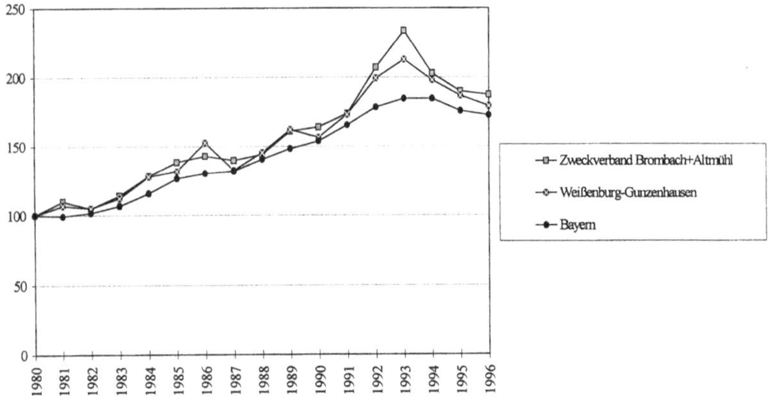

Quelle: Daten Statistisches Landesamt Bayern

2.2 Wirkungen auf die regionale und örtliche Entwicklung

2.2.1 Auswirkungen auf die Landwirtschaft im Brombachgebiet

Durch den Flächenverbrauch für die Seen hat sich das Angebot an landwirtschaftlicher Nutzfläche merklich verringert. Der Landverbrauch betrug insgesamt ca. 2700 ha für die Anlage der Seen, Straßen und Infrastruktureinrichtungen (Freizeitanlagen, Parkplätze etc.). Dabei verloren einige Orte einen hohen Anteil ihrer Fläche. So betrug die Verlustrate in Ramsberg ca. 70% und in Absberg ca. 40%.[25] Nahezu alle durch die Baumaßnahmen betroffenen Landwirte haben die für die Anlage der Seen benötigten landwirtschaftlichen Nutzflächen (insgesamt ca. 2100 ha) freiwillig abgegeben. Erleichtert wurde dies durch die Flurbereinigungsverfahren, die mit der Gebietsreform in Bayern von 1972 einhergingen. Diese dürfen nicht nur unter dem Aspekt einer Verbesserung der landwirtschaftlichen Produktionsbedingungen gesehen werden, sondern sie

[25] vgl. Berner, O., S.162

sind heute vor allem für die Natur- und Landschaftspflege von Bedeutung. Dies zeigt sich auch daran, daß die damalige Flurbereinigungsdirektion heute Direktion für Ländliche Entwicklung heißt. Enteignungsverfahren waren nur in einigen wenigen Ausnahmefällen notwendig. Dies ist mit Sicherheit zum wesentlichen Teil ein Erfolg der eingerichteten Zweckverbände, auf deren Rolle noch einzugehen sein wird.

Im Brombachgebiet betrug die durchschnittliche Betriebsgröße ca. 10 ha, wobei viele Betriebe noch kleiner waren.[26] Die durch das Überleitungsprojekt bedingten Landabgaben dürften zu folgenden wirtschaftlichen Auswirkungen geführt haben:[27]

- Umsatzrückgang von ca. 8-10 Mio. DM/a
- Rückgang an Deckungsbeiträgen von 6-7 Mio. DM/a
- 2-3 Mio. DM Gewinnrückgang
- Verlust von ca. 200-250 Arbeitsplätzen

Diese Zahlen spiegeln die generelle Entwicklung in der Planungsregion (8) wider und sind für die noch stark landwirtschaftlich geprägte Region von hoher Bedeutung. Gleichwohl sind diese Entwicklungen in längerfristiger Betrachtung zu sehen. Durch das Überleitungsprojekt wurde eine ohnehin nicht aufzuhaltende Entwicklung beschleunigt. Insofern könnte man in der Schaffung des Neuen Fränkischen Seenlands auch eine Gestaltungssubvention sehen. Von einer Vernichtung von Arbeitsplätzen durch das Überleitungsprojekt kann man deshalb nicht sprechen. Durch das Wegfallen von Erhaltungssubventionen für die Landwirtschaft dürften zudem gesamtwirtschaftliche Effizienzgewinne entstehen.

Für die betroffenen Landwirte stellte sich die Frage, ob sie durch Zukauf oder Pacht von Flächen ihre Betriebe weiterführen wollten, oder ob sie ihre Zukunft eher im Fremdenverkehr suchten und die Veräußerungsgewinne für ihre Flächen zum Bau von Unterkünften verwendeten. Eine Investition der Gewinne war notwendig, wollte man verhindern, daß diese Erträge der Einkommensteuer unterliegen, wobei in diesen Größenordnungen deren progressive Wirkung spürbar wird.

Es wäre zu erwarten gewesen, daß durch den Verlust an landwirtschaftlicher Nutzfläche für den Bau der Seen die Preise für Ackerland spürbar ansteigen würden. Aufgrund der Immobilität des Faktors Boden ist keine Ausweichmöglichkeit gegeben, so daß Landwirte, die aus Wirtschaftlichkeitsgründen (z.B. Nutzung großer Maschinen) dringend Flächen hinzukaufen mußten, eine zusätzliche Nachfrage entfalteten. Dies scheint allerdings nur während einer kur-

[26] vgl. Berner, O., S.166
[27] vgl. Berner, O., S.163

zen Phase der Fall gewesen zu sein, so daß sich das Preisgefüge insgesamt nicht verändert hat. Heute kann bei einem Verkauf von Ackerland bester Qualität maximal DM 5-/m^2 erzielt werden.[28] Dies ist ein Preis, der sich auch in den umliegenden Landkreisen eingestellt hat. Dies liegt darin begründet, daß durch den Strukturwandel in diesem Gebiet mehr Flächen frei werden, als für Erweiterungen nachgefragt werden.

Vielfach wurden die Erlöse aus dem Verkauf der landwirtschaftlichen Nutzflächen dazu verwendet, Pensionen und Ferienhäuser zu errichten. Dies bringt für die Vermieter erhebliche Umstellungsprobleme mit sich, da diese zumeist über keine oder zu wenig Erfahrungen in der Gästebeherbergung verfügen. Während dieser Umstrukturierung blieben die betroffenen Personengruppen nicht sich selbst überlassen, sondern man leistete ihnen insbesondere durch die Einrichtung der Beratungsstelle Mittelfränkisches Seengebiet im Jahre 1978 aktive Hilfestellung. Deren allgemeine Aufgabe besteht in der Beratung der Bevölkerung im Seenland bei der Bewältigung der mit der Entstehung des Seengebiets zusammenhängenden besonderen Probleme. Ihre besonderen Aufgaben liegen in der landwirtschaftlichen und hauswirtschaftlichen - vornehmlich sozio-ökonomischen - Beratung der Bevölkerung unter besonderer Berücksichtigung der Erholungsfunktion des Gebiets, sowie der Mitwirkung bei allen im Zusammenhang mit der Schaffung des Seengebiets stehenden Fördermaßnahmen (z.B. Dorferneuerung, Urlaub auf dem Bauernhof etc.).[29] Zudem arbeitet sie mit den einschlägigen Behörden und Stellen, insbesondere den Zweckverbänden, zusammen.

In der Kombination mit dem Fremdenverkehr liegt eine Möglichkeit, Landwirtschaft weiter im Nebenerwerb zu betreiben. Zum einen ist dadurch die Möglichkeit der Direktvermarktung der Erzeugnisse gegeben. Abnehmergruppen bilden hierbei sowohl die Besucher als auch die heimische Gastronomie. Zum anderen erweist sich gerade eine (wenn auch kleine) Landwirtschaft als ein entscheidender Faktor, daß Familien mit Kindern diese Quartiere beziehen.[30]

Es ist noch anzumerken, daß durch die verzögerte Flutung der Seen bei den Landwirten, die in den Fremdenverkehr investiert hatten, Einnahmeausfälle zu verzeichnen waren. So war die Fertigstellung des Teilsystems Brombachüberleitung bereits für den Zeitraum von 1971 bis 1984 geplant. Es kam jedoch zu Verzögerungen, was insbesondere mit der Diskussion um das Für und Wider

[28] vgl. Schneider, M., S.58
[29] vgl. Broschüre Beratungsstelle Neues Fränkisches Seenland (Auszug aus der Dienstordnung)
[30] vgl. Schneider, M., S.64

des Weiterbaus des Main-Donau-Kanals in Zusammenhang stand.[31] Um eine Fertigstellung des Systems Brombachüberleitung innerhalb des vorgegebenen Zeitplans zu erreichen, hätten ca. 33,5 Mio. DM/a aufgewendet werden müssen, wohingegen die tatsächliche Summe bei ca. 18,5 Mio. DM/a gelegen hat.[32] Erst mit dem Wechsel der Bundesregierung 1982 war dieses Hindernis beseitigt. Für die Landwirte, die erhebliche Summen in den Neubau und Umbau investiert hatten, war dies eine sehr schwierige Situation.

2.2.2 Entwicklung von Langzeiturlaub und Naherholung

Eine besondere Bedeutung erhalten die Seen für Erholungszwecke. Dies gilt sowohl für die Naherholung der Bevölkerung aus dem Städtedreieck Nürnberg, Erlangen und Fürth[33], als auch für Langzeiturlauber, die man durch eine hohe Attraktivität dieses Gebiets für sich gewinnen will. Sie sollen einen wesentlichen Beitrag leisten, die überkommene sektorale Struktur dieser Gebiete nachhaltig zu verändern. Vor allem in dem einst stark landwirtschaftlich geprägten Landkreis Weißenburg-Gunzenhausen sollen im Bereich des Fremdenverkehrs neue qualifizierte Arbeitsplätze und Einkommensmöglichkeiten geschaffen werden. Hierfür ist es vor allem notwendig, daß man Langzeiturlauber gewinnen kann, um die neu geschaffenen Bettenkapazitäten auch auszulasten. An den Naherholern dürfte man weniger interessiert sein, da diese nur Tagesausflüge unternehmen und in der Regel geringere Tagesausgaben tätigen. Zudem besteht die Gefahr, daß das Gebiet durch Naherholungssuchende so stark frequentiert wird, daß Langzeiturlauber davon abgehalten werden können, ihren Urlaub im Neuen Fränkischen Seenland zu verbringen. Naherholung bringt auch ein erhebliches Verkehrsaufkommen durch private PKW mit sich, so daß die umliegenden Gemeinden durch Abgase und Lärm belastet werden, diese jedoch keine Einnahmen haben. Da die Anbindung an den Öffentlichen Personennahverkehr noch nicht ausreichend entwickelt ist und für viele Freizeitaktivitäten Zubehör zu transportieren ist, wie z.B. für Windsurfen oder Radfahren, benutzen viele Besucher den privaten PKW, was zu erheblichen Belastung der Hauptverkehrswege und zu erhöhten Schadstoff- und Lärmbelastungen führt. Da in Spitzenzeiten nicht genügend Parkflächen zur Verfügung stehen, werden die Fahrzeuge auch in Parkverbotszonen und in an den Seen angrenzenden Wäldern abgestellt, was Schädigungen der Vegetation und des Bodens zur Folge hat. An Spitzentagen wurden allein am Brombachsee über 20.000 Besucher gezählt, welche nahezu ausschließlich aus der näheren Umgebung kamen.[34] Einen interessanten Aspekt stellt die Herkunft der Langzeiturlauber dar, was Abb. 4.6 zeigt.

---

[31] Der ehemalige Bundesverkehrsminister Volker Hauff bezeichnete den Main-Donau-Kanal einst als das „dümmste Bauwerk seit dem Turmbau von Babel“.

[32] vgl. Meyer, G., S.41

[33] vgl. Mosch, H., S.106

[34] vgl. Nürnberger Nachrichten vom 10.08.1995, S.9

Abb. 4.6: Herkunft der Urlaubsgäste nach Bundesländern 1996

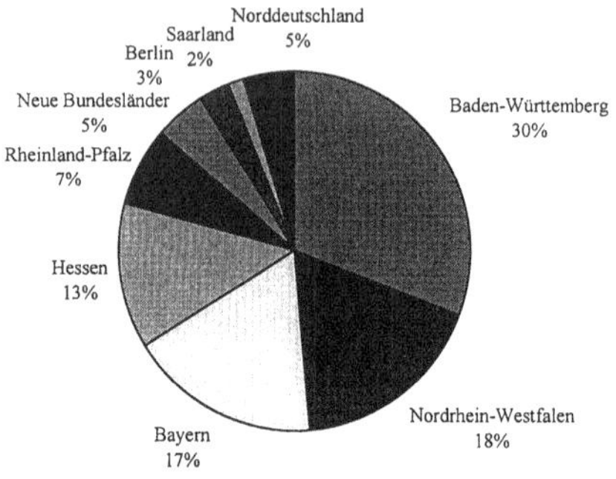

Quelle: Eigene Darstellung nach Daten des Kreisverkehrsamts Gunzenhausen

Der größte Teil der Urlauber stammt aus dem benachbarten Bundesland Baden-Württemberg, gefolgt von Nordrhein-Westfalen und Bayern. Die Besucherzahlen aus Baden-Württemberg und Bayern lassen sich damit erklären, daß die Seen die einzig größere Wasserfläche in einem großen Umkreis darstellen und in relativ kurzer Zeit erreicht werden können. Die hohe Anteil der Besucher aus Nordrhein-Westfalen dürfte auf das noch relativ niedrige Preisniveau sowie auf die intensive Marktbearbeitung in Nordrhein-Westfalen zurückzuführen sein[35], was sich besonders an der Zahl der versandten Urlaubskataloge zeigt.

Die Entwicklung der Übernachtungszahlen im Neuen Fränkischen Seenland gestaltet sich insgesamt durchaus positiv. Dies wird besonders daran deutlich, wenn man diese mit den Entwicklungen im übrigen Franken und in Bayern vergleicht, was Tab. 4.7 verdeutlicht.

Hierbei ist zu berücksichtigen, daß die Übernachtungszahlen in Deutschland generell stagnierten, da der Trend im Fremdenverkehr sich dahingehend entwickelt hat, daß die Nachfrage nach Fernreisen weiter zugenommen hat und Ziele in Deutschland häufig nur für einen Zweit- oder Dritturlaub relevant sind (siehe Kapitel 2). Dies führt zu verstärkter Konkurrenz unter den Fremdenverkehrsregionen um die Übernachtungsgäste. Bei diesen Zahlen sind auch kon-

[35] vgl. Artikel in der Ausgabe der NN vom 27.08.1996, S.13

junkturelle Entwicklungen zu berücksichtigen, die speziell im Fremdenverkehr eine wichtige Rolle spielen. Bei den hohen Zuwachsraten in den ersten Jahren dürfte sich auch ein Basiseffekt bemerkbar machen.

Tab. 4.7: Entwicklung der Übernachtungszahlen im Vergleich

	Seenland	Übriges Franken	Bayern
1988	+9,3%		+2,9%
1992	+10,0%	-1,7%	-0,4%
1993	+6,0%	-3,6%	-2,8%
1995	+2,5%		-0,9%
1996	+6,6%	-2,4%	-2,5%

Quelle: Kreisverkehrsamt Weißenburg-Gunzenhausen, aus Schneider, M., S.81

Einen guten Überblick über die Entwicklung der Übernachtungszahlen im Neuen Fränkischen Seenland bei den verschiedenen Gruppen von Reisenden und den von ihnen getätigten Umsätzen gibt Tab. 4.8. Die Ausgabensätze variieren über die verschiedenen Gruppen hinweg und wurden im Zeitablauf angepaßt. Sie sind auch nicht willkürlich gewählt, sondern beruhen auf einer Empfehlung des Deutschen Wirtschaftswissenschaftlichen Instituts an der Universität München.

Tab. 4.8: Entwicklung der Besucherzahlen im gesamten Neuen Fränkischen Seenland

	Anzahl	Faktor/DM	Mio. DM
1983			
Übernachtungen Langzeiturlauber	213.979	50.-	10,7
Übernachtungen Campingplätze, Jugendherberge	126.148	22.-	2,8
Tagesbesucher	300.000	20.-	6,0
Summe	**640.127**		**19,5**
1987			
Übernachtungen Langzeiturlauber	379.547	65.-	24,7
Übernachtungen Campingplätze, Jugendherberge	218.813	28.-	6,1
Tagesbesucher	600.000	25.-	15,0
Summe	**1.198.360**		**45,8**
1994			
Übernachtungen Langzeiturlauber	716.877	80.-	57,3
Übernachtungen Campingplätze, Jugendherberge	416.603	35.-	16,2
Tagesbesucher	1.100.000	20.-	33,0

Summe	**2.233.480**		**106,5**
1995			
Übernachtungen Langzeiturlauber	833.501	80.-	66,7
Übernachtungen Campingplätze, Jugendherberge	449.318	35.-	15,7
Tagesbesucher	1.100.000	30.-	33,0
Summe	**2.382.819**		**115,4**
1996			
Übernachtungen Langzeiturlauber	932.235	80.-	74,6
Übernachtungen Campingplätze, Jugendherberge	350.819	35.-	12,3
Tagesbesucher	1.000.000	30.-	30,0
Summe	**2.283.054**		**116,9**

Quelle: Schneider M., aus Daten des Kreisverkehrsamts Weißenburg-Gunzenhausen

2.2.3 Entwicklung der sozialversicherungspflichtig Beschäftigten

Neben der Einkommensentwicklung haben sich die Seen auch positiv auf die Beschäftigung ausgewirkt, was nicht selbstverständlich ist, da zwischen den Größen Wachstum und Beschäftigung ein zunehmender Entkopplungseffekt zu beobachten ist. Laut Angaben des Fremdenverkehrsamts in Gunzenhausen sind in diesem Sektor ca. 3.000 Menschen beschäftigt. Auch wenn man verlorengegangene Arbeitsplätze in der Landwirtschaft dagegen aufrechnen muß, dürfte insgesamt ein Nettozuwachs zu verzeichnen sein. Diese Arbeitsplätze sind zwar auch von saisonalen Schwankungen abhängig, jedoch erscheinen sie als wesentlich sicherer als die in der Landwirtschaft. Die strukturelle Entwicklung der sozialversicherungspflichtigen Beschäftigten in den Gemeinden der Zweckverbände Brombachsee und Altmühlsee zeigt Abb. 4.7. Hierbei zeigt sich, daß die Beschäftigtenzahl insgesamt seit 1980 um fast 50% zugenommen hat. Im Dienstleistungsbereich ist ein überproportionaler Anstieg zu verzeichnen, was durch den Fremdenverkehr bedingt ist. Mit dem Baubeginn des Großen Brombachsees ist die Zahl der Beschäftigten in der Landwirtschaft merklich zurückgegangen, da durch den Flächenverlust viele Betriebe aufgegeben haben.[36] Die Zunahme der Beschäftigten im Baugewerbe ist durch den Bau der Seen sowie die damit verbundene private Bautätigkeit zu erklären.

---

[36] Der Sprung in der Datenreihe der Landwirtschaft zwischen 1989 und 1990 ist dadurch bedingt, daß sich die statistische Abgrenzung der Beschäftigten geändert hat.

Abb. 4.7: Strukturelle Entwicklung der sozialversicherungspflichtig Beschäftigten im Bereich der Gemeinden der Zweckverbände Brombachsee und Altmühlsee

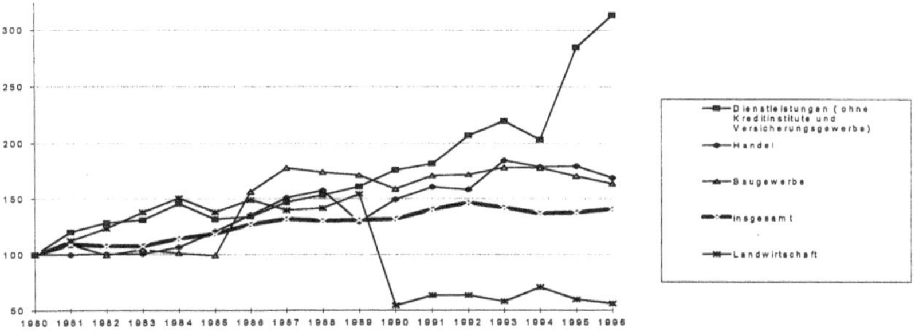

Quelle: Daten Statistisches Landesamt Bayern

2.3 Gesellschaftliche Auswirkungen des Überleitungsprojekts

2.3.1 Kumulierte Wanderungsgewinne

Im Bereich des Zweckverbands Brombachsee war vor dem Bau der Überleitung ein stetiger Rückgang der Bevölkerung zu verzeichnen, was durch die überkommene sektorale Struktur des Gebiets bedingt sein dürfte. Eine Trendwende erfolgte gegen Mitte der achtziger Jahre, als die Vorsperren des Großen Brombachsees eingestaut wurden. Seitdem weist dieses Gebiet Wanderungsgewinne auf, was Abb. 4.8 zeigt:

Abb. 4.8: Kumulierte Wanderungsgewinne im Bereich des Zweckverbands Brombach

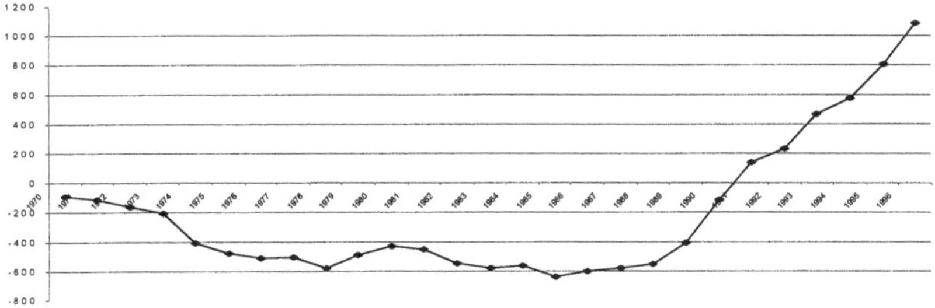

Quelle: Daten Statistisches Landesamt Bayern

2.3.2 Befragungsergebnisse

Um die gesellschaftlichen Auswirkungen des Neuen Fränkischen Seenlands zu ermitteln, wurden verschiedene Erhebungen durchgeführt, deren wesentliche Ergebnisse kurz dargestellt werden sollen. Hierbei wurden Unternehmen des Untersuchungsgebiets sowie Gäste im Bereich des Zweckverbands Altmühlsee befragt.

Bei den Unternehmen wurde eine Erhebung mit Hilfe von Fragebögen durchgeführt, bei der die im Handelsregister verzeichneten Unternehmen der Landkreise Roth und Weißenburg-Gunzenhausen befragt wurden, wie sie die durch das Neue Fränkische Seenland bewirkten Entwicklungsergebnisse beurteilten. Die Rücklaufquote lag bei ca. 15%, was etwa 250 Fragebögen entspricht. Nach Meinung der Unternehmen würde das Neue Fränkische Seenland bezüglich der Umsatzentwicklung des eigenen Betriebs oder der Schaffung von Arbeitsplätzen praktisch keinen Einfluß haben. Die regionalen Bedingungen, wie z.B. die Ausstattung mit touristischer Infrastruktur sowie die Einstellung der heimischen Bevölkerung zu dieser Entwicklung, wurde aus Sicht der Unternehmen als positiv eingeschätzt, was Abb. 4.9 verdeutlicht.

Abb. 4.9: Beurteilung der durch das Neue Fränkische Seenland bewirkten regionalen Bedingungen aus Sicht der Unternehmen

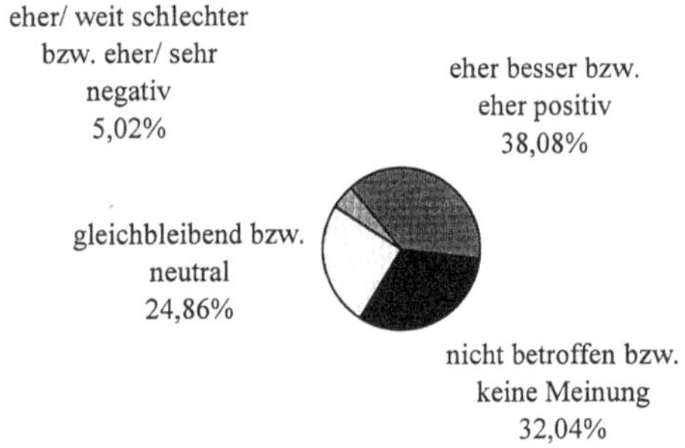

Quelle: Umfrageergebnisse von Klaus, J. (1998)

Für den Bereich des Altmühlsees wurde durch die Arbeitsgemeinschaft FUTOUR eine Befragung der Gäste durchgeführt, bei der sie die verschiedenen Angebote bewerten konnten. Hierfür wurde eine Notenskala von 1 bis 6 vorgegeben (1 = sehr gut, 6 = ungenügend). Das Ergebnis der Erhebung zeigt Tab. 4.9.

Tab. 4.9: Benotung der Angebote durch die Gäste

Note	1	2	3	4	5	6
Angebote						
Freizeitanlagen (Schwimmbad, Altmühlsee)	32%	55%	10%	3%		
Wanderwege und Beschilderung	30%	57%	5%	6%		
Radwege und Beschilderung	35%	53%	6%	4%		
Kulturangebot (Theater, Konzerte)	6%	48%	32%	9%	4%	
Schlechtwetterangebote	5%	38%	35%	5%	8%	8%
Kinder- und familiengerechte Angebote	16%	57%	19%	6%	2%	
Einkaufsmöglichkeiten in Gunzenhausen	17%	68%	11%	4%		
Information						
Prospekte	19%	64%	11%	4%		
Tourist-Info in Gunzenhausen	23%	54%	18%	5%		
Gastronomie						
Ambiente/Atmosphäre ihrer Unterkunft	17%	68%	13%	2%		
Service/Personal	16%	69%	12%	2%		
Preis-/Leistungsverhältnis	21%	57%	18%	3%		
Unterkunft						
Ambiente/Atmosphäre ihrer Unterkunft	39%	47%	11%	2%		
Service/Personal	36%	48%	12%	2%	2%	1%
Preis-/Leistungsverhältnis	26%	54%	13%	4%	2%	2%
Landschaft/Natur						
Reiz der Landschaft	47%	47%	6%			
Umweltqualität	16%	60%	19%	4%		
Wasserqualität des Altmühlsees	6%	62%	25%	6%		
Sauberkeit der Uferbereiche/Strände	18%	65%	13%	3%		
Vogelinsel im Altmühlsee	45%	51%				
Sonstige Naturangebote (Lehrpfade, Infotafeln)	17%	68%	11%	4%		
Bevölkerung						
Freundlichkeit der Bevölkerung	29%	65%	5%			

Quelle: ARGE FUTOUR/KÜBERL/SCHEMEL, Befragung Altmühlsee im August 1995, Band III, S.42

Daran zeigt sich, daß die touristischen Angebote im Altmühlgebiet insgesamt als recht gut bewertet werden. Schlechter hingegen werden die Kultur- und die Schlechtwetterangebote beurteilt. Dies ist deswegen von Bedeutung, da gerade in den Herbst- und Wintermonaten ein attraktives Angebot in diesem Bereich eine notwendige (wenn auch nicht hinreichende) Voraussetzung ist, um auch zu diesen Jahreszeiten Gäste zu gewinnen.

2.4 Die ökologischen Veränderungen durch die Überleitung

2.4.1 Allgemeine Auswirkungen von Talsperren

Bei Stauseen lassen sich verschiedene Typen unterscheiden, die jeweils unterschiedliche Ökosystemstrukturen aufweisen:[37]

1. Talsperren

Die Wasseraustauschrate ist bei diesem Typ gering (zumeist mehr als ein Monat) und sie weisen ein relativ hohes Volumen im Vergleich zu Zu- und Abflußmengen auf. Eine Ausbildung stabiler Lebensgemeinschaften am Boden (= Benthal) und im Freiwasser (= Pelagial) ist möglich. Die Oberfläche ist im Vergleich zum Stauvolumen nicht besonders groß. In diese Klasse könnte man die Seen des Neuen Fränkischen Seenlands einordnen.

2. Rückhaltebecken

Diese sind in der Regel kleiner und flacher als Talsperren und sind durch eine hohe Wasserzufuhr in kurzer Zeit und eine langsame Abgabe gekennzeichnet. Da hier die Austauschrate höher liegt, ist die Ausbildung von Lebensgemeinschaften nicht so ausgeprägt wie bei Talsperren.

3. Laufstauseen

Bei diesem Typ wird das Wasservolumen weitgehend konstant gehalten und es erfolgt ein kompletter Austausch innerhalb weniger Stunden. Sie weisen deshalb von den Lebensgemeinschaften her Ähnlichkeiten mit normalen Flüssen auf.

Talsperren bringen eine ganze Reihe von ökologischen Auswirkungen mit sich. Die Vor- und Nachteile sollen hier kurz aufgezählt werden:[38]

A. Vorwiegend ungünstige Auswirkungen

a. Unmittelbarer und näherer Talsperrenbereich

- Zerstörung von vorhandenen Biotopen und deren Biozönosen
- Eutrophierung und Schlammablagerungen im Stausee durch verunreinigtes Wasser
- Anhebung des Grundwasserspiegels, wodurch es durch verunreinigtes Wasser zu einer Verschlechterung der Bedingungen in angrenzenden Biotopen kommen kann

b. Wasserlauf

- Geschieberückhalt durch die Talsperre
- Unterbindung bzw. Erschwerung der Fischwanderung
- Zerstörung ursprünglicher Fließgewässer-Biotope und deren Biozönosen

---

[37] vgl. Reichholf, J., S.124 f.

[38] vgl. Schlüter, U., S.388f.

- Verringerung der Ausuferung unterhalb der Talsperre, wodurch die natürliche Selbstreinigungskraft des Gewässers gemindert wird

c. an den Wasserlauf angrenzendes Gelände unterhalb der Talsperre
- Grundwasserabsenkungen infolge Tiefenerosion des Wasserlaufs
- Verringerung der Überflutungen
- Zerstörung von Naß- und Feuchtbiotopen und deren Biozönosen

B. Vorwiegend günstige Auswirkungen

a. unmittelbarer Talsperrenbereich
- Bei relativ sauberem Wasser Schaffung eines Wasserbiotops

b. Wasserlauf unterhalb der Talsperre
- Niedrigwasseraufhöhung, so daß sich die Lebensbedingungen für Fließgewässer-Organismen verbessern und die natürliche Selbstreinigungskraft erhöht wird
- Verrringerung der Hochwässer, wodurch sich Lebensbedingungen für Fließgewässer-Organismen verbessern

c. An den Wasserlauf angrenzendes Gelände unterhalb der Talsperre
- Anhebung des Grundwasserspiegels durch Niedrigwasser-Aufhöhung
- Bei relativ sauberem Wasser Verbesserung der Bedingungen für Naß- und Feuchtgebiete und deren Biozönosen

Ökologischen Aspekten wurde in allen Phasen der Entstehung des Neuen Fränkischen Seenlands eine hohe Bedeutung beigemessen. Eine naturschutzfachliche Bewertung der ökologischen Auswirkungen dieses Projekts vorzunehmen, erweist sich als sehr schwierig, da zwei völlig unterschiedliche Sachverhalte (vor und nach dem Bau der Überleitung) miteinander zu vergleichen sind. Strenggenommen kann man den Verlust von wertvollen Lebensräumen niemals ausgleichen, da es nicht möglich ist, ein identisches Ökosystem an anderer Stelle einfach wieder entstehen zu lassen (s.o). Man kann diese Verluste durch Ausgleichs- und Ersatzmaßnahmen aber zumindest kompensieren. In welchem Maße dies im Neuen Fränkischen Seenland gelungen ist, soll im folgenden erläutert werden.

2.4.2 Der Landschaftspflegerische Begleitplan Großer Brombachsee

2.4.2.1 Überblick über die Zielsetzungen und Abgrenzung des Untersuchungsgebiets

Eine Vorstellung von der Erheblichkeit der Eingriffe vermittelt die Tatsache, daß alleine für den Brombachsee eine Fläche von über 930 ha Land benötigt wurde. Zusammen mit den Flächen für die Infrastruktureinrichtungen beläuft sich der Bedarf auf ca. 1000 ha. Hiervon sind ca. 260 ha als ausgleichs- oder ersatzbedürftig eingestuft. Dies ist auch deshalb von Bedeutung, da lediglich ca.

3% der Gesamtfläche Bayerns noch als natürlich oder naturnah bezeichnet werden können.[39]

Um die Biotopverluste, die im Zuge der Überleitung aufgetreten sind, zu ermitteln, wurde der „Landschaftspflegerische Begleitplan Großer Bromachsee" erstellt, der auf der „Ökologischen Rahmenkonzeption" von Professor Schuster beruht. Die Berücksichtigung ökologischer Belange bei der Planung der Seen bildete eine wesentliche Voraussetzung, ohne die eine Genehmigung des Projekts nicht erfolgt wäre. Die Hauptziele des landespflegerischen Begleitkonzepts lauten wie folgt:[40]

1. Landschaftliche Einbindung der Bauwerke und Anlagen, insbesondere des Hauptsperrendammes und seiner Betriebseinrichtungen
2. Anpassung der künftigen Uferzonen an die veränderten Grundwasserverhältnisse
3. Schwerpunktmäßige Erschließung des Sees und Ausstattung der Ufer mit einer Grundausstattung für die Erholungsnutzung
4. Sicherung und Gestaltung möglichst großer ökologischer Regenerationszonen zwischen den Erholungsschwerpunkten
5. Ausgleich der Biotopverluste im unmittelbaren Seeumgriff und im Naturraum „Rezat-Brombachsande"
6. Ersatz im oberen Altmühltal (Wiesenbrütergebiet) und Nesselbachtal für nicht ausgleichbare Biotopverluste.

Am großen Hauptdamm des Brombachspeichers, der eine Länge von ca. 1,7 km aufweist und bis zu 40m hoch ist, sind nur kosmetische Korrekturen möglich, da ein solcher Fremdkörper sich nie harmonisch in die Landschaft einfügen wird. Bei den anderen Bauwerken ist dies wesentlich besser gelungen.

Der Landschaftspflegerische Begleitplan Großer Brombachsee untergliedert das Untersuchungsgebiet in drei Zonen. Dies sind

- der Eingriffraum, der vom Brombachsee in Anspruch genommen wird
- der Raum für Ausgleichsmaßnahmen (RAM), der in etwa mit der naturräumlichen Einheit „Rezat-Brombachsande" identisch ist. In diesen ist auch der Eingriffsraum einbezogen, da hier die vollzogenen Eingriffe so weit als möglich kompensiert werden sollen.
- der Raum für Ersatzmaßnahmen (REM), welcher das Altmühltal zwischen Ornbau und Gunzenhausen sowie das Nesselbachtal umfaßt.[41] Dieser steht in konkretem räumlichen und funktionalem Zusammenhang mit der Überleitungsmaßnahme. Er umfaßt das Wiesenbrütergebiet im Altmühltal zwischen

[39] vgl. Bayerischer Landesentwicklungsplan 1991/92, S. 77
[40] vgl. Landschaftspflegerischer Begleitplan Brombachsee, S.11f.
[41] vgl. Landschaftspflegerischer Begleitplan Großer Brombachsee, S.10

Ornbau und dem Altmühlsee (Wiesmet), das mittlere Nesselbachtal, das Storchenbiotop Muhr und das Storchenbiotop Gunzenhausen.

Der Eingriffsraum ist der Raum, der faktisch irreversibel verloren und nicht mehr ersetzbar ist. Ökologische Verluste in diesem Bereich sind also von besonderem Interesse. Raum für Ausgleichsmaßnahmen bedeutet, daß vor Ort ein Ersatz für zerstörte Biotope geleistet werden soll. Ersatzmaßnahmen sind demgegenüber nicht so streng ortsgebunden. In diesem Fall war es auf Grund der mangelnden Verfügbarkeit von geeigneten Grundstücken nicht möglich, alle Verluste (so weit überhaupt möglich) im Brombachtal zu ersetzen. Aus diesem Grund wurden durch das Talsperren-Neubauamt (TNA) 160 ha Feuchtwiesen im Nesselbachtal und im Altmühltal für Ausgleichsmaßnahmen erworben, von denen 60 ha eine zusammenhängende Fläche bilden und 100 ha gestreut sind.[42]

Dies ist aus ökologischer Sicht durchaus sinnvoll. Es ist nämlich nicht gewährleistet, daß der Ausgleich vor Ort immer besser ist, falls die vorgesehenen Gebiete z.B. aufgrund von speziellen geologischen oder hydrologischen Voraussetzungen nicht die gleiche Qualität erreichen können. Weiterhin ist zu berücksichtigen, daß die einzelnen Biotope untereinander eine gewisse Vernetzung aufweisen sollten, wie in Kapitel 2 erläutert wurde. Deshalb wird in diesem Abschnitt auch auf die Bedeutung des Wiesmet eingegangen werden.

Die Nutzungsstruktur im Gebiet des heutigen Brombachsees wurde aus alten Luftbildern rekonstruiert und gestaltete sich im Jahr 1970 folgendermaßen:

Abb. 4.10: Wirtschaftliche Nutzung des Brombachgebiets im Jahre 1970

Siedlungs- und Verkehrsflächen	< 1%
Kiefernforste	51,7%
Offene Wasserflächen	1,1%
Ackernutzung	23,1%
Wiesennutzung	9,8%
Sandabbau	9,8%
nicht genutzte Fläche	4,9%

Quelle: Landschaftspflegerischer Begleitplan Großer Brombachsee, S.20

Im Brombachgebiet selbst befanden sich keine Ortschaften, sondern lediglich 13 Mühlen. Von diesen Mühlen sind heute nur noch zwei erhalten, nämlich die Mäusleinsmühle und die Mandlesmühle, welche heute als Informationszentrum und Seemeisterstelle dient. Das Verschwinden dieser Mühlen durch den Großen Brombachsee dürfte aus ökonomischer Sicht zu vernachlässigen sein.

42 vgl. Landschaftspflegerischer Begleitplan Großer Brombachsee, S.14

Der Verlust von Kiefernforsten, Äckern und Wiesen zählt zu den Verlusten der Landwirtschaft, welche bereits angesprochen wurden. Aus naturschutzfachlicher Sicht ist der Verlust dieser Flächen nicht sonderlich hoch einzuschätzen, da diese keine hohe Wertigkeit aufweisen. Bedeutender hingegen ist der Verlust der nicht genutzten Fläche, da sich im Brombach- und im Igelsbachtal mit seinen Röhricht- und Großseggenbeständen, den Schwarzerlen- und Bruchwaldbeständen Flächen von ökologisch hoher Wertigkeit befanden. Das Brombachtal stand durch eine Verordnung von 1965 bis 1985 unter Landschaftsschutz. Diese Verordnung lief danach aus und wurde nicht mehr verlängert. Durch die Flutung des Brombachtals gingen diese wertvollen Bestandteile verloren.

Auch der See selbst wurde zumindest teilweise in das Landschaftsschutzgebiet mit einbezogen. So wurden im Bereich der Vorsperren drei neue Naturschutzgebiete (NSG) ausgewiesen:

- NSG Brombachmoor (1983) mit ca. 4 ha
- NSG Halbinsel im Kleinen Brombachsee (1989) mit 45 ha
- NSG Stauwurzel des Igelsbachsees mit 21 ha

Im Untersuchungsgebiet befinden sich zudem mit dem Absberger Südhang und dem Kleinen Brombachsee noch zwei weitere bereits rechtskräftig ausgewiesene Landschaftsschutzgebiete (LSG).[43] Einen Übersicht über die Lage der Naturschutz- und Landschaftsschutzgebiete im Untersuchungsgebiet gibt Abb. 4.11. Im folgenden soll erläutert werden, welche Biotope und Biozönosen vor dem Einstau im Brombachtal existierten, und wie die aufgetretenen Verluste eingeschätzt wurden. Dies soll auch verdeutlichen, daß durch die Seen eine völlig neue Landschaft entstanden ist, die mit der alten Struktur kaum noch vergleichbar ist.

---

[43] vgl. Landschaftspflegerischer Begleitplan Großer Brombachsee, S.25

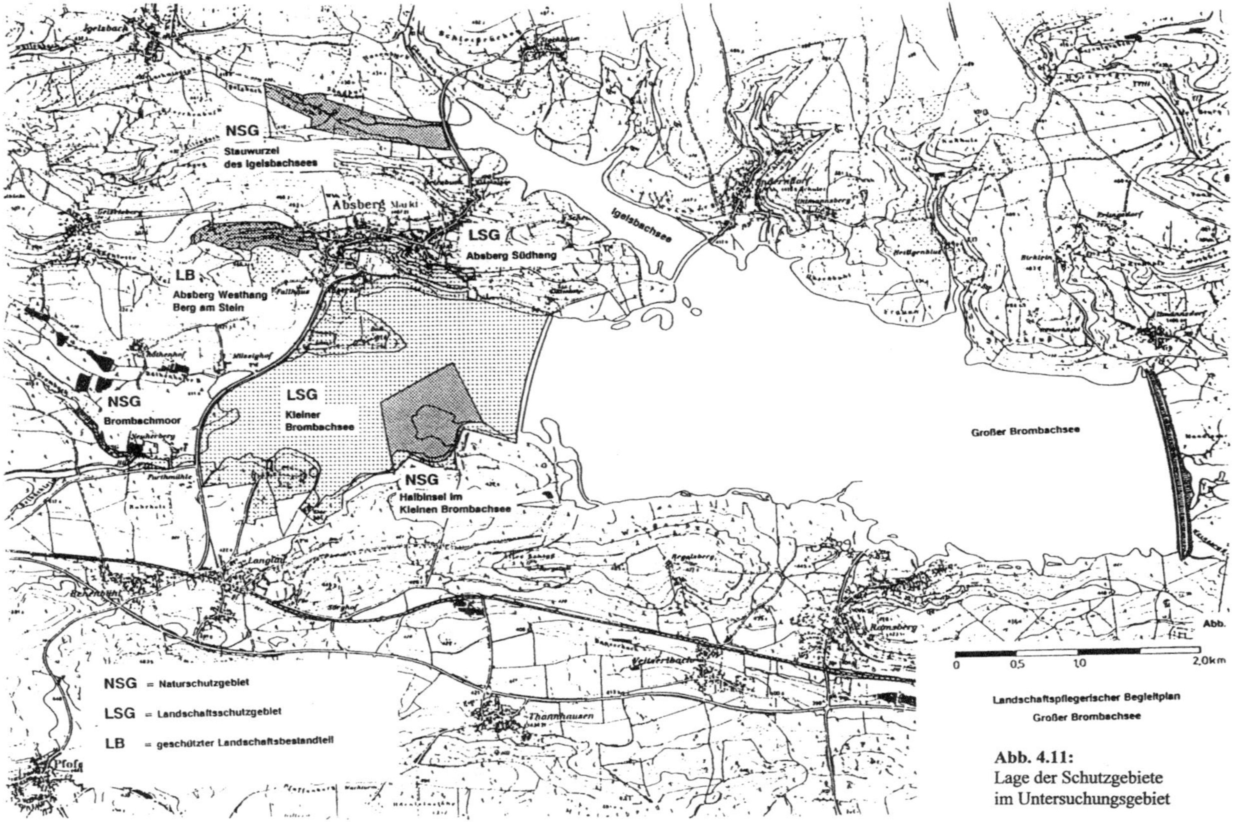

Abb. 4.11:
Lage der Schutzgebiete
im Untersuchungsgebiet

2.4.2.2 Naturräumliche Grundlagen

Bei der Ermittlung der Naturräumlichen Grundlagen wurden Eigenheiten des Eingriffsraums wie Klima, Topologie, Tier- und Pflanzenarten sowie ganze Pflanzengesellschaften erfaßt. Klimaveränderungen dürften durch die Seen allenfalls in lokalem Ausmaß verursacht werden, so daß sich lediglich das Mikroklima in direkter Umgebung (Ufernähe) verändern dürfte. Um eine Klimaveränderung größeren Ausmaß zu erreichen, müßte ein Stausee eine Fläche von einigen Tausend Quadratkilometern aufweisen.[44]

Bei einer Untersuchung der Tierarten im Zeitraum von 1983-84 wurden durch eine Untersuchung von Plachter 11 Tierartengruppen mit 586 Tierarten nachgewiesen. Dies zeigt Tab. 4.10. Für jede Tiergruppe ist die Artenzahl, die Anzahl der Rote-Liste-Arten für Bayern und Deutschland, sowie die Summe aus beiden Listen angegeben. A_S beinhaltet die Anzahl und den Anteil von regional und landesweit seltenen Arten. Die Tierwelt wurde im folgenden nicht gleichrangig in die Bewertung mit einbezogen, da die Erhebungen aus zeitlichen Gründen nicht flächendeckend vorgenommen werden konnten. Die naturschutzfachliche Bewertung bezieht sich somit ausschließlich auf einzelne Pflanzenarten sowie Pflanzengesellschaften.

Tab. 4.10: Nachgewiesene Tierarten im Eingriffsraum vor dem Bau des Sees

	Artenzahl	**Rote-Liste-Arten**				**Seltene Arten**	
		Bayern	**Deutschland**	**Gesamt**	**in %**	**A_S**	**=%**
Kleinsäuger	9	1	0	1	17	0	0
Vögel (Aves)	47	8	6	8	17	7	15
Reptilien	3	1	1	1	33	1	33
Amphibien	8	3	3	3	38	3	38
Libellen	18	3	6	6	33	6	33
Geradflügler	21	3	1	3	14	4	19
Wanzen	11	-	-	-	-	2	18
Großschmetter-linge	125	5	9	11	11	19	15
Hautflügler	84	7	7	14	17	13	60
Käfer	154	-	8	8	2	34	40
Spinnen	106	-	6	6	6	17	16
Summen	586	31	48	61	= 11%	106	= 18%

Quelle: Vereinfachte Darstellung nach Plachter, H. (1985)

[44] vgl. Baumann, W. et al., S.8ff.

2.4.2.3 Naturschutzfachliche Bewertung

Aus den vorangegangenen Ausführungen über die naturschutzfachliche Bewertung sollte deutlich geworden sein, daß es eine Bewertung, bei der alle Aspekte berücksichtigt werden, nicht geben kann, sondern daß man sich auf Kriterien einigen muß, welche für die konkreten Untersuchungsgegenstände als geeignet erscheinen. Für die naturschutzfachliche Bewertung des Eingriffsraums wurden folgende Kriterien ausgewählt:[45]

- Der Natürlichkeitsgrad (N)
- Die Ersetzbarkeit (E)
- Seltene und bedrohte Pflanzenarten (A)
- Seltene und bedrohte Pflanzengesellschaften (P)

Die Natürlichkeitsnähe wird in dem in Kapitel 1 angesprochenen Sinn verwendet, daß diese um so höher liegt, je geringer die Einflußnahme des Menschen ist. In diese Abstufung wurden bei der Analyse auch die einzelnen Untersuchungsgegenstände eingeordnet. Es ergibt sich somit eine Klassifizierung von 1-5, wobei die Klasse 5 für natürlich, also für vom Menschen unbeeinflußt, steht. Für die Ersetzbarkeit wird unterstellt, daß diese mit zunehmender Reife und Alter eines Ökosystems immer schwieriger zu realisieren ist. Bei der Seltenheit wird unterschieden, ob eine Art regional, überregional, landesweit, oder bundesweit selten ist. Die Bedrohung (= Gefährdung) bezieht sich auf Rückgangstendenzen von Pflanzenarten oder Pflanzengesellschaften. Diese Vorgehensweise entspricht auch der von Auhagen vorgeschlagenen Einteilung in die Rote-Liste-Arten (vgl. Kapitel 3).

Die Ausprägungen der Parameter N, E, A und P werden in Wertstufen von 1-5 eingeteilt. Hierbei stellt die Wertstufe 1 die höchste, die Wertstufe 5 die niedrigste Kategorie dar. Abbildung 4.12 zeigt allgemein, in welche Wertstufe einzelne Biotoptypen nach ihrer Natürlichkeitsnähe einzuordnen wären. Bei dieser Klassifizierung wurde die Untergliederung der Natürlichkeitsgrade gemäß Abb. 1.9 zugrunde gelegt.

Abb. 4.12: Natürlichkeitsgrad von Biotoptypen bzw. Pflanzengesellschaften

Natürlichkeitsgrad	Stufe	Biotoptypen bzw. Pflanzengesellschaften
natürlich, bzw. sehr geringe anthropogene Beeinflussung	5	scio-hygrophile Erd- und Felsmoosgesellschaften
naturnah, bzw. geringe anthropogene Beeinflussung	4	Schwarzerlenbruchwälder Röhrichte und Großseggenrieder Quellfluren Bewaldetes Hangfußquellmoor

[45] vgl. Landschaftspflegerischer Begleitplan Großer Brombachsee, S.105

		Fließgewässer
bedingt naturfern, bzw. mittlere anthropogene Beeinflussung	3	Kiefernhochwald auf Standort des Pino-Quercetum entwässerte Schwarzerlenbrücher Schwarzerlenforste
naturfern, bzw. hohe anthropogene Beeinflussung	2	Grünlandgesellschaften Stillgewässer
künstlich bzw. sehr hohe anthropogene Beeinflussung	1	Ackerfluren Annuelle Ruderalgesellschaften Trittrasen

Quelle: Modifizierte Darstellung aus Daten des Landschaftspflegerischen Begleitplans Großer Brombachsee, S.103f..

Da natürliche Biotoptypen (Stufe 5) kaum noch vorhanden sind, wurden für die Klassifizierung der Kriterien Natürlichkeit und Ersetzbarkeit der konkret im Untersuchungsraum vorkommenden Biotoptypen folgende Einteilungen vorgenommen.

Abb. 4.13: Natürlichkeitsgrad der Biotoptypen im Eingriffsraum

Biotoptyp	Wertstufe	Biotoptypen bzw. Pflanzengesellschaften im Untersuchungsgebiet
Biotoptyp aus Formationen, die mindestens dem Natürlichkeitsgrad 4 zuzurechnen sind	1	Bachschluchtkomplex Bewaldetes Hangfußquellmoor Fließgewässer Röhrichte und Großseggenrieder
Biotoptyp aus Formationen, die mindestens dem Natürlichkeitsgrad 3 zuzurechnen sind	2	Schwarzerlenbestände trockener Kiefernhochwald feuchter Kiefernhochwald Sandflächen mit Gehölzaufwuchs
Biotoptyp aus Formationen, die höchstens dem Natürlichkeitsgrad 3 zuzurechnen sind	3	Säume, Raine, Böschungen offene Sand- und Schlammflächen
Biotoptyp aus Formationen, die höchstens dem Natürlichkeitsgrad 2 zuzurechnen sind	4	Wiesen Stillgewässer
Biotoptyp aus Formationen des Natürlichkeitsgrads 1	5	Acker

Quelle: Modifizierte Darstellung aus Daten des Landschaftspflegerischen Begleitplans Großer Brombachsee, S.104ff.

Abb. 4.14: Klassifizierung der Biotoptypen nach ihrer Ersetzbarkeit

Biotoptyp	Wertstufe	konkrete Biotoptypen
praktisch nicht ersetzbar	1	Schwarzerlenbruchwald, Bachschluchtkomplex, Bewaldetes Hangquellflußmoor natürliches Fließgewässer
in (50) 100-150 Jahren bzw. langfristig ersetzbar	2	artenreiche, zweischürige Wiesen
in 30-50 (100) Jahren bzw. mittelfristig ersetzbar	3	Röhrichte und Großseggenrieder trockner Kiefernhochwald feuchter Kiefernhochwald Schwarzerlenbestände mit Störzeigern
in 10-30 Jahren bzw. kurz- bis mittelfristig ersetzbar	4	artenreiche Säume, Raine, Böschungen, Schwimmblattgesellschaften der Stillgewässer
in 1-10 Jahren bzw. kurzfristig ersetzbar	5	Offene Sand- und Schlammflächen, Sandflächen mit Gehölzaufwuchs Äcker mit Wildkrautfluren

Quelle: Modifizierte Darstellung aus Daten des Landschaftspflegerischen Begleitplans Großer Brombachsee, S.104ff.

Die Seltenheit wurde nur für einzelne Pflanzenarten und für Pflanzengesellschaften untersucht. Bei der Seltenheit wurde berücksichtigt, in welcher regionalen Abgrenzung diese selten sind, also ob sie regional, überregional, landesweit oder sogar bundesweit selten sind. Diese Einteilung entspricht in weiten Teilen der Klassifizierung der Rote-Liste-Arten (vgl. Kapitel 3), wie die Abb. 4.15 und 4.16 zeigen.

Abb. 4.15: Klassifizierung von Biotoptypen nach Seltenheit und Bedrohung der Pflanzenarten

Biotoptyp	Wertstufe	konkrete Biotoptypen
der entweder a. sowohl überregional seltene, als auch bundesweit stark gefährdete Arten oder b. landes- oder bundesweit vom Aussterben bedrohte Arten enthält	1	Offene Sand- und Schlammflächen
der entweder a. sowohl regional seltene, als auch bundesweit stark gefährdete Arten b. sowohl überregional seltene als auch landesweit stark gefährdete Arten	2	Sandflächen mit Gehölzaufwuchs Schwarzerlenbestände Acker Säume, Raine, Böschungen

c. sowohl überregional seltene als auch bundesweit gefährdete Arten enthält		
der entweder a. überregional seltene Arten b. landesweit stark gefährdete Arten c. bundesweit gefährdete Arten enthält	3	Röhrichte und Großseggenrieder Stillgewässer
der entweder a. regional seltene oder b. landesweit gefährdete Arten enthält	4	Bachschluchtkomplex Wiesen
der weder seltene noch gefährdete Arten enthält	5	trockener Kiefernhochwald feuchter Kiefernhochwald Bewaldetes Hangflußquellmoor Fließgewässer

Quelle: Modifizierte Darstellung aus Daten des Landschaftspflegerischen Begleitplans Großer Brombachsee, S.109f..

Im Gegensatz zu einzelnen Pflanzenarten liegen für Pflanzengesellschaften bislang keine roten Listen vor. Die Seltenheit einer Pflanzengesellschaft bemißt sich nach ihrer Bindung an besondere ökologische Bedingungen. Sind diese Bedingungen bezogen auf eine bestimmte Raumeinheit ein Minimumfaktor, wird eine Pflanzengesellschaft als gefährdet eingestuft. Der Gefährdungsgrad bestimmt sich auch hier wieder aus verzeichneten Rückgangstendenzen.[46]

Abb. 4.16: Klassifizierung von Biotoptypen nach Seltenheit und Bedrohung der Pflanzengesellschaften

Biotoptyp	Wertstufe	konkrete Biotoptypen
der entweder a. sowohl überregional seltene, als auch bundesweit stark gefährdete Pflanzengesellschaften oder b. landes- oder bundesweit vom Aussterben bedrohte Pflanzengesellschaften enthält	1	Offene Sand- und Schlammflächen
der entweder a. sowohl regional seltene, als auch bundesweit stark gefährdete Pflanzengesellschaften b. sowohl überregional seltene als auch landesweit stark gefährdete Pflanzengesellschaften c. sowohl überregional seltene als auch	2	Stillgewässer Schwarzerlenbestände Acker

[46] vgl. Landschaftspflegerischer Begleitplan Großer Brombachsee, S.111

bundesweit gefährdete Pflanzengesellschaften enthält		
der entweder a. überregional seltene Pflanzengesellschaften b. landesweit stark gefährdete Pflanzengesellschaften oder c. bundesweit gefährdete Pflanzengesellschaften enthält	3	Säume, Raine, Böschungen Röhrichte und Großseggenrieder Bachschluchtkomplex
der entweder a. regional seltene oder b. landesweit gefährdete Pflanzengesellschaften enthält	4	Wiesen Bewaldetes Hangflußquellmoor
der weder seltene noch gefährdete Pflanzengesellschaften enthält	5	trockener Kiefernhochwald feuchter Kiefernhochwald Sandflächen mit Gehölzaufwuchs Fließgewässer

Quelle: Modifizierte Darstellung aus Daten des Landschaftspflegerischen Begleitplans Großer Brombachsee, S.112f..

2.4.2.4 Zusammenfassende Bewertung

In diesem Abschnitt wurden diese einzelnen Merkmale zu einer Gesamtbewertung aggregiert und in eine Bewertungsmatrix überführt. Der sogenannte naturschutzfachliche Gesamtwert ergab sich somit aus folgenden Bewertungsregeln:

Abb. 4.17: Bewertungsregeln für die Gesamtbewertung

Biotoptyp	Gesamtwert
der entweder a. in mindestens einer Teilbewertung mit 1 oder b. in keiner Teilbewertung schlechter als 3 eingestuft ist	I
der entweder a. mindestens in zwei Teilbewertungen mit 2 oder b. in keiner Teilbewertung mit 5 eingestuft ist	II
alle übrigen	III

Quelle: Modifizierte Darstellung aus Daten des Landschaftspflegerischen Begleitplans Großer Brombachsee, S.113

Die Merkmale wurden also nicht einfach gewichtet und gegeneinander aufgerechnet. Es war insbesondere nicht möglich, einen schlechten Wert bezüglich eines Kriteriums durch einen guten Wert in einer anderen Kategorie derartig zu kompensieren, daß er zu vernachlässigen gewesen wäre. Somit wurde praktisch für jede der untersuchten Eigenschaften eine Minimalanforderung gestellt. Anhand der Anwendung dieser Entscheidungsregeln ergab sich für die konkreten Biotoptypen folgende Einstufung, welche Abb. 4.18 zeigt. Aus dieser Einteilung resultiert, daß Biotoptypen der Klassen I und II im Rahmen von Ausgleichs- und Ersatzmaßnahmen so weit als möglich ersetzt werden sollen.

Abb. 4.18: Gesamtbewertung der Biotoptypen im Eingriffsraum

Biotoptyp	Natürlichkeitsgrad	Ersetzbarkeit	seltene und bedrohte Pflanzenarten	seltene und bedrohte Pflanzengesellschaften	Gesamt
Offene Sand- und Schlammflächen	3	5	1	1	I
Sandflächen mit Gehölzaufwuchs	2	5	2	5	II
Wiesen	4	2	3	4	II
Röhrichte und Großseggenrieder	1	3	3	3	I
Stillgewässer	4	4	3	2	II
Trockener Kiefernhochwald	2	3	5	5	III
Feuchter Kiefernhochwald	2	3	5	5	III
Bewaldetes Hangfußquellmoor	1	1	5	4	I
Schwarzerlenbestände	2	2	2	2	I
Bachluchtkomplex	1	1	4	3	I
Acker, artenreiche und extensive Ausbildungen	5	5	2	2	II
Säume, Raine, Böschungen	3	4	2	3	II
Fließgewässer	1	1	5	5	I

Quelle: Modifizierte Darstellung aus Daten des Landschaftspflegerischen Begleitplans Großer Brombachsee, S.114

2.4.3 Beurteilung des Landschaftseingriffs

Der frühere Sandabbau im Brombachtal führte zur Entstehung von Baggerseen, welche zur damaligen Zeit für Freizeitaktivitäten genutzt wurde. Diese Funktion wird durch das neue Seengebiet mehr als ersetzt. Der ökologische Verlust ist hier als gering einzustufen, da die Baggerseen selbst keine Vegetation aufwiesen und aufgrund der steilen Ufer, welche sich durch den Naßabbau ergeben hatten, sich am Rand nur ökologisch weniger wertvolle Pflanzenarten ansiedeln konnten.[47]

Mit dem Einstau gehen ca. 16 km Fließgewässerstrecke des Brombachs und des Igelsbachs einschließlich der Seitengewässer verloren.[48] Die Fließgewässer werden in die Klasse I eingestuft und gelten somit als unersetzbar. Zudem kann es durch die Abgabe von Wasser aus dem Brombachsee zu einer Veränderungen der Biotope und Lebensgemeinschaften in den unteren Fließgewässern kommen. Die Talauen unterhalb der Brombachsperre werden nun seltener überflutet, so daß eine höhere Nutzung ermöglicht wird, welche in der Regel eine Strukturverarmung zur Folge hat. Ganz zu verhindern ist diese Entwicklung nicht. Es besteht jedoch eventuell die Möglichkeit, durch kontrollierte Abgabe aus den verschiedenen Ablaßvorrichtungen des Großen Brombachsees die Natur etwas zu imitieren (z.B. um die Temperaturschwankungen der Gewässer im Jahresablauf zu simulieren).

Von hoher Bedeutung ist auch die Veränderung der Lebensräume für Pflanzen und Tiere. Allein in quantitativer Hinsicht ist festzustellen, daß im Mittelfränkischen Becken der Anteil der schutzwürdigen Biotope mit 1,44% weit unter dem bayerischen Landesdurchschnitt von 4% liegt.[49] So ging eine qualitativ hochwertige Verlandungsvegetation aus Schwimmblattgesellschaften, Röhrichten, Großseggenriedern und Bruchwäldern verloren. Als besonderer Verlust kommen noch die als unersetzlich eingestuften Quellbäche, Bachschluchten und naturnahen Bachläufe hinzu.[50] Bereits 1980 ging ein Kiefernwald mit Hochmooranflügen verloren, welcher in die Klasse I einzuordnen gewesen wäre, und der nicht mehr ersetzt werden kann.[51]

Ein Kriterium (wenn auch nicht das wichtigste) zur Bestimmung der Auswirkungen des Eingriffs, stellt die flächenmäßige Veränderung der einzelnen Biotoptypen dar. Die Abb. 4.19 und 4.20 zeigen, welche Verluste im Eingriffsraum durch die Flutung des Großen Brombachsees zu verzeichnen sind.

---

47 vgl. Landschaftspflegerischer Begleitplan Großer Brombachsee, S.43
48 vgl. Landschaftspflegerischer Begleitplan Großer Brombachsee, S.118
49 vgl. Landschaftspflegerischer Begleitplan Großer Brombachsee, S.122
50 vgl. Landschaftspflegerischer Begleitplan Großer Brombachsee, S.123
51 vgl. Zottmann, J. (1982)

Abb. 4.19: Flächenbilanz der verlorengegangenen Biotoptypen

	Fläche in Hektar	Naturschutzfachliche Bewertung
Offene Sand- und Schlamm-flächen	57,3	I
Sandflächen mit Gehölzauf-wuchs	29,88	II
artenreiche Feucht- und Naß-wiesen	87,1	II
Röhrichte und Großeggenrie-der	11,43	I
Stillgewässer	5,35	II
Kiefernhochwald (trocken)	456,3	III
Kiefernhochwald (feucht)	5,00	III
Hangfußquellmoor	0,2	I
Schwarzerlenbestände	32,00	I
Bachschluchtkomplex	0,85	I
Äcker (intensiv)	186,30	III
extensive Sandäcker	20,00	II
Säume, Raine und Wald-mäntel	2,9	II
Fließgewässer	16,00	I

Quelle: Landschaftspflegerischer Begleitplan Großer Brombachsee, S.114 und S.226

Abb. 4.20: Bilanz der linear ausgebildeten verlorengegangenen Biotopty-pen

Biotoptyp	Länge in km
Säume, Raine, Böschungen	5,8
Schneidbach-Lauf	1,5
Brünnelbach-Lauf	0,9
Igelsbach-Lauf	3,6
Zulauf Brombach-West	0,45
Zulauf Brombach (Ramsberg)	0,85
Brombach-Lauf	8,7

Im nächsten Abschnitt soll darauf eingegangen werden, welche Maßnahmen zum Ersatz und Ausgleich der Eingriffe konkret vorgenommen wurden, und ob diese auch den theoretischen Erfordernissen entsprechen.

2.4.4 Ökologische Verhältnisse im Untersuchungsgebiet nach Realisierung der Überleitung

Beim Bau eines Stausees läßt sich nicht vorhersagen, welche Arten sich ansiedeln und wie sie sich entwickeln werden. Deshalb ist ein Vergleich der Situation vor und nach dem Überleitungsprojekt in ökologischer Hinsicht mit vielen Schwierigkeiten und Unwägbarkeiten verbunden, da die Dynamik des Systems (= Sukzession) lediglich unzureichend berücksichtigt werden kann. Hierfür müßten längerfristige Untersuchungen angesetzt werden, deren Dauer zehn Jahre und länger umfaßt. Kurzfristige Analysen können allenfalls ein Indiz für künftige Entwicklungen sein, keinesfalls jedoch läßt sich daraus ohne weiteres ein Erfolg oder ein Mißerfolg ableiten. Dies ist allerdings eine Eigenschaft jeglicher Bewertung, nicht nur einer naturschutzfachlichen Bewertung. Da jedoch mittlerweile einige Untersuchungen zu den verschiedensten Auswirkungen existieren, sollen diese im folgenden näher erläutert und versucht werden, so weit als möglich Rückschlüsse auf zukünftige Entwicklungen zu ziehen. Hierfür soll zunächst einmal eine Flächenbilanz herangezogen werden, um eine quantitative Abschätzung vorzunehmen. Im Anschluß daran sollen Entwicklungen in den Ausgleichsräumen Wiesmet, sowie der damit in funktionalem Zusammenhang stehenden Vogelinsel im Altmühlsee erörtert werden. Wenn man die Flächen der jeweiligen Biotoptypen vor und nach dem Eingriff miteinander vergleicht, ergibt sich folgendes Bild:

Abb. 4.21: Gegenüberstellung Biotopverlust - Ausgleich (A) - Ersatz (E)

Flächenverluste im Stauraum nach Biotoptypen	**Ausgleichsflächen im Eigentum des Talsperren-Neubauamts (innerhalb der Rezat-Brombach-sande) (A)**	**Ersatzflächen im Altmühltal Eigentum TNA (E)**	**Saldo**
Offene Sand- und Schlammflächen 57,3 ha	Seespitze 5,6 ha Vorschüttung Südufer 3,7 ha Randbereich Seenkette 4,0 ha Biotop Hohenweiler 2,7 ha Uferschwalbensteilwand 2,0 ha		-39,30ha
Röhrichte und Großeggenrieder 11,43 ha	Grafenmühlwäldchen 1,5 ha Brachflächenkomplex Hohenweiler 0,7 ha Langlauer Bucht 1,0 ha		-8,23ha

Bewaldetes Hang-fußquellmoor 0,2 ha			-0,20ha
Schwarzerlenbestände (Erlenbruchwald) 32,0 ha	Grafenmühlwäldchen 6,2 ha Brachflächenkomplex Hohenweiler 3,4 ha Igelseebachtal 3,4 ha		-19,0ha
Bachschluchtkomplex 0,85 ha			-0,85ha
Bachläufe (16km x 10m) 16,0 ha			-16,0ha
Sandflächen mit Gehölzaufwuchs 29,88 ha	Igelseebachtal 0,7 ha		-29,18ha
Feucht- und Naßwiesen 87,10 ha	Schwäbische Rezataue Petersgmünd 8,0 ha Seenkette Brombachtal 9,0 ha	*Wiesenbrütergebiet im Altmühltal (Wiesmet)* 160,0 ha Nesselbachtal 6,3 ha Storchenbiotope 8,9 ha	+105,10 ha
Stillgewässer (Mühlweiher) 5,35 ha	Seenkette Brombachtal 16,0 ha		+10,65ha
Extensive Sandäcker 20,0 ha	Sandacker südlich Hohenweiler 3,0 ha		-17,0ha
Magerrasen, Magerraine, Waldmäntel (5,8km x 5m) 2,9 ha	Dammböschung (Hauptsperre) 10,0 ha Waldmantel und Ufersaum 20,0 ha		+27,1ha
Kiefernwald *461,3 ha* *(Nicht bilanziert)*	Seenkette Brombachtal 10,0 ha	*Wasserfläche* *930 ha* *(Nicht bilanziert)*	+10,0ha
Summe: 263,01 ha	Summe: 110,9 ha	Summe: 175,2 ha	+23,9ha

Quelle: Modifizierte Darstellung aus Daten des Landschaftspflegerischen Begleitplans Großer Brombachsee, S.227 (kursive Hervorhebungen durch den Verfasser)

Von Bedeutung in der vorliegenden Arbeit sind die hervorgehobenen Teilbereiche. Rein rechnerisch ergibt sich flächenmäßig ein positiver Saldo von 23,9 ha. Nicht bilanziert wurde hierbei der Verlust an Kiefernwald und der Gewinn an Wasserfläche. Damit wird implizit unterstellt, daß sich diese beiden Größen ausgleichen, wofür sich jedoch keine Begründung findet. Im folgenden soll auf das Wiesmet eingegangen werden, welches ein wichtiges Gebiet für Wiesenbrüter darstellt und in enger funktionaler Beziehung zu den Ausgleichsgebieten im Brombachtal steht.

2.4.4.1 Das Wiesenbrütergebiet Wiesmet

Das Wiesmet befindet sich im Oberen Altmühltal und stellt eines der bedeutendsten Wiesenbrütergebiete Nordbayerns dar. Heute umfaßt das Wiesmet eine Fläche von ca. 1.100 ha. Durch den Altmühlsee gingen ca. 600 ha an Feuchtgebieten einschließlich der Randzonen verloren, was aus ökologischer Sicht als ein großer Verlust anzusehen ist. Bereits 1973 wurde ein Konzept erarbeitet, welches eine Erhaltung von Wiesenbrüterflächen und eine Zonierung von Erholungsnutzungen am See beinhaltete.[52] Während der Planung des Überleitungsprojekts konnte erreicht werden, daß der Altmühl-Überleiter an den Talrand verlegt wurde, so daß der obere Teil des Wiesmets weitgehend erhalten blieb. Durch die Überleitung wurde die regelmäßige Überflutung des Gebiets eingeschränkt, so daß dies durch technische Maßnahmen kompensiert werden muß.[53]

Wie bereits angesprochen, mußten aufgrund der Flächenknappheit im eigentlichen Eingriffs- und Ausgleichsraum durch das Talsperren-Neubauamt ca. 160 ha Flächen im Wiesmet für ca. 4,7 Mio. DM angekauft werden, um die ökologischen Verluste im Brombachgebiet auszugleichen. Weitere 25 ha wurden von privaten Organisationen für Naturschutzzwecke aufgekauft.[54]

Das Wiesmet ist auch im internationalen Maßstab ein Gebiet von naturschutzfachlich hohem Wert. So sind im Wiesmet zahlreiche Rote-Liste-Arten vertreten, wie z.B. Wachtel, Rebhuhn, Braunkehlchen etc.. Auch als Durchzugs- und Rastgebiet für die Vögel ist das Wiesmet von Bedeutung. Neben zahlreichen Vogelarten findet man hier auch andere Artengruppen, wie z.B. Amphibien, Tagfalterarten oder Libellen (davon 12 Rote-Liste-Arten).[55]

Durch die Erschließung des Gebiets vermehrten sich die Störungen der Brutkolonien, auch wenn es sich um extensive Erholungsformen wie Spazierengehen oder Beobachtung von Vögeln handelt. So kann zwar das Betreten der

[52] vgl. Kaus, D., S.52
[53] vgl. Schneider, M., S.118
[54] vgl. Schneider, M., S.120
[55] vgl. Kaus, D., S.53

Brutgebiete gemäß §26 Bayerisches Naturschutzgesetz verhindert werden, nicht jedoch das Benutzen der Wege, was den Bruterfolg beeinträchtigt, da die Fluchtdistanz unterschritten wird (siehe Kapitel 2). Mit dem Zukauf von Flächen durch die Naturschutzverbände soll dieser Entwicklung entgegengewirkt werden. Durch den Schutz von Kernzonen ist es auch möglich, daß dem Gebiet der Status eines „Europareservats" eingeräumt werden kann. Dies ist ein Areal, welches einerseits den bedrohten Sumpf- und Wasservögeln als Brutgebiet dient, andererseits den durchziehenden Vogelarten als Rast- und Nahrungsgebiet dient.[56]

Sowohl durch gestalterische Maßnahmen als auch durch Pflegenutzung konnte eine Optimierung erreicht werden. So wurden für die verschiedenen Gebietsstreifen unterschiedliche Mahdtermine und eine unterschiedliche Mahdhäufigkeit für das in weiten Teilen immer noch landwirtschaftlich genutzte Wiesmet festgelegt. Trotz der relativ strengen Auflagen, wie z.B. einem Verbot der Düngung oder eine Mahdhöhe über 10 cm mit dem (langsameren) Mähbalken, lagen Anfragen von 130 Landwirten nach Pachtflächen vor, von denen nur 70 Pachtverträge abschließen konnten.[57] Der hierdurch verursachte Einnahmeausfall der Landwirte wird durch das Land Bayern mit 300.000.-DM/a kompensiert.[58]

Die Ersatzmaßnahmen im Wiesmet scheinen erfolgreich zu sein, was sich an den Vogelbeständen zeigt[59], obwohl erst knapp über ein Drittel der Gestaltungsmaßnahmen realisiert wurden. Allerdings erscheinen die momentan erzielten Bruterfolge noch nicht ausreichend, um auch bestandserhaltend zu wirken.[60] Deshalb erscheinen weitere Maßnahmen zur Einschränkung der Erholungsnutzung notwendig.

2.4.4.2 Die Vogelinsel im Altmühlsee

2.4.4.2.1 Bauliche Entwicklungsphasen

Um die ökologischen Verluste durch die Überleitung auszugleichen, wurde im Altmühlsee ein 202 ha großes Naturschutzgebiet angelegt, dessen Kernzone eine 125 ha große Flachwasser- und Inselzone bildet.[61] Diese ist heute unter dem Namen Vogelinsel bekannt. Der Begriff Vogelinsel ist etwas irreführend, da es sich um eine Inselzone handelt, die aus 37 kleinen Inseln besteht.[62] Sie ist heute aufgrund ihrer reichen Flora und Fauna weit über die Grenzen der Region

56 vgl. Schneider, M., S.118
57 vgl. Kaus, D., S.57
58 vgl. Schneider, M., S.120
59 vgl. Kaus, D., S.58
60 vgl. Schneider, M. S.121
61 gemäß Daten des TNA
62 vgl. Meyer, G., S.47

hinaus bekannt und beherbergt viele Pflanzen- und Tierarten, die in dieser Gegend bereits als ausgestorben galten. Zudem haben sich auch neue Arten an diesem See angesiedelt. Auch für den Fremdenverkehr weist die Vogelinsel eine nicht zu unterschätzende Bedeutung auf, da sie nicht nur für Naturliebhaber ein beliebtes Ausflugsziel darstellt. So wurden 1994 ca. 100.000 Besucher und ca. 15.000 Teilnehmer bei geführten Veranstaltungen des Landesbunds für Vogelschutz registriert.[63] Dies läßt auf einen hohen Erlebniswert der Vogelinsel schließen.

An diesem Beispiel zeigt sich, daß Fremdenverkehr und ökologische Belange durchaus gleichzeitig erfüllt werden können. Durch einen Lehrpfad und einen Aussichtsturm wird es ermöglicht, die Vögel in freier Natur zu beobachten. Der größte Teil der Vogelinsel ist jedoch für den Fremdenverkehr nicht zugänglich, so daß hier eine weitgehend ungestörte Entwicklung der Brutbestände erfolgen kann. So sind nur ca. 10 ha für Besucher der Vogelinsel freigegeben. Diese Bestimmungen werden von den Besuchern hingenommen und nur in ganz vereinzelten Fällen mißachtet.

Interessant sind die verschiedenen Planungsvorschläge über Größe und Gestalt der Vogelinsel, die vom Beginn der Planungen im Jahr 1969 bis zu ihrer Realisierung im Jahre 1978 erarbeitet wurden. Einen kleinen Überblick hierüber gibt Abb. 4.22.[64] Ursprünglich war auf der Vogelinsel die Schaffung von Sport- und Erholungsstätten vorgesehen. In der Studie der Obersten Baubehörde, welche die Grundlage für die Realisierung des gesamten Projekts bildete, wurden ökologische Belange stärker berücksichtigt, wonach die Insel als ein Reservat für Wasservögel dienen sollte. Diese Variante wurde damals seitens des Bauernverband als zu großzügig angesehen, was zu einer Änderung der Planung führte. So sollte die Wasserfläche des Altmühlsees von 500 ha auf 340 ha reduziert werden und die Inselzone nur noch in Form einer steilen Erddeponie von ca. 40 ha aufgeschüttet werden. In der Planung des Jahren 1974 rückte man hiervon jedoch wieder ab und zum ersten Mal taucht hier die Konzeption einer Flachwasser- und Inselzone auf, wie sie später dann auch tatsächlich realisiert wurde. Durch eine Veränderung der Rahmenbedingungen (die Bahn verzichtete auf den zweigleisigen Ausbau einer Umgehungsstrecke bei Gunzenhausen) konnte die Vogelinsel in ihrer heutigen Form realisiert werden. Im folgenden soll auf die Entwicklung der Pflanzen- und Tiergesellschaften der Vogelinsel eingegangen werden.

---

[63] vgl. Dieckmann, A,; Lanz, U., S.2
[64] vgl. Meyer, G., S.44ff.

Abb. 4.22: Bauliche Entwicklungsphasen der Vogelinsel

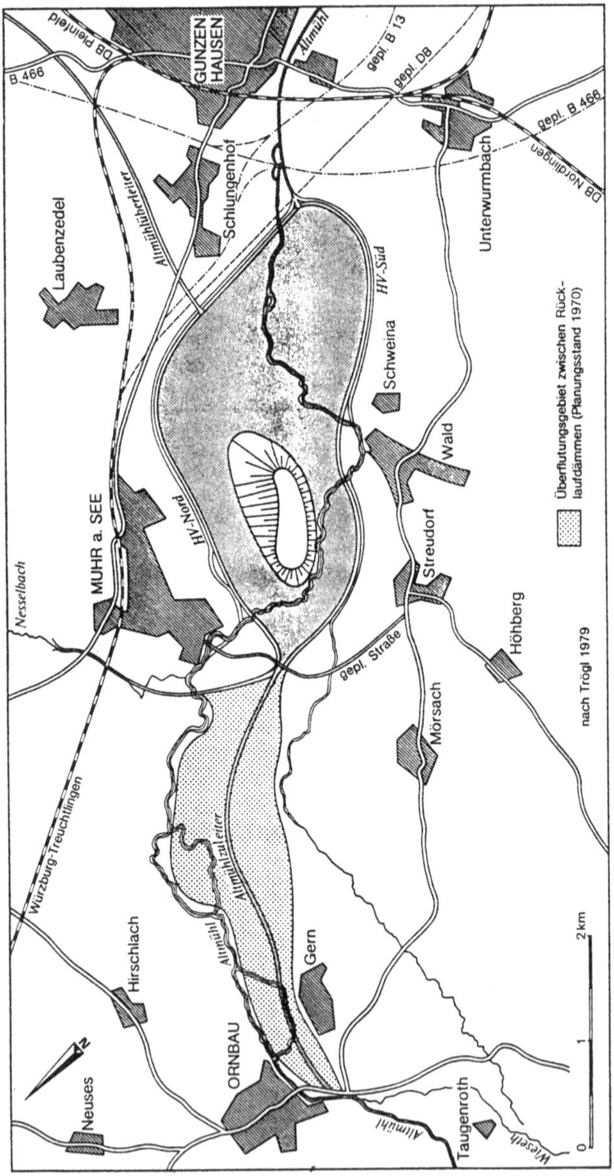

Quelle: Meyer, G., S.44ff.

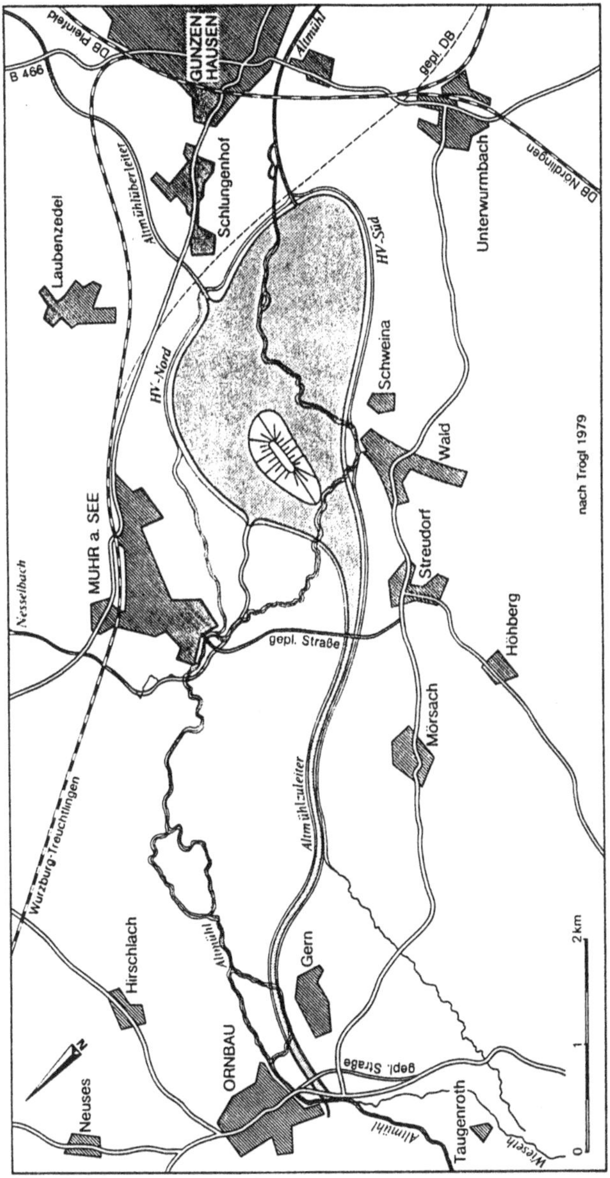
GUNZEN HAUSEN
DB Pleinfeld
B 466
Altmühl
gepl. DB
Unterwurmbach
DB Nördlingen
Schlungenhof
Altmühlüberleiter
Laubenzedel
HV-Süd
HV-Nord
Schweina
Wald
nach Trogl 1979
Streudorf
MUHR a. SEE
Nesselbach
gepl. Straße
Höhberg
Mörsach
Altmühlzuleiter
Würzburg-Treuchtlingen
Hirschlach
Altmühl
Gern
2 km
1
0
ORNBAU
gepl. Straße
Neuses
N
Altmühl
Taugenroth
Wieseth

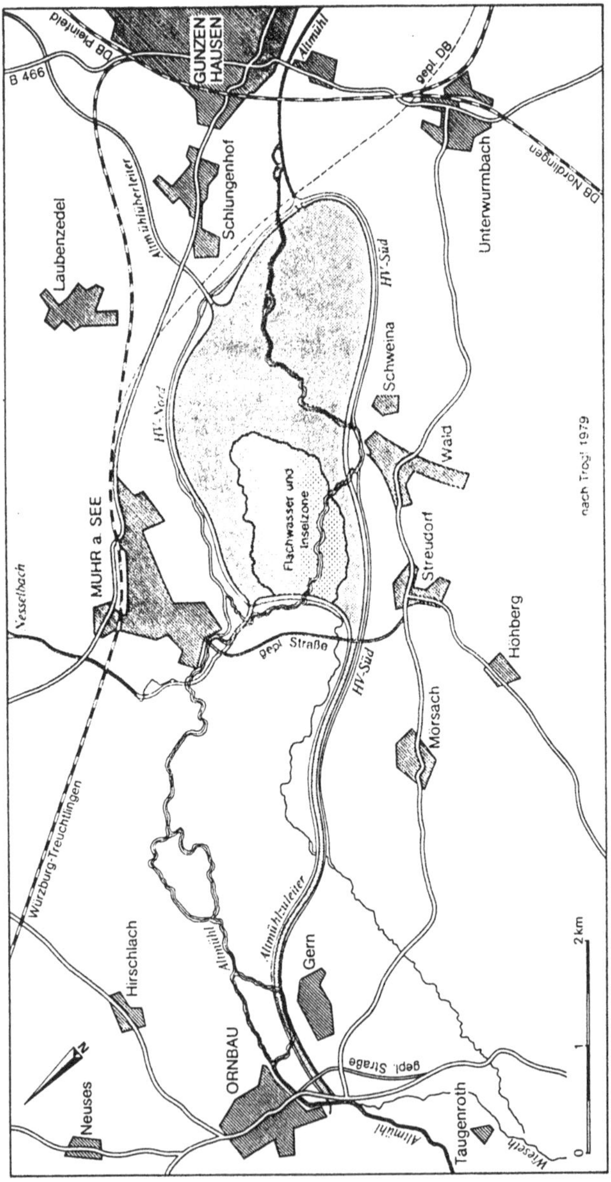
GUNZEN HAUSEN
B 466
DB Pleinfeld
Altmühl
gepl. DB
Unterwurmbach
DB Nördlingen
Schlungenhof
Laubenzedel
Altmühlüberleiter
HV-Nord
HV-Süd
Schweina
Wald
nach Trogl 1979
MUHR a. SEE
Flachwasser und Inselzone
Streudorf
Nesselbach
gepl. Straße
Höhberg
Mörsach
Würzburg-Treuchtlingen
Hirschlach
Gern
Altmühlzuleiter
Altmühl
ORNBAU
Neuses
Taugenroth
Wieseth
N
0
1
2 km

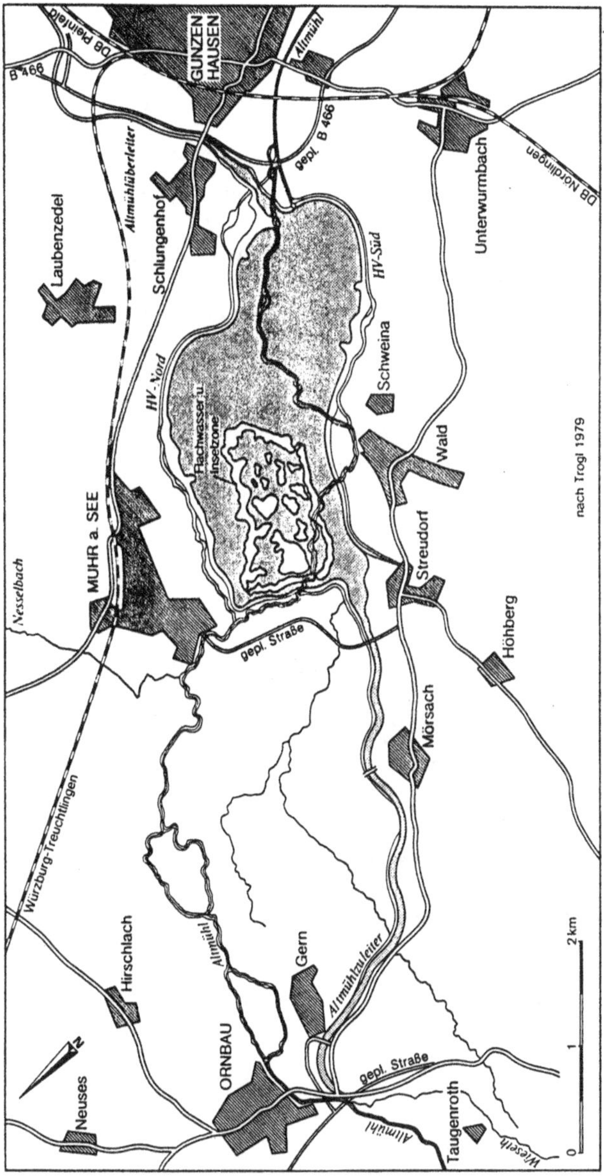
GUNZEN HAUSEN
DB Pleinfeld
B 466
Altmühl
gepl. B 466
DB Nördlingen
Unterwurmbach
Altmühlüberleiter
Laubenzedel
Schlungenhof
HV-Süd
HV-Nord
Schweina
Flachwasser- u. Inselzone
Wald
MUHR a. SEE
Streudorf
nach Trogl 1979
Nesselbach
gepl. Straße
Höhberg
Mörsach
Würzburg-Treuchtlingen
Hirschlach
Gern
Altmühl
Altmühlzuleiter
ORNBAU
N
Neuses
gepl. Straße
Taugenroth
Wieseth
0
1
2 km

2.4.4.2.2 Die Entwicklung der Vegetation der Inselzone

Auf dem Gebiet des heutigen Altmühlsees existierten früher großflächige Wiesengesellschaften, welche als Brutgebiet für die Wiesenbrüter dienten. Trotz der Hochwässer, die vor dem Überleitungsprojekt auftraten, waren die Böden relativ trocken, da sie aufgrund ihrer Beschaffenheit nur schlecht Wasser speichern konnten. Dem Verlust der Feuchtwiesen im Wiesmet stehen Zugewinne von Verlandungsgesellschaften, wie z.B. Zwergbinsen- oder Großseggenrieder und Pioniergesellschaften, gegenüber.[65]

Folgt man der Systematik des Landschaftspflegerischen Begleitplans (Abb. 4.18), so wurde der Verlust von ökologisch hochwertigen Gebieten durch Pflanzengesellschaften ausgeglichen, welche in die gleiche Klasse gehören.

Durch die Baumaßnahme hat sich die Vegetation erheblich verändert, da viele trockene Sandflächen, grundwassernahe Sand- und Schlickflächen sowie eine große Flachwasserzone entstanden sind. Die Sandflächen gehören zu den ökologisch hochwertigen Gebieten der Klasse I, während die Flachwasserzonen selbst (wenn man sie als Gewässeroberfläche interpretiert) keinen besonderen ökologischen Wert aufweisen. Die von Schauer durchgeführte Untersuchung bezog sich auf drei Bereiche:[66]

1. Die amphibische Zone im Schwankungsbereich des Sees auf der „Besucherinsel“
2. Die Tümpel- und Muldenfläche auf der großen „Vogelinsel“
3. Die für Wiesenbrüter angelegte Feuchtwiese auf der großen „Vogelinsel“.

Schauer beschränkt sich ausdrücklich auf eine naturschutzfachliche Würdigung:

„Die Untersuchung zum Vegetationswandel und zur Vegetationsentwicklung im Zusammenhang mit der Baumaßnahme in diesem Talabschnitt der Altmühl hat nicht zum Ziel, Biotopverluste und Biotopgewinne gegeneinander abzuwägen und zu werten, sondern es wird versucht, die Vielfalt der Pflanzengesellschaften, deren Abhängigkeit von Standorteigenschaften und von der zeitlichen Entwicklung sowie deren grundsätzliche naturschutzfachliche Bedeutung aufzuzeigen. Da in unserer gepflegten und gemanagten Kulturlandschaft Sonderstandorte wie Pionier- und Sukzessionsflächen mit einer wiederkehrenden Dynamik, wie sie auch im Auenbereich typisch ist oder zumindest war, kaum noch Platz finden, besitzen derartige Flächen mit diesem Ausmaß, wie sie im Bereich der Inselzone geschaffen wurden, naturschutzfachlich einen sehr hohen Stellenwert.“[67]

---

[65] Eine genaue Darstellung der vorhandenen Pflanzenarten findet sich bei Schauer, T., S.53ff.

[66] vgl. Schauer, T., S.57

[67] Schauer, T., S.61

Begründet wird diese Aussage durch den Verweis auf das Vorhandensein von Rote-Liste-Arten. Insgesamt erscheint demnach die Verpflichtung zu Ausgleichs- und Ersatzmaßnahmen in einer Qualität erfüllt, wie es nur ganz selten der Fall ist.

2.4.4.2.3 Die Entwicklung der Vogelbestände

Einen allgemein gültigen Ansatz für eine ornithologische Erfassung gibt es nicht[68], sondern es werden wie bei einer jeden naturschutzfachlichen Bewertung bestimmte Merkmale ausgewählt, anhand derer eine Bewertung erfolgt. Dies gilt auch für die Ermittlung und naturschutzfachliche Bewertung der Vogelbestände im Altmühlsee durch Lachmann und Wegst aus dem Jahre 1995.[69]

Bei ornithologischen Bewertungen wird häufig die Gebietsgröße als Bewertungskriterium herangezogen. Zwischen der Größe des Gebiets und der Zahl der vorkommenden Arten besteht ein positiver Zusammenhang. Je größer also ein Gebiet ist, um so höher sind in der Regel auch die Bestände. Das Untersuchungsgebiet setzt sich aus der freien Wasserfläche des Sees, der Inselzone sowie den umgebenden Ringdamm des Altmühlsees zusammen und umfaßt insgesamt eine Fläche von 550 ha. Das Wiesmet bleibt in dieser Untersuchung unberücksichtigt. Gleichwohl steht es in einem funktionalen Zusammenhang mit dem Altmühlsee, da das Wiesmet für viele Vogelarten als Schlaf- oder Nistplatz dient. Diese Isolations- und Vernetzungsaspekte zwischen Wiesmet und Altmühlsee sind im Untersuchungsgebiet gegeben, da die Gebiete so nahe beieinander liegen, daß sie von nahezu allen Vogelarten auch erreicht werden. So können Wasservögel ca. 100 km, Watvögel ca. 30 km und Kleinvögel 10-25 km für die Rekolonisation geeigneter Brutgebiete überwinden.[70]

An der Entwicklung der Bestände auf der Vogelinsel erscheint besonders interessant, daß hier die Möglichkeit besteht, die Sukzession in einer künstlich geschaffenen Landschaft zu verfolgen. Am Altmühlsee ist dies möglich, da der Einstau bereits 1985 erfolgte und sich in der Zwischenzeit ein bestimmtes Artengefüge herausgebildet hat, aus dem sich auch gewisse Rückschlüsse auf zukünftige Entwicklungspfade schließen lassen. Die Untersuchung bezog sich auf die Kriterien Artenzahl, Zusammensetzung der Arten sowie die Entwicklung der Brutpaarzahlen.

Die Veränderung durch den Altmühlsee hat sich positiv auf die Entwicklung ausgewirkt. So ist die Zahl der brütenden Vogelarten von 27-35 im Jahr 1981 auf 70 Arten im Jahr 1994 angestiegen. Die Zunahme erfolgte weitgehend linear, so daß es zu keinen Trendbrüchen kam. Nach 1984 kam es zu einer Ver-

---

[68] vgl. Fuller, R. J.; Langslow, D. R., S.213
[69] vgl. Lachmann, L.; Wegst, M., S.47ff.
[70] vgl. Usher, M.; Erz, W., S.216

änderung der Zusammensetzung der Arten, was mit dem Einstau des Sees in Zusammenhang steht, da sich hierdurch die Lebensbedingungen grundlegend verändert haben. Auffallend ist hierbei die Veränderung der Zusammensetzung von Nicht-Singvogelarten zu Singvogelarten. Während im Jahre 1981 noch zwischen 18-24 Nicht-Singvogelarten und 9-11 Singvogelarten nachgewiesen wurden, wurden im Jahre 1995 27 Nicht-Singvogelarten und 43 Singvogelarten gezählt. Die Artenzahl der Nicht-Singvogelarten ist somit weitgehend konstant geblieben. Zu erklären ist dies damit, daß sich die Lebensräume der baum- und buschbrütenden Singvogelarten erst im Laufe der Zeit entwickelten.[71] Ein Artenrückgang ist bei den Wiesenbrütern zu verzeichnen, da diese auf Störungen durch den Fremdenverkehr empfindlich reagieren und sich durch die Sukzession die Vegetation veränderte.

Eine ähnliche Entwicklung ist erkennbar, wenn man die Zahl der Brutpaare betrachtet. Machten die Baum- und Buschbrüter in der Anfangsphase nur eine kleinen Teil aus, wurden 1995 zwischen 7.000-8.000 Brutpaare gezählt. Bei den Wiesenbrütern kam es auch in dieser Hinsicht zu einem Rückgang. Neben diesen eher beschreibenden Aussagen wurde auch eine naturschutzfachliche Bewertung des Altmühlseegebiets als Vogelbrutgebiet vorgenommen. Hierfür wurden durch die Autoren zwei Bewertungsverfahren angewandt, welche in der Literatur vorgeschlagen werden. Die wesentlichen Ergebnisse dieser naturschutzfachlichen Bewertung sollen kurz erläutert werden.

2.4.4.2.4 Bewertung nach Rote-Liste-Arten

Die Autoren haben für die Bewertung ein Punktsystem verwandt, welches einer jeden Rote-Liste-Art in Abhängigkeit von der Gefährdungsstufe und den vorhandenen Brutpaaren einen bestimmten Punktwert zuordnet. Dieser wird anschließend durch einen Faktor geteilt, der von der Größe des untersuchten Gebiets abhängig ist. Im Gegensatz zu einer Bewertung anhand der bloßen Zahl der Rote-Liste-Arten, welche im Untersuchungsgebiet annähernd gleich geblieben ist, werden durch dieses Bewertungssystem Schwankungen verursacht, was durch unregelmäßig brütende, seltene Arten bedingt ist. Die Auswertung hätte hier ergeben, daß dem Gebiet gemäß der erreichten Punktzahl das Prädikat „regional bedeutend“ zuzuordnen wäre. Von der nächst höheren Einstufung als ein Gebiet „nationaler Bedeutung“ ist der Altmühlsee relativ weit entfernt, wenn man seine gesamte Fläche als Bezugsmaßstab verwendet. Würde man hingegen nur die Inselzone und daran angrenzende Flächen als Maßstab verwenden, würde der Altmühlsee das Prädikat „national bedeutend“ erhalten, da nahezu alle Rote-Liste-Arten in dem entsprechenden Gebietsteil beheimatet sind. Auch hier zeigt sich somit das gleiche Problem wie bei der Abgrenzung von Fördergebieten im Rahmen der Strukturpolitik.[72]

---

[71] vgl. Lachmann, L.; Wegst, M., S.50
[72] vgl. Eckey, H.-F., S.88

2.4.4.2.5 Bewertung nach Bezzel

Der Ansatz von Bezzel berücksichtigt sämtliche in Bayern ansässigen Brutvogelarten. Bei dieser Methode werden jeder Brutvogelart anhand von ausgewählten Merkmalen Punktwerte zwischen 0 und 9 zugewiesen. Bei den Merkmalen handelt es sich um folgende Größen:

- Besiedelter Flächenanteil („A-Wert“)
- Verteilungsgrad („B-Wert“)
- Bestandsgröße („C-Wert“)
- Abundanz („D-Wert“)

Die Summe dieser Werte ergibt für jede Art einen Index für deren Gefährdung, wobei höhere Indizes einen höheren Gefährdungsgrad bedeuten.[73] Für den Altmühlsee wurde anhand dieses Ansatzes für jedes Jahr der Artenreichtum (Artenzahl geteilt durch den Erwartungswert für die Anzahl an Brutvögeln für das Gebiet gemäß der Arten-Areal-Kurve) sowie der Wert V (Bewertung ohne Brutpaarzahlen) errechnet. Der Artenreichtum nimmt bis 1995 ständig zu, so daß er in diesem Jahr mit der höchsten Zahl der Brutvogelarten auch den höchsten Wert aufweist. Für den Wert V war von 1981-1989 eine überproportionale Zunahme zu verzeichnen. Ab 1990 hat der Bewertungsindex nicht mehr so stark zugenommen wie der Artenreichtum. Dies ist darauf zurückzuführen, daß dieser Zuwachs bei den relativ weit verbreiteten Baum- und Buschbrütern zu verzeichnen war, die relativ niedrige Indexwerte besitzen.[74]

Die Autoren weisen darauf hin, daß beide Bewertungsverfahren methodische Mängel aufweisen.[75] Gleichwohl ist der Altmühlsee jedoch für die Brutvögelbestände durchgängig von hoher Bedeutung. Ihrer Meinung nach wurden Teile des Wiesmet, welches sie in ihre Untersuchung nicht mit einbezogen hatten, durch ein anderes wertvolles Gebiet ersetzt.[76]

2.5 Wirkungen der Überleitung auf die Altmühl

Das gesamte Teilsystem Brombachüberleitung wird durch die Hochwässer der Altmühl gespeist, die im Frühjahr und Herbst auftreten. Die Altmühl selbst ist durch den Eintrag von Phosphor- und Stickstoffverbindungen stark belastet. Dies führt besonders in den Sommermonaten zur Eutrophierung. Der Begriff der Trophie beschreibt die Intensität und den Umfang der Pflanzenproduktion und charakterisiert die Nährstoffsituation eines Gewässers. Man unterscheidet hierbei vier verschiedene Trophiestufen:[77] oligotroph, mesotroph, eutroph und

---

[73] Zu den zusätzlich verwendeten Kriterien vgl. Bezzel et al.
[74] vgl. Lachmann, L.; Wegst, M., S.57
[75] vgl. Lachmann, L.; Wegst, M., S.58
[76] vgl. Lachmann, L.; Wegst, M., S.59
[77] vgl. DVWK, S.3

polytroph. Der Altmühlsee und der Brombachsee sind stark eutrophiert. Deshalb wurde für die Altmühl ein Gewässerentwicklungsprogramm (GEP A) erstellt, das versucht

- Ursachen und Quellen der Nährstoffbelastung im Niederschlagsgebiet zu ermitteln und Vorschläge zur Reduzierung zu unterbreiten
- durch wasserbauliche und landschaftspflegerische Maßnahmen die biologische Funktionsfähigkeit der Altmühl und ihrer Nebengewässer zu verbessern
- die Grundsätze der Langzeitbewirtschaftung 1984 des Überleitungssystems Donau/Main fortzuschreiben, wobei vorrangig die Auswirkungen auf die Altmühl verringert werden sollen, ohne die Ziele der Überleitung wesentlich zu schmälern.[78]

Die zunehmende Trophierung der Altmühl ist hauptsächlich durch den Eintrag von Düngemitteln durch die Landwirtschaft bedingt. Der industriell-gewerbliche Einfluß ist hierbei zu vernachlässigen. Belastungen gehen auch im Bereich der oberen Altmühl aus (von der Quelle bis Ornbau), da 17% der Anwohner nicht zentral durch Kläranlagen entsorgt werden.

Gemäß der Gewässergüteklassifizierung weist die Altmühl im Bereich von Ornbau bis Treuchtlingen die Güteklasse II-III auf, was bedeutet, daß sie als kritisch belastet gilt.[79] Bedingt ist dies durch die ungünstigen Rahmenbedingungen in Form von geringen Niederschlägen, die niedrige Fließgeschwindigkeit und die starke Erwärmung. Das GEP A sieht eine Reihe von Maßnahmen vor, um die Gewässerqualität zu verbessern. So ist geplant, die Belastungen durch Phosphor gegenüber dem Bezugszeitraum 1986-1991 zu halbieren.[80] Da diese Belastung zu ungefähr gleichen Teilen aus der Landwirtschaft als aus den Abwässern stammt, ist neben dem Anschluß an Kläranlagen auch eine Reduzierung des Einsatzes an Düngemitteln notwendig, der jedoch ohnehin bereits unter dem Bundesdurchschnitt liegt.[81]

III. Institutionelle Einrichtungen zur Umsetzung des Neuen Fränkischen Seenlands

Während aller Phasen, von der Planung bis hin zur Realisierung des Neuen Fränkischen Seenlands, wurde erhebliches Augenmerk darauf gelegt, möglichst alle Interessengruppen einzubeziehen. Ermöglicht wurde dies durch die Schaffung zweier Institutionen, welche hieran einen maßgeblichen Anteil haben, nämlich das Talsperren-Neubauamt Nürnberg, sowie die Zweckverbände, deren Aufgaben im folgenden kurz erläutert werden sollen.

---

[78] vgl. GEP A, S.3

[79] zur Untergliederung der Güteklassen von Fließgewässern vgl. Karl, H.; Klemmer, P. et al., S.32

[80] vgl. GEP A, S.13

[81] vgl. GEP A, S.16

1. Das Talsperren-Neubauamt

Das Talsperren-Neubauamt (TNA) ist eine Behörde der Bayerischen Wasserwirtschaftsverwaltung, die 1971 durch Verordnung der Bayerischen Staatsregierung speziell für die Umsetzung des Überleitungsprojekts gegründet wurde. Sie ist dem Bayerischen Staatsministerium für Landesentwicklung und Umweltfragen unterstellt. Die Aufgaben des TNA lauten wie folgt:[82]

1. Durchführung der Planungen für die notwendigen Anlagen der Überleitung
2. Beantragung öffentlich-rechtlicher Verfahren
3. Grunderwerb
4. Vorbereitung, Durchführung und Dokumentation der Baumaßnahmen.

Hinzu kommen noch die Ausführung des Unterhalts der fertiggestellten Anlagen sowie die Erledigung der mit den Aufgaben in Zusammenhang stehenden Verwaltungsaufgaben. Insgesamt verfügt das TNA über ca. 100 Mitarbeiter (Beamte, Angestellte, Arbeiter). Zwischen dem TNA und den Zweckverbänden besteht eine enge Verbindung. Auf die Rolle der Zweckverbände soll etwas ausführlicher eingegangen werden soll, da diese das Bindeglied zwischen Bürgern und Behörden bilden, was als ein notwendiges Element im institutionellen Bereich angesehen wurde.

2. Aufgaben und Stellung der Zweckverbände

Für das Neue Fränkische Seenland existieren drei Zweckverbände. Es handelt sich hierbei um den Zweckverband Brombachsee (ZVB, gegründet am 18.04.1972), den Zweckverband Altmühlsee (ZVA, gegründet am 01.03.1974) und den Zweckverband Rothsee (ZVR, gegründet am 26.09.1975). Mitglieder in den jeweiligen Verbänden sind jeweils der Bezirk Mittelfranken sowie die vom Seengebiet betroffenen Landkreise und Gemeinden.

Der Freistaat Bayern ist der Bauherr der Seen und beteiligt sich noch an der Finanzierung im Rahmen der sogenannten Grundausstattung, wie Anteile an Parkplätzen, Sanitäranlagen, Sliprampen, Zufahrtsstraßen etc.. Die Aufgaben und Befugnisse der Zweckverbände lauten folgendermaßen:[83]

1. Erschließung der Seen für die Erhaltung sowie die Sicherstellung des freien Zugangs und des Gemeingebrauchs
2. Durchführung der Bauleitplanung zusammen mit den Gemeinden
3. Verantwortung für die Abwasserbeseitigung
4. Erstellung und Vorhaltung von Parkflächen
5. Schaffung von Einrichtungen für die Benutzung der Wasseroberflächen
6. Bau und Betreibung von Erholungseinrichtungen.

---

[82] vgl. Informationsblatt TNA

[83] vgl. Informationsblatt TNA (Stand Mai 1995)

Die Bildung der Zweckverbände unter Beteiligung der übergeordneten Gebietskörperschaften erwies sich auch aus finanziellen Gründen als notwendig, da die finanzschwachen Gemeinden des Untersuchungsgebiet diese Aufgaben unmöglich hätten selbst finanzieren können. Einen Überblick über die Gesamtkosten der einzelnen Zweckverbände gibt Tabelle 4.11.

Tab. 4.11: Kosten der Zweckverbände (in Mio. DM)

	ZVA	ZVB	ZVR
Gesamtkosten	39,0	96,0	39,0
Zuschuß	11,0	17,0	9,0
Anteil TNA	6,0	39,0	15,0
Eigenmittel und Darlehen	22,0	40,0	15,0

Quelle: Daten Talsperren-Neubauamt

Die Zweckverbände könnte man als Bindeglied zwischen den Betroffenen, den Planern sowie den politischen Entscheidungsträgern betrachten. Diese Konstruktion entspricht insofern den in Kapitel 3 erläuterten Notwendigkeiten. So bilden die Zweckverbände Institutionen, welche projektorientiert arbeiten, die Interessen der verschiedenen Betroffenen untereinander koordiniert und auch weitestgehend zum Ausgleich gebracht haben. Man könnte somit argumentieren, daß die Zweckverbände die Rolle eines Mediators einnehmen. Gleichzeitig stehen sie auch in enger Beziehung zu den entscheidenden Behörden, vor allem zum Talsperren-Neubauamt. So verfügten die Zweckverbände z.B. nicht in ausreichender Zahl über notwendiges Fachpersonal und mußten beraten werden, wodurch sich automatisch eine engere Verflechtung ergab. Die Verknüpfungen zwischen den Beteiligten zeigt Abb. 4.23.

Die Vorteile dieser Vorgehensweise zeigen sich beispielhaft an der Bauleitplanung im Zusammenhang mit dem Überleitungsprojekt, die mit keiner anderen Standardsituation vergleichbar war. Alle Überlegungen waren projektbezogen und orientierten sich nicht an den administrativen Gebiets- und Verwaltungsgrenzen[84], was mit den Ausschlag für den Erfolg bei der Planung und Umsetzung des Überleitungsprojekts gegeben haben dürfte. Ein Indiz hierfür ist die äußerst geringe Zahl der Einsprüche gegen das Projekt, obwohl ca. 11.000 Einzelverträge notariell geschlossen werden mußten.[85]

[84] vgl. Zimmermann, M., S.130

[85] vgl. Lehner, J., S.120

Abb. 4.23: Übersicht über die Entscheidungszusammenhänge bei der Umsetzung des Neuen Fränkischen Seenlands

Quelle: Eigene Darstellung

Die Landschafts- und Flächennutzungsplanung für alle Gemeinden des Untersuchungsgebiets befindet sich bei den Zweckverbänden, welche diesen gemäß Bundes-Baugesetz als Verbandsaufgabe übertragen wurde. Gemäß § 5 Abs. 1 Bundes-Baugesetz sind Flächennutzungspläne für das gesamte Gemeindegebiet zu erstellen, was dann auch sinngemäß für die gesamte Fläche im Bereich der Zweckverbände gegolten hätte. Ein pragmatisches Vorgehen durch Zerlegung des Gesamtgebiets in Teilgebiete war allein aus diesem Grund unabdingbar, da alleine das Planungsgebiet am Brombachsee ca. 300 km^2 umfaßt.[86]

Die Berücksichtigung des Gesamtzusammenhangs mußte jedoch gewahrt bleiben. Dadurch wurde es möglich, eine für den Gesamtraum optimale Lösung zu realisieren und Alleingänge einzelner Gemeinden zu verhindern. So hätten vermutlich einige Gemeinden versucht, in ihrem Gebiet möglichst viele Einrichtungen für den Fremdenverkehr zur Verfügung zu stellen, um Einnahmen zu erzielen. Dies hätte jedoch im Widerspruch zur Erfordernis einer Schwerpunktbildung für das Angebot an Freizeit- und Erholungseinrichtungen gestan-

[86] vgl. Zimmermann, M., S.133

den, um die Belastungen für den Naturhaushalt möglichst gering zu halten. Teilweise wird die Übertragung der Entscheidungsbefugnis auf die Zweckverbände jedoch auch negativ gesehen, da dem einzelnen Gemeinderat die Selbstbestimmungsrechte weitgehend entzogen werden.[87]

Die Übernahme der Fachplanungen in den Flächennutzungsplan erwies sich als kompliziert, da der Beschluß der Überleitung eine parallele Aufstellung erforderlich machte. Dies zeigte sich vor allem beim Bau des Altmühlsees, der die Verkehrsplanung komplett veränderte.[88] So stand nicht mehr die möglichst schnelle Erreichbarkeit zwischen den Gemeinden im Vordergrund, was eine gerade Trassenführung erforderlich gemacht hätte, sondern es sollte das Landschaftserlebnis im Vordergrund stehen. Somit hat man auch eine ästhetische Komponente berücksichtigt, wie dies im BNatSchG verlangt wird.

Sowohl der Flächennutzungsplan als auch der Landschaftsplan sind durch das Problem der Unsicherheit belastet. So kann man sich zwar hinsichtlich der Dimensionierung der Infrastruktureinrichtungen an den Seen in vergleichbaren Gebieten orientieren (z.B. Oberbayerische Seen). Wenn sich jedoch das Nachfrageverhalten verändert (z.B. wachsende Nachfrage nach Surfen), ist es möglich, daß ganz andere Fahrtziele bevorzugt werden. Weil die Nachfrageseite allenfalls näherungsweise bestimmt werden kann, muß man sich darauf beschränken, die Angebotsseite zu planen. Dies setzt an den Erschließungsvoraussetzungen, der verfügbaren Fläche, der Seeökologie und gestalterisch-praktischen Gesichtspunkten an. Zudem sind private Planungen für den öffentlichen Planer nicht vorhersehbar, da sich private Vorhaben erst im Laufe der Zeit entwickeln. Deshalb ist eine Fortschreibung der Planungen in Form des Inkrementalismus unumgänglich.[89]

Für den öffentlichen Flächenbedarf wurde von Seiten der Zweckverbände eine großzügige Planung vorgenommen, um auf mögliche Veränderungen in Zukunft reagieren zu können. Ansonsten ist die Vorgehensweise eher restriktiv, da vor allem die gewachsenen Orts- und Landschaftsbilder erhalten werden sollen. Dies ist auch deswegen von Bedeutung, da nur dies den Fremdenverkehr auf Dauer sichern kann, der von einer intakten Natur mit ihren Ökosystemen abhängig ist. Das Hauptaugenmerk der Zweckverbände war auf die direkt am See gelegenen Gebiete gerichtet. An der Bauleitplanung der weiter entfernt liegenden Gemeinden waren sie weniger interessiert, obwohl sie formal dafür zuständig sind. Deshalb konnten die Gemeinden ihre eigenen Zielvorstellungen weitgehend realisieren, da die anderen Mitglieder des Zweckverbands meistens zustimmten.

---

[87] vgl. Reidelshöfer, A., S.110
[88] vgl. Zimmermann, M., S.140
[89] vgl. Gabler-Wirtschaftslexikon, S.2553

Insgesamt läßt sich festzustellen, daß die Abstimmung zwischen den Zweckverbänden und den einzelnen Gemeinden gut funktioniert, so daß diese Vorgehensweise auch auf andere Infrastrukturprojekte mit vergleichbar hohen Anforderungen übertragen werden sollte.

Zusammenfassung wesentlicher Ergebnisse

Ökologische Erfordernisse werden bei Planung und Realisierung von Infrastrukturprojekten häufig unzureichend berücksichtigt und vielfach als konkurrierend zu den ökonomischen Zielvorstellungen betrachtet. Ökonomie und Ökologie sind jedoch nicht zwei miteinander in Konflikt stehende Zielsysteme. Sozio-ökonomische Entwicklung erfordert auch eine Berücksichtigung ökologischer Belange. Ein Erhalt von Ökosystemen, insbesondere ihrer Primärfunktionen, ist für den Schutz der Lebensgrundlagen des Menschen unabdingbar, da das sozio-ökonomische System in das ökologische System eingebettet ist. Dieser Sachverhalt sollte auch in Raumordnung und Raumplanung ein höheres Gewicht erhalten. Als Folge der Dominanz ökonomischer Aspekte wurden die natürlichen Lebensräume durch Zersiedelung immer weiter zerschnitten. Dieser Entwicklung ist neben dem generellen Trend des Flächenrückgangs für Belange des Naturschutzes entgegenzuwirken, wobei die bereits bestehenden gesetzlichen Regelungen zum Ersatz bzw. zum Ausgleich von Eingriffen konsequenter angewandt werden sollten. In der vorliegenden Arbeit wurde vor diesem Hintergrund aufgezeigt, daß neben einer verstärkten Berücksichtigung ökologischer Belange im Bewertungsprozeß gleichzeitig Veränderungen im institutionellen Bereich und eine Beteiligung der Betroffenen in den Planungs- und Entscheidungsprozeß vonnöten sind.

Die unzureichende Berücksichtigung ökologischer Erfordernisse ist mit darauf zurückzuführen, daß Verschlechterungen der Umweltqualität häufig erst zu einem späteren Zeitpunkt spürbar werden. Die in der Praxis angewandten Bewertungsverfahren sowie die gegebenen institutionellen Bedingungen leisten diesem Aspekt noch Vorschub. So werden z.B. in der Nutzen-Kosten-Analyse lediglich monetär bewertbare Größen berücksichtigt. Weiterhin wird der Netto-Gegenwartswert der über direkte oder indirekte Verfahren monetarisierten, zukünftig anfallenden Leistungen der Ökosysteme, durch die Diskontierung geringer. Im Hinblick auf ökologische Leistungen von Ökosystemen erscheint diese Vorgehensweise als sehr bedenklich, da hiermit implizit unterstellt wird, daß diese Leistungen komplett durch anthropogenes Kapital substituiert werden können, was jedoch vor allem für die Regulierungsfunktionen von Ökosystemen nicht der Fall ist. Die Verwendung der Nutzen-Kosten-Analyse im öffentlichen Bereich läßt somit eine weitere Zerstörung von natürlichen Ökosystemen wahrscheinlich werden.

Anstelle der Nutzen-Kosten-Analyse erscheint der verstärkte Einsatz der Nutzwertanalyse als Entscheidungsinstrument angebracht, da diese neben der ökonomischen Effizienz auch ökologische Belange integrieren kann. Der Nutzwert wird zwar durch die Transformation der Einzelwerte in dimensionslose Größen bzw. durch deren Gewichtung ebenfalls beeinflußt, jedoch können durch die Festlegung von Mindestanforderungen (= Standards) ökologische Belange eher Berücksichtigung finden als in der Nutzen-Kosten-Analyse. Auch ökologische Verfahren zur Bestimmung der Eignung für bestimmte Nutzungsformen geben keinen konkreten Anhaltspunkt darüber, wie weit der natürliche Kapitalstock durch anthropogenes Kapital substituiert werden kann, da diese Verfahren die Sachverhalte meist nur qualitativ umschreiben, bzw. sich auf eine verbale Darstellung der Auswirkungen eines menschlichen Eingriffs beschränken.

Neben einer Erweiterung der Bewertungsansätze sind auch Veränderungen im institutionellen Bereich wünschenswert. Die traditionelle Vorgehensweise, daß die Fachplanungen für die ihren Bereich betreffenden Probleme Partiallösungen erarbeiten, welche dann bei der Abstimmung mit anderen Fachplanungen aufgeweicht werden, führen nicht zu Lösungen, die das System als Gesamtes optimieren. Dies könnte dadurch erreicht werden, daß man einer Raumplanung als Querschnittsplanung einen höheren Stellenwert beimißt und deren Stellung gegenüber den Fachplanungen verbessert. Eine weitere Möglichkeit liegt in der Umgestaltung der funktionalen Organisation im öffentlichen Bereich (= Ressortprinzip) hin zu zielorientierten Organisationsformen (z.B. in Form von Projektgruppen), wie dies in den privaten Unternehmen der Fall ist. Für die Realisierung des Neuen Fränkischen Seenlands wurden mit dem Talsperren-Neubauamt und den Zweckverbänden solche rein zielorientierten Organisationen eingerichtet, um eine gesamtoptimale Lösung zu erreichen. Positiv erscheint zudem, daß nach dem weitgehenden Abschluß der Baumaßnahmen eine Verringerung der Mitarbeiterzahl angestrebt wird. Damit werden diese Ressourcen für neue Aufgaben verfügbar und Beharrungstendenzen im öffentlichen Bereich wird entgegengewirkt.

Von nicht zu unterschätzender Bedeutung erscheint auch die Beteiligung der Öffentlichkeit bei umweltwirksamen Großvorhaben. Dies sollte zu einem möglichst frühen Zeitpunkt erfolgen, um frühzeitig Konfliktpotentiale aufzuzeigen. Durch dieses Miteinander von Betroffenen und Entscheidern könnten häufig bessere Ergebnisse erzielt werden. Der Einsatz von Mediationsverfahren erscheint hierbei als ein vielversprechender Ansatz, der bereits in mehreren Staaten (z.B. USA und Kanada) mit Erfolg praktiziert wird und auch in Deutschland verstärkt Anwendung finden sollte, da diesem auch keine rechtlichen Hemmnisse im Wege stehen. Diese Lösungsmöglichkeit kann allerdings nur eingesetzt werden, falls es sich nicht um eine Entweder-Oder-Entscheidung handelt und wenn Möglichkeiten bestehen, die verschiedenen Parteien zu einer einvernehmlichen Lösung bewegen zu können (z.B. durch eine Entscheidungsbefugnis eines neutralen Mediators).

Die Bewertungsproblematik im Hinblick auf die natürliche Umwelt bildet den Ausgangspunkt für den Ansatz der Positional Analysis von Söderbaum, der eine weitgehend disaggregierte Form der relevanten Kriterien, anhand derer eine Entscheidung getroffen werden soll, sowie eine Einbeziehung der Betroffenen in den Entscheidungsprozeß vorschlägt. In der unzureichenden Berücksichtigung nicht-monetärer Sachverhalte im Rahmen der Nutzen-Kosten-Analyse liegt für Söderbaum die wesentliche Schwäche einer Bewertung der Umwelt, da hierdurch eine Scheingenauigkeit vorgespiegelt wird, welche in der Realität nicht gegeben ist. Hinzu kommt die mangelhafte Berücksichtigung der Entwicklung von Bestandsgrößen, die für die Ermittlung des Erfolgs umweltverbessernder Maßnahmen erforderlich sind. Aus diesen Gründen erscheint eine Entscheidung auf Basis von monetären als auch nicht-monetären Größen angebracht, wie dies auch im Rahmen des MOP praktiziert wird. Ein wesentlicher Vorzug des MOP liegt in der Verpflichtung zur Erstellung von mindestens zwei Alternativen, wobei die eine ihren Schwerpunkt auf die Berücksichtigung des Effizienzziels, die andere eine optimale Berücksichtigung ökologischer Aspekte beinhaltet. Von diesen beiden extremen Varianten ausgehend wird dann in einem Suchprozeß eine Alternative eruiert, welche beide Zielvorstellungen berücksichtigt. Kennzeichnend für das MOP ist die breite Aufgliederung der Projektwirkungen durch das Vier-Konten-System. Diese Vorgehensweise weist gegenüber den einfachen ökonomischen Bewertungsverfahren den Vorteil auf, daß eine Amalgamation von Größen nur innerhalb der einzelnen Konten vorgenommen werden kann und ansonsten die Projektwirkungen in disaggregierter Form ausgewiesen werden. Damit wird die Informationsbasis für den Entscheidungsträger und die beteiligten Interessengruppen nicht auf eine einzige Zielgröße reduziert, sondern bleibt in vollem Umfang erhalten, was bei den eindimensionalen Zielgrößen der ökonomischen Verfahren nicht der Fall ist. Für die politischen Entscheidungsträger bedeutet dies, daß sie wieder eigenständige Entscheidungen treffen können, gleichzeitig aber auch ihre eigenen Präferenzen zu offenbaren gezwungen sind. Die Transparenz von Entscheidungen dürfte durch diese Vorgehensweise merklich erhöht werden. Als wesentliches Ergebnis läßt sich somit festhalten, daß bei der Planung und Realisierung von Infrastrukturprojekten Bewertungsvorgänge und institutionelle Gegebenheiten nicht als voneinander getrennt betrachtet werden sollten, sondern das Gesamtergebnis maßgeblich durch das Zusammenwirken aller Komponenten bestimmt wird.

Eine Analyse der Auswirkungen des Neuen Fränkischen Seenlands anhand der Vier-Konten Systematik zeigt, daß es durchaus möglich ist, ökonomische und ökologische Erfordernisse miteinander zu vereinbaren. Die Überleitung wird zum einen ihrem ursprünglich im Vordergrund stehenden Zweck einer Aufhöhung des Abflusses im Regnitz-Main-Gebiet nachkommen und die Abflußverhältnisse nachhaltig verbessern. Dies bringt nicht nur ökonomische Vorteile mit sich, sondern führt auch zu einer Erhöhung der Gewässergüte. Zum anderen ist durch die Seen ein Erholungsgebiet entstanden, bei dem ökologische Belange in besonderem Maß Berücksichtigung fanden. Besonders der Umfang der Ausgleichs- und Ersatzmaßnahmen sowie die Konzentration der verschiedenen Formen der Erholung auf bestimmte Gebiete sind hierbei hervorzuheben. Der Erhalt der Landschaft stellt eine wesentliche Voraussetzung für die wirtschaftliche Entwicklung dieser Gebiete dar, da nur auf diese Weise der Fremdenverkehr zu einer Verbesserung der Einkommensmöglichkeiten führen kann. Es bleibt anzumerken, daß sich durch das Neue Fränkischen Seenland die Situation in der Planungsregion (8) im Hinblick auf die ökonomische Entwicklung spürbar verbessert hat, jedoch auch in Zukunft eine aktive Förderung dieser Gebiete notwendig sein wird, um die Planungsregion (8) an das Niveau der besser entwickelten Gebiete heranzuführen.

Erreicht wurde die erfolgreiche Umsetzung des Überleitungsprojekts sicherlich auch durch die Beteiligung einer Vielzahl von Betroffenen am Entscheidungsprozeß, wobei vor allem die Rolle der Zweckverbände hervorzuheben ist, die in Zusammenarbeit mit dem Talsperren-Neubauamt zahlreiche Probleme in einer verhältnismäßig kurzen Zeit lösen konnten. Die Zweckverbände übernahmen während aller Phasen des Projekts die Funktion eines Mediators, um die verschiedenen Interessen zum Ausgleich zu bringen. Mit Unterstützung des Talsperren-Neubauamts mußten lediglich in wenigen Einzelfällen Zwangsmaßnahmen, wie z.B. Enteignungen, angewandt werden.

Abschließend stellt sich die Frage, inwieweit diese Vorgehensweise bei der Realisierung des Neuen Fränkischen Seenlands auf andere Infrastrukturprojekte übertragen werden kann. Eine generelle Übertragbarkeit kann nicht erreicht werden, da dies an bestimmte Voraussetzungen geknüpft ist, die nicht ohne weiteres gegeben sind. Grundsätzlich ist zunächst einmal die Höhe der finanziellen Aufwendungen für ein Projekt entscheidend. Bei Standardplanungen, wie z.B. im Bereich der Abwasserbeseitigung oder beim Bau einer Verbindungsstraße, welche im Gegensatz zum Überleitungsprojekt vergleichsweise kleine Projekte darstellen, würden die Kosten in keinem Verhältnis zum Ertrag stehen. Deshalb sollte in solchen Fällen die Entscheidungsbefugnis grundsätzlich bei den politisch Verantwortlichen und der öffentlichen Verwaltung belassen werden. Gleichwohl bestünde auch hier die Möglichkeit, die Betroffenen bereits während des Planungsprozesses zu beteiligen und somit mögliche Klagen vor den Verwaltungsgerichten abzuwenden, was auch unter Effizienzgesichtspunkten zu begrüßen wäre, da Projekte zum Teil erheblich schneller umgesetzt werden könnten.

Literaturverzeichnis

Akademie für Raumforschung und Landesplanung (ARL): Speicherseen und Erholungsnutzung - Das neue Fränkische Seenland (Arbeitsmaterial Nr.107), Hannover 1986

Akademie für Raumforschung und Landesplanung (ARL): Daten zur Raumplanung (Teil A - allgemeine Grundlagen und Gegebenheiten), Hannover 1981

Ammer, U.; Pröbstl, U.: Freizeit und Natur (Probleme und Lösungsmöglichkeiten einer ökologisch verträglichen Freizeitnutzung, Hamburg 1991

Appel, V.: Ökonomische Konzepte zur Bewertung von Umweltqualität, in: ZfU 2/88, S.137-156

Arbeitsgemeinschaft FUTOUR: Gutachten für die Entwicklung des ländlichen Raums, Band I-III, München 1996

Bachfischer, R.: Die ökologische Risikoanalyse, München 1978

Barth, H.-G.: Ökologische Orientierung in Umweltökonomie und Regionalpolitik, Hannover 1982

Bastian, O.; Schreiber, K.-F.: Analyse und ökologische Bewertung der Landschaft, Jena 1994

Bauer, H. J.: Ökologische Maßstäbe für Projektbewertungen in der Wasserwirtschaft, in: Schultz, G. (Hrsg.): Bewertung wasserwirtschaftlicher Maßnahmen (Mitteilung X der Senatskommission für Wasserforschung), Weinheim 1992, S. 103-122

Baumann, W.; Bayer, H.; Greupner, P. et al.: Ökologische Auswirkungen von Staudammvorhaben, Köln 1984.

Bayerische Akademie für Naturschutz und Landschaftspflege (ANL): Begriffe aus Ökologie, Landnutzung und Umweltschutz, Informationen 4, Laufen 1994

Bayerisches Landesamt für Wasserwirtschaft: Nutzen-Kosten-Untersuchung zur Teilrückleitung der oberen Isar, München 1983

Bayerisches Staatsministerium für Landesentwicklung und Umweltfragen: Raumordnungsbericht (12.), München 1994

Becker, Ch.; Job, H.; Witzel, A.: Tourismus und nachhaltige Entwicklung, Darmstadt 1996

Beratungsstelle Mittelfränkisches Seengebiet - eine Dienststelle des Amtes für Landwirtschaft und Ernährung Weißenburg, Gunzenhausen (ohne Jahresangabe)

Berner, O.: Auswirkungen im Bereich der Landwirtschaft, in: ARL (Arbeitsmaterial Nr. 107), Hannover 1986, S. 162-168

Bezzel, E.: Die Brutvögel Bayerns und ihre Biotope: Versuch der Bewertung ihrer Situation als Grundlage für Planungs- und Schutzmaßnahmen, in: Anzeiger Ornithologische Gesellschaft Bayern 19 (1980), S.133-169

Biehl, D.; Hußmann, E. et al.: Bestimmungsgründe des regionalen Entwicklungspotentials, Tübingen 1975

Bierhals, E.: Ökologische Raumgliederungen für die Landschaftsplanung, in: Buchwald, K.; Engelhardt, W.: Handbuch für Planung, Gestaltung und Schutz der Umwelt (Band 3): Die Bewertung und Planung der Umwelt, München 1980, S.80-104

Bishop, R. C.: Option Value: An Exposition and Extension, in: Land Economics, Vol. 58, No. 1, Februar 1982, S.1-15

Böhm-Bawerk, E. von: Kapital und Kapitalzins, 4. Auflage, Jena 1921

Breckling, B.; Müller, F.: Der Ökosystembegriff aus heutiger Sicht - Grundstrukturen und Grundfunktionen von Ökosystemen, in: Fränzle, O. (Hrsg): Handbuch der Umweltwissenschaften (II - 2.2, S.3-22), 1997

Brösse, U.: Raumordnungspolitik, Berlin 1974

Buchwald, K.; Engelhardt, W.: Handbuch für Planung, Gestaltung und Schutz der Umwelt (Band 3): Die Bewertung und Planung der Umwelt, München 1980

Buchwald, K.: Aufgabenstellung ökologisch-gestalterischer Planungen im Rahmen umfassender Umweltplanung, in: Buchwald, K.; Engelhardt, W.: Handbuch für Planung, Gestaltung und Schutz der Umwelt (Band 3): Die Bewertung und Planung der Umwelt, München 1980, S.1-26

Buchwald, K.: Landschaftsplanung als ökologisch-gestalterische Planung - Ziele, Ablauf, Integration, in: Buchwald, K.; Engelhardt, W.: Handbuch für Planung, Gestaltung und Schutz der Umwelt; Band 3: Die Bewertung und Planung der Umwelt, München 1980, S.26-59

Buck, W.; Klaus, J.; Schmidtke, R. F. (Hrsg.): Wasserwirtschaftliche Projektbewertung (Mitteilung V der Kommission für Wasserforschung), Weinheim 1982

Bundesministerium für Umwelt, Naturschutz und Reaktorsicherheit (Hrsg.): Ziele des Naturschutzes und einer nachhaltigen Naturnutzung in Deutschland, Bonn 1998

Cansier, D.: Umweltökonomie, Stuttgart 1993

Ciriacy-Wantrup, S. von: Resource Conservation - Economics and Policies, Berkley 1952

Clark, W.; Munn, R.: Sustainable development of the biosphere, Cambridge 1986

Coase, R. H.: The Problem of Social Cost, in: The Journal of Law and Economics, Volume III (1960), S.1-44

Coase, R. H.: The institutional structure of production, in: The American Economic Review, Volume 82 (1992), S.713-719

Common, M.; Perrings, C.: Towards an ecological economics of sustainability, in: Ecological Economics 6/92, S.7-34

Costanza, R.; Norton, B. G.; Haksell, B. D.: Ecosystem health, Washington 1992

Dally, A. (Hrsg.): Mediation als politischer und sozialer Prozeß (2.Auflage), Loccum 1995

Daly, H. E.: Allocation, Distribution and Scale: Towards an Economics that is efficient, just and sustainable, in: Ecological Economics, Vol. 6 (1992), S.185-193

Deutsche Forschungsgemeinschaft (Sonderforschungsbereich 1657): Bewertung von Maßnahmen zur Verbesserung der Gewässergüte, Hannover 1997

Deutscher Verband für Wasserwirtschaft und Kulturbau e.V. (DVWK): Erholung und Freizeitnutzung an Seen - Voraussetzungen, Planung, Gestaltung (Merkblätter zur Wasserwirtschaft 233/96), Bonn 1996

Dieckmann, A.; Lanz, U.: Das Naturschutzzentrum Altmühlsee zwischen Ornithologie, Umweltbildung und "sanftem Tourismus", in: Altmühlseebericht 2 (Ornithologischer Jahresbericht 1994), S.2-6

Diller, H.: Marketingplanung, München 1980

Eberle, D.: Die ökologische Risikoanalyse, Kaiserslautern 1984

Eckey, H.-F.: Grundlagen der regionalen Strukturpolitik - eine problemorientierte Einführung, Köln 1978

Ellenberg, H.: Ökosystemforschung. Ziele und Stand der Ökosystemforschung, Berlin 1973

Erz, W.: Bewerten und Erfassen für den Naturschutz in Deutschland: Anforderungen und Probleme aus der UVP, in: Usher, M. B.; Erz, W.: Erfassen und Bewerten im Naturschutz, Heidelberg 1994, S.131-166

Finke, L.: Landschaftsökologie (2. Auflage), Braunschweig 1994

Fischer, B.: Bewertungsansätze für ökologische Belange in der räumlichen Planung, Stuttgart 1983

Fränzle, O. (Hrsg.): Handbuch der Umweltwissenschaften (Grundlagen und Anwendungen der Ökosystemforschung), 1997

Frey, R. L.: Infrastruktur, in: Handbuch der Wirtschaftswissenschaften, Stuttgart 1988, S.200-215

Fuller, R. J.; Langslow, D. R.: Ornithologische Bewertungen für den Arten- und Biotopschutz, in: Usher, M. B.; Erz, W. (Hrsg.): Erfassen und Bewerten im Naturschutz, Heidelberg 1994, S.212-235

Gabler Wirtschafts-Lexikon (12. Auflage), Wiesbaden 1988

Georgescu-Roegen, N.: The entropie law and the economic process, Cambridge 1971

Gigon, A.; Grimm, V.: Stabilitätskonzepte in der Ökologie: Typologie und Checkliste für die Anwendung, in: Fränzle, O. (Hrsg): Handbuch der Umweltwissenschaften (III-2.3), S.3-19, 1997

De Groot, R.: Functions of nature - Evaluation of nature in environmental planning, management and decision making, Groningen 1992

Gusy, C.: Verwaltung durch Verhandlung und Vermittlung, in: ZfU 4/90, S.353-363

Haber, W.: Das Konzept der differenzierten Landnutzung - Grundlage für Naturschutz und nachhaltige Naturnutzung, in: Bundesministerium für Umwelt, Naturschutz und Reaktorsicherheit (Hrsg.): Ziele des Naturschutzes und einer nachhaltigen Naturnutzung in Deutschland, Bonn 1998, S.57-76

Haber, W.: Ökologische Stabilität, in: Kuttler, W. (Hrsg.): Handbuch zur Ökologie, Berlin 1993, S.270-274
Haeckel, E.: Generelle Morphologie der Organismen, Berlin 1866
Haeupler, H.: Diversität, in: Kuttler, W. (Hrsg.): Handbuch zur Ökologie, Berlin 1993, S.99-104
Hampicke, U.: Ökologische Ökonomie, Opladen 1992
Hampicke, U.: Möglichkeiten und Grenzen der monetären Bewertung der Natur, in: Schnabl, H. (Hrsg.): Ökointegrative Gesamtrechnung - Ansätze, Probleme, Prognosen, Berlin 1993, S.135-155
Harborth, H.-J.: Dauerhafte Entwicklung (Sustainable development) - Zur Entstehung eines neuen ökologischen Konzepts, Berlin 1989
Hasslacher, P.: Sanfter Tourismus - Theorie und Praxis, Fachbeiträge des Österreichischen Alpenvereins, Serie: Alpine Raumordnung Nr.3, Innsbruck 1989
Hauff, V.: Unsere gemeinsame Zukunft (Weltkommission für Umwelt und Entwicklung), Greven 1987
Heydemann, B.: Vorschlag für ein Biotopschutzzonenkonzept am Beispiel Schleswig-Holsteins - Ausweisung von schutzwürdigen Ökosystemen und Fragen ihrer Vernetzung, in: Schriften Deutscher Rat für Landschaftspflege, Heft 41 (1983), S.95-104
Hicks, Sir J. R.: Value and capital, Oxford 1946
Hirschman, A. O.: The strategy of economic development, New Haven-London 1958
Holling, C. S.: The resilience of Terrestrial Ecosystems: Local surprise and global change, in: Clark, W.; Munn, R.: Sustainable development of the biosphere, Cambridge 1986, S.292-320
Holzinger, K.: Verhandeln in der Mediation. Ein verhandlungstheoretischer Ansatz, in: Dally, A. (Hrsg.): Mediation als politischer und sozialer Prozeß (2. Auflage), Loccum 1995
Honnefelder, L.: Welche Natur sollen wir schützen?, in: Bundesministerium für Umwelt, Naturschutz und Reaktorsicherheit (Hrsg.): Ziele des Naturschutzes und einer nachhaltigen Naturnutzung in Deutschland, Bonn 1998, S.29-41
Hopfinger, H. (Hrsg.): Franken - Planung für eine bessere Zukunft, Nürnberg 1986
Institut der Deutschen Wirtschaft: Zahlen zur wirtschaftlichen Entwicklung der Bundesrepublik Deutschland, Köln 1998
Japp, K. P.; Krohn, W.: Soziale Systeme und Ökosysteme, in: Fränzle, O. (Hrsg): Handbuch der Umweltwissenschaften (II-3.5), S.1-12, 1997
Jeglitza, M.: Projekt: Mediation in Umweltkonflikten http://www.die-umwelt.akademie.de/umweltakademie/mediation.htm (Stand 30.06.1998), liegt beim Verfasser vor
Jensen, M.; Feige, G.: Photosynthese, in: Kuttler, W. (Hrsg.): Handbuch zur Ökologie, Berlin 1993, S.344-353
Jessel, B.: Instrumente einer ökologisch orientierten Planung - Stand und Perspektiven, in: ZAU 4/94, S.496-511

Jessel, B.: Vielfalt, Eigenart und Schönheit von Natur und Landschaft als Objekte der naturschutzfachlichen Bewertung, Vortrag in Göttingen (1993)
Jessel, B.: Zum Verhältnis von Ästhetik und Ökologie bei der Gestaltung von Landschaften, Vortrag in Starnberg (1993)
Jochimsen, M. E.: Sukzession, in: Kuttler, W. (Hrsg.): Handbuch zur Ökologie, Berlin 1993, S.418-424
Jochimsen, R.: Theorie der Infrastruktur. Grundlagen der marktwirtschaftlichen Entwicklung, Tübingen 1966
Jörgensen, S. E.: Thermodynamik offener Systeme, in: Fränzle, O. (Hrsg): Handbuch der Umweltwissenschaften (III-1.6), S.1-21, 1997
Joger, U.: Adaptation, in: Kuttler, W. (Hrsg.): Handbuch zur Ökologie, Berlin 1993, S.21-26
Karl, H.; Klemmer, P. et. al.: Regionale Umweltberichterstattung, Grundlagen nutzungsorientierter Indikatoren zur Beschreibung regionaler Umweltqualität, in: Klemmer, P. (Hrsg.): Beiträge zur Struktur und Konjunkturforschung, Band XXVII, Bochum 1988
Kaule, G.: Arten- und Biotopschutz (2. Aufl.), Stuttgart 1991
Kaus, D.: Das Modellvorhaben Wiesenbrütergebiet Wiesmet (Oberes Altmühltal/Bayern), in: Altmühlseebericht 2 (Ornithologischer Jahresbericht 1994), S.52-59
Kern, M.: Ansätze zu einer nachhaltigen Tourismuspolitik des Bundes und der Länder, Materialien zur Fremdenverkehrsgeographie, Heft 31, Trier 1995
Klaus, J.; Blankenburg, W.; Lerch, B.: Der wirtschaftsfördernde Wert der Überleitung von Altmühl- und Donauwasser in das Regnitz-Maingebiet, München 1971
Klaus, J. (Hrsg.): Entscheidungshilfen für die Infrastrukturplanung, Baden-Baden 1984
Klaus, J: Umweltszenarien als Einflußfaktoren der Standortentscheidung, in: Peemöller, V. H.; Uecker, P. (Hrsg.): Standort Deutschland: Grundsatzfragen und aktuelle Perspektiven für die Besteuerung, die Prüfung und das Controlling, Berlin 1995, S.63-81
Klaus, J.: Modelle der optimalen Umweltnutzung, in: WISU 5/87, S.263-269
Klaus, J. et al.: Umweltökonomische Berichterstattung - Ziele, Problemstellungen und praktische Ansätze, Wiesbaden 1994
Klaus, J.; Schleicher, H.: Räumliche Wirtschaftspolitik, München 1983
Klemm, K.: Sanfter Tourismus - ein regionalpolitisches Instrument?, in: Klemm, K.; Mielitz, G. (Hrsg.): Vorträge zur Fremdenverkehrsforschung (3. Auflage), Berlin 1990, S.65-86
Klemm, K.; Mielitz, G. (Hrsg.): Vorträge zur Fremdenverkehrsforschung (3. Auflage), Berlin 1990
Klemmer, P.; Karl, H.: Einbeziehung von Umweltindikatoren in der Regionalpolitik, Berlin 1990

Klemmer, P.; Karl, H.: Rapport zum Thema "Regionale und soziale Aspekte", in: Schultz, G. (Hrsg.): Bewertung wasserwirtschaftlicher Maßnahmen (Mitteilung X der Senatskommission für Wasserforschung), Weinheim 1992, S.169-178

Klötzli, F.: Ökosystem, in: Kuttler, W. (Hrsg.): Handbuch zur Ökologie, Berlin 1993, S.288-295

Kloke, A.: Umweltstandards - Material für Raumordnung und Landesplanung, in: ARL (Hrsg.), S.133-177, Hannover 1987

Krause-Junk, G.: Steuersysteme der Zukunft (Jahrestagung des Vereins für Socialpolitik 1996), Berlin 1998

Kuttler, W. (Hrsg.): Handbuch zur Ökologie, Berlin 1993

Lachmann, L.; Wegst, M.: Die Entwicklung der Brutvogelfauna des Altmühlsees unter Berücksichtigung der Sukzession - Versuch einer Bewertung, in: Altmühlseebericht 3 (Ornithologischer Jahresbericht 1995), S.47-63

Lehner, J.: Einführung in die wasserwirtschaftlichen Aspekte des Mittelfränkischen Seenprojekts, in: ARL (Arbeitsmaterial Nr. 107), Hannover 1986, S.112-122

Lendi, M.: Grundriß einer Theorie der Raumplanung - Einleitung in die raumplanerische Problematik, Zürich 1988

Leopold, A.: The land ethic, in: Leopold, A. (Hrsg.): A Sand County Almanac, New York 1990, S.237-263

Leser, H.: Geowissenschaften, in: Fränzle, O. (Hrsg): Handbuch der Umweltwissenschaften, (II-3.1), S.1-18, 1997

Lindstadt, J.: Wasserwirtschaftliche Bewertungsstandards in den USA, in: Klaus, J. (Hrsg.): Entscheidungshilfen für die Infrastrukturplanung, Baden-Baden 1984, S.33-63

März, F.: Auswirkungen von Infrastrukturmaßnahmen auf das soziale Wohlbefinden - Identifikations- und Erfassungsansätze am Beispiel wasserwirtschaftlicher Planungen, in: Klaus, J. (Hrsg.): Entscheidungshilfen für die Infrastrukturplanung, Baden-Baden 1984, S.443-476

Maier, J.: Das Interesse des Raumplaners an der Errichtung von Seen oder: Die Rolle der Seen in der Raumplanung, in: ARL (Arbeitsmaterial Nr. 107), Hannover 1986, S.101-105

Masuhr, K.; Wolff, H.; Keppler, J.: Die externen Kosten der Energieversorgung, Stuttgart 1992

Maußner, A.; Klaus, J.: Grundzüge der mikro- und makroökonomischen Theorie (2. Auflage), München 1997

Mayr, L.; Wenzel, J.: Landschaftsplanung Brombachsee - Ein alternativer Planungsansatz, in: Garten und Landschaft 12/78, S. 824-833

Meadows, D.; Meadows, D.; Randers, J.: Die neuen Grenzen des Wachstums, Stuttgart 1992

Meyer, G.: Das Brombachspeichersystem - Ein Projekt für wasserwirtschaftliche und freizeitbezogene Zwecke, in: Hopfinger H. (Hrsg.): Franken - Planung für eine bessere Zukunft?, Nürnberg 1986, S.39-62

Mosch, H. von: Das Neue Fränkische Seenland - Eine wichtige strukturpolitische Maßnahme für Mittelfranken, in: ARL (Arbeitsmaterial Nr. 107), Hannover 1986, S. 106-108
Mose, I.: Sanfter Tourismus - Alternative der Tourismusentwicklung, in: Hasslacher, P.: Sanfter Tourismus - Theorie und Praxis, Fachbeiträge des Österreichischen Alpenvereins, Serie: Alpine Raumordnung Nr.3, Innsbruck 1989, S.9-23
Müller, F.; Breckling, B. et al.: Emergente Ökosystemeigenschaften, in: Fränzle, O. (Hrsg): Handbuch der Umweltwissenschaften, (III, 2.5), S.3-21, 1997
Müller, F.; Breckling, B. et al.: Ökosystemare Selbstorganisation, in: Fränzle, O. (Hrsg): Handbuch der Umweltwissenschaften, (III, 2.4), S.3-19, 1997
Musgrave, R. A.; Musgrave, P. B.: Public Finance in Theory and Practice, Mc Graw-Hill 1973
Naturschutzzentrum Altmühlsee: Ornithologische Jahresberichte
Neues Fränkisches Seenland: Entwicklungsgutachten und Marketingkonzept, München 1983
Neumann, M.: Theoretische Volkswirtschaftslehre, Band 1 (3. Auflage), München 1991
Neumann, M.: Theoretische Volkswirtschaftslehre, Band 2 (2. Auflage), München 1987
Neumann, M.: Theoretische Volkswirtschaftslehre, Band 3, München 1982
Neumann, M.: Zukunftsperspektiven im Wandel, Tübingen 1990
Nijkamp, P.; Mills, E.: Advances in Regional Economics, Amsterdam 1986
Nohl, W.: Ermittlung der Gestalt- und Erlebnisqualität, in: Buchwald, K.; Engelhardt, W.: Handbuch für Planung, Gestaltung und Schutz der Umwelt (Band 3): Die Bewertung und Planung der Umwelt, München 1980, S.212-230
Opaschowski, H.: Tourismus - Eine systematische Einführung (2. Auflage), Opladen 1996
Pearce, D. W.; Barbier, E.; Markandya, A.: Blueprint for a green economy, London 1989
Peemöller, V. H.: Controlling (2. Auflage), Herne/Berlin 1992
Peemöller, V. H.; Uecker, P. (Hrsg.): Standort Deutschland: Grundsatzfragen und aktuelle Perspektiven für die Besteuerung, die Prüfung und das Controlling, Berlin 1995
Peters, H.-R.: Sektorale Wirtschaftspolitik, Opladen 1988
Pfingsten, K.: Psychologische Aspekte in Mediationsverfahren: Anforderungen an Mediationsteilnehmer/innen, in: Dally, A. (Hrsg.): Mediation als politischer und sozialer Prozeß (2. Auflage), Loccum 1995
Pflügner, W.: Multiple Objective Planning - Umfassendes Planungskonzept mit mehrdimensionalem Bewertungsansatz, in: Klaus, J. (Hrsg.): Entscheidungshilfen für die Infrastrukturplanung, Baden-Baden 1984, S. 335-366

Pirscher, F.: Möglichkeiten und Grenzen der Integration von Artenvielfalt in die ökonomische Bewertung vor dem Hintergrund ethischer Normen, Frankfurt 1997
Plachter, H.: Faunistisch-ökologische Untersuchungen auf Sandstandorten des unteren Brombachtals und ihre Bewertung aus der Sicht des Naturschutzes, Bericht ANL, Laufen 1985, S.45-92
Planungsverband Industrieregion Mittelfranken: Regionalplan Industrieregion Mittelfranken (7), Nürnberg 1988
Der Rat von Sachverständigen für Umweltfragen: Dauerhaft umweltgerechte Entwicklung - Leitbegriff für die Umweltpolitik der Zukunft, in: ZAU 2/94, S.170-182
Recktenwaldt, H. C.: Lexikon der Staats- und Geldwirtschaft, München 1983
Recktenwaldt, H. C.: Nutzen-Kosten-Analyse und Programmbudget, Tübingen 1970
Regierung von Mittelfranken: Gewässerentwicklungsprogramm Altmühl (GEP A), Ansbach 1996
Reichholf, J.; Schemel H.-J.: Segelsport und Naturschutz - gehört das Segeln aus ökologischer Sicht zur ruhigen Erholung?, in: ZAU 4/88, S.343-354
Remmert, H.: The Mosaic-Cycle Concept of Ecosystems - an overview, in: Remmert, H. (Hrsg.): The Mosaic-Cycle Concept of Ecosystems, Berlin 1991, S.1-21
Remmert, H. (Hrsg.): The Mosaic-Cycle Concept of Ecosystems, Berlin 1991
Renn, O.; Oppermann, B.: Bottom-up statt Top-down" - Die Forderung nach Bügermitwirkung als (altes und neues) Mittel zur Lösung von Konflikten in der räumlichen Planung, in: Ritter, E. H. (Hrsg.): Stadtökologie: Konzeptionen, Erfahrungen, Probleme, Lösungswege, Berlin 1995
Rennings, K.: Indikatoren für eine dauerhaft-umweltgerechte Entwicklung, Stuttgart 1994
Richter, R.: Neue Institutionenökonomik - Ideen und Möglichkeiten, in: Krause-Junk, G.: Steuersysteme der Zukunft (Jahrestagung des Vereins für Socialpolitik 1996), Berlin 1998, S.323-355
Römer, A. U.: Der kontingente Bewertungsansatz: eine geeignete Methode zur Bewertung umweltverbessernder Maßnahmen?, in: ZfU 4/91, S.411-456
Rothgang, M.: Ökonomische Perspektiven des Naturschutz, Berlin 1997
Schauer, T.: Zur Vegetationsentwicklung der Inselzone im Altmühlsee bei Muhr am See, in: Altmühlseebericht 4 (Ornithologischer Jahresbericht 1996), S.52-61
Schemel, H.-J.: Umweltverträgliche Freizeitanlagen - Eine Anleitung zur Prüfung von Projekten des Ski-, Wasser- und Golfsports aus der Sicht der Umwelt (UBA-Berichte 5/87), Berlin 1987

Schluchter, W.: Bürgerbeteiligung - Mediation - TRIPLEX-Methode (Grundlagen für die Entstehung bürgerfreundlicher Planungen durch Einbeziehung der Betroffenen), in: www.umwelt.tu-cottbus.de/-sozum/lehrstuhltexte/triplex/triplex.html, S.1-5, (Stand: 30.06.1998), liegt beim Verfasser vor
Schlüter, U.: Problematik und Lösungsversuche im Rahmen wasserwirtschaftlicher Planungen, in: Buchwald, K.; Engelhardt, W.: Handbuch für Planung, Gestaltung und Schutz der Umwelt (Band 3): Die Bewertung und Planung der Umwelt, München 1980, S.384-397
Schnabl, H. (Hrsg.): Ökointegrative Gesamtrechnung - Ansätze, Probleme, Prognosen, Berlin 1993
Schmidtke, R. F.: Die Rolle der Projektbewertung in der Infrastrukturplanung des Bundes und der Länder, in: Klaus, J. (Hrsg.): Entscheidungshilfen für die Infrastrukturplanung, Baden-Baden 1984, S.65-87
Schmidtke, R. F.: Grundlegende Aspekte der wasserwirtschaftlichen Projektbewertung, in: Schultz, G. (Hrsg.): Bewertung wasserwirtschaftlicher Maßnahmen (Mitteilung X der Senatskommission für Wasserforschung), Weinheim 1992, S.7-19
Schneider, M.: Das neue Fränkische Seenland - Die Umgestaltung eines peripheren ländlichen Raums zu einer Ferienlandschaft (erscheint in der Reihe "Erlanger Geographische Arbeiten"), Erlangen 1998
Schoenberg, J.: Umweltverträglichkeitsprüfung im Raumordnungsverfahren, in: ZAU 2/92, S.197-206
Schönhofer, J.: Begriffe der Raumplanung, in: ARL (Hrsg.): Daten zur Raumplanung - (Teil A - allgemeine Grundlagen und Gegebenheiten) Hannover 1981, A I. (1)
Schöttner, G.: Die Berücksichtigung regionaler Entwicklungseffekte im Rahmen eines erweiterten Bewertungssystems, in: Klaus, J. (Hrsg.): Entscheidungshilfen für die Infrastrukturplanung, Baden-Baden 1984, S.387-416
Scholles, F.: Abschätzen - Einschätzen - Bewerten in der UVP - Zusammenfassung, in: http://www.laum.uni-hannover.de/uvp/oerakurz.html, (Stand 10.06. 1997), liegt beim Verfasser vor
Schulz, W.; Schulz, E.: Zur umweltpolitischen Relevanz von Nutzen-Kosten-Analysen, in: ZfU 3/91, S.299-337
Schultz, G. (Hrsg.): Bewertung wasserwirtschaftlicher Maßnahmen (Mitteilung X der Senatskommissione für Wasserforschung), Weinheim 1992
Simberloff, D.: Die Konzeption von Naturreservaten, in: Usher, M. B., Erz, W.: Erfassen und Bewerten im Naturschutz, Heidelberg 1994, S.274-291
Söderbaum, P.: Environmental Management: A Non-traditional approach, in: Journal of Economic Issues, Volume 1 (1987), S.139-165
Söderbaum, P.: Reformulating the valuation issue. Positional Analysis as an alternative approach. Contributed paper third International Meeting of the International Society for Ecological Economics, San José (Costa Rica), 24.-28. Oktober 1994, S.1-21

Söllner, F.: Neoklassik und Umweltökonomie, in: ZfU 4/93, S.431-460
Susskind, L. E.; Cruishank, J.: Breaking the impasse. Consensual approaches to resolving disputes, Basic Books, New York 1987
Talsperren-Neubauamt Nürnberg: Landschaftspflegerischer Begleitplan Großer Brombachsee, Nürnberg 1994
Talsperren-Neubauamt Nürnberg: Veröffentlichung des TNA im Internet http:// www.gunnet.baynet.de/tna/Gew.html (Stand: 13.08.1998), liegt beim Verfasser vor
Tansley, A. G.: The use and abuse of vegetational concepts and terms, in: Ecology 16 (1935), S.284-307
Thoss, R.: Zur Integration ökologischer Gesichtspunkte in die Raumordnungspolitik, in: Buchwald, K.; Engelhardt, W.: Handbuch für Planung, Gestaltung und Schutz der Umwelt (Band 3): Die Bewertung und Planung der Umwelt, München 1980, S.174-182
Tobias, K.: Konzeptionelle Grundlagen zur angewandten Ökosystemforschung, Berlin 1991
Tomiuk, J.; Wöhrmann, K.; Löschke, V.: Population, in: Kuttler, W. (Hrsg.): Handbuch zur Ökologie, Berlin 1993, S.353-357
Tuchtfeldt, E.: Bausteine zur Theorie der Wirtschaftspolitik, Bern 1983
Turner, K. R.: Sustainability, Resource Conservation and Pollution Control: An Overview, in: Turner, Kerry R.: Sustainable Environmental Manangement, London 1988, S.1-25
Turner, K. R. (Hrsg.): Sustainable Environmental Manangement, London 1988
Usher, M. B.; Erz, W.: Erfassen und Bewerten im Naturschutz, Heidelberg 1994
Usher, M. B.: Erfassen und Bewerten von Lebensräumen: Merkmale, Kriterien, Werte; in: Usher, M. B.; Erz, W. (Hrsg.), S.17-47
US Water Resources Council: Water and related land resources: Establishment of Principles and Standards for Planning, in: Federal Register (Vol. 38), Part III, Washington D. C. 1973
US Water Resources Council: Principles and Standards for Planning Water and related land resources: Establishment of Principles and Standards for Planning, in: Federal Register (Vol. 44), Part X, Washington D. C 1979
Vester, F.: Ansätze zur Erfassung der Umwelt als System, in: Buchwald, K.; Engelhardt, W.: Handbuch für Planung, Gestaltung und Schutz der Umwelt (Band 3): Die Bewertung und Planung der Umwelt, München 1980, S.120-156
Weikard, H.-P.: Der Wert der Artenvielfalt: Eine methodische Herausforderung an die Ökonomik, in: ZfU 2/98, S.263-273
Weisbrod, B. A.: Collective Consumption Sevices of Individual Consumption, in: Quarterly Journal of Economics, Vol 78 (1964), S.471-477
Wicke, L.: Umweltökonomie (4. Auflage), München 1993
Wicke, L.: Die ökologischen Milliarden, München 1986
Witte, H.: Die Integration monetärer und nichtmonetärer Bewertungen, Berlin 1989

Wittig, R.: Biozönose, in: Kuttler, W. (Hrsg.): Handbuch zur Ökologie, Berlin 1993, S.87-89
Zapf, W. (Hrsg.): Soziale Indikatoren - Konzepte und Forschungsansätze I, Frankfurt 1972
Zilleßen, H.; Barbian, T.: Ökologie und Politik - Möglichkeiten der Berücksichtigung ökologischer Erfordernisse in umweltpolitischen Entscheidungsverfahren, in: Fränzle, O. (Hrsg): Handbuch der Umweltwissenschaften (II-3.8), S.3-11, 1997
Zimmermann, H.; Henke, K.-D.: Einführung in die Finanzwissenschaft, (6. Auflage), München 1990
Zimmermann, M.: Auswirkungen und Probleme im Bereich der Landschaftsplanung, in: ARL (Arbeitsmaterial Nr. 107), Hannover 1986, S.130-145
Zottmann, J.: Flora und Vegetation in der näheren Umgebung von Spalt, unveröffentlichte Staatsexamensarbeit, Spalt 1982

Peter Lang · Europäischer Verlag der Wissenschaften

Klaus Gloede / Toralf Schirmag / Klaus Schöler

Ökonomische Wirkungen der Universität Potsdam auf die Region

Frankfurt/M., Berlin, Bern, New York, Paris, Wien, 1999.
X, 184 S., zahlr. Tab. und Graf.
ISBN 3-631-34139-3 · br. DM 69.–*

Zweifellos liegt die Hauptaufgabe einer Hochschule in Lehre und Forschung. Daneben ist aber jede Universität auch ein wichtiger Wirtschafts- und Standortfaktor in einer Region. Ziel dieser Studie ist es, diese Wirkungen am Beispiel der Universität Potsdam zu quantifizieren. Zu diesem Zweck werden die Mittelverwendung der Universität sowie das Ausgabeverhalten der Mitarbeiter und Studenten einer ökonomischen Analyse unterzogen. Die wichtigsten Daten wurden durch Umfragen ermittelt und geben Antworten auf die Fragen, wer Ausgaben für welche Güter und Dienstleistungen an welchen Orten tätigt. Auf dieser empirischen Grundlage wird ermittelt, in welchen Teilregionen – Potsdam, Berlin, Umland – die Ausgaben zusätzliches Einkommen und Beschäftigung erzeugen. Diese quantitativen Resultate können einen Beitrag zu einer rationalen, nicht einseitig an den Kosten orientierten Diskussion des Hochschulwesens leisten.

Aus dem Inhalt: Die Studie zeigt die Wirkung der Ausgaben von Studenten und Mitarbeitern sowie von Sachausgaben der Universität Potsdam auf die Region.

Frankfurt/M · Berlin · Bern · New York · Paris · Wien
Auslieferung: Verlag Peter Lang AG
Jupiterstr. 15, CH-3000 Bern 15
Telefax (004131) 9402131
*inklusive Mehrwertsteuer
Preisänderungen vorbehalten

FSC
www.fsc.org
MIX
Papier | Fördert
gute Waldnutzung
FSC® C083411

Kolibri 360 GmbH
Ferdinand-Jühlke-Straße 7
99095 Erfurt, Deutschland
produktsicherheit@kolibri360.de

Druck:
CPI Druckdienstleistungen GmbH
im Auftrag der
Kolibri 360 GmbH
Ferdinand-Jühlke-Str. 7
99095 Erfurt